대기 환경 인허가 실무

고재철 · 김서희 지음

GS인터비전

머리말

기업의 환경담당자라고 하면 단순 기술직이라기보다는 기업 내 다양한 문제 발생 시 누구보다도 먼저 뛰어다녀야 하는 책임감 있는 자리입니다. 특히, 회사 내 배출시설 및 방지시설과 관련해서는 모든 정보를 잘 파악하고 있어야 효율적인 시설 관리 및 언제 있을지 모를 공무원 단속 시 신속히 대응할 수 있게 됩니다. 그렇기 때문에 환경직군들은 다양한 환경기술뿐만 아니라 행정과 관련된 사항에 탁월한 정보를 습득하고 있어야 합니다. 그중에서도 회사의 영리활동을 위한 환경인허가는 대관업무에 최정점이라 할만합니다.

각종 생산공정에서 발생할 수 있는 오염물질과 이를 방지하기 위한 기술들을 문서로 잘 정리하기란 늘 어려움이 수반되는 일입니다. 또한 이 일들은 공무원을 상대하는 대관업무인 만큼 그 장벽은 늘 고난의 연속이기도 합니다. 그래서 “환경인허가”라는 단어가 주는 강력함은 감히 “환경분야의 꽃”이라고 해도 과언이 아닐 것입니다. 환경담당자라고 하면 늘 접하게 되는 일, 하지만 아무나 다 잘할 수 없기에 전문분야로 분류되는 일, 이것이 “환경인허가”인 것입니다.

전공지식을 충분히 습득하였음에도 현장에서 발생하는 다양한 행정적 절차들을 하나하나 해결하기란 여간 손이 많이 가는 것이 아닙니다. 그래서 환경을 전공한 사람이라면 쉽게 접근할 수 있는 행정적 길라잡이가 필요하지 않을까 생각해봅니다.

행정과 관련된 대관업무에 필요한 지식이란 것은 “법과 기술의 어우러짐”이라고 늘 말하고 있습니다. ‘아는 만큼 보인다’라는 말이 있듯이 이 한 권의 책을 통해서 다양한 업종의 환경담당자가 환경인허가에 대해서 이해하고, 조금은 덜 피로하게 다가갈 수 있으면 좋겠습니다. 또한 비전공자들도 이 책으로부터 환경이란 전문분야에 쉽게 접근하기를 기대해봅니다.

이 책의 출간을 위해서 힘써 주신 도서출판 GS인터비전 송기수 대표님과 편집부 관계자 여러분께 감사드립니다.

저자 일동

목 차

1장. 대기환경 인허가 개요 ···· 1
1.1 배출시설 설치·운영 관련 법령 ···· 3
1.1.1 「환경정책기본법」 ···· 3
1.1.2 「대기환경보전법」 ···· 3
1.1.3 「악취방지법」 ···· 4
1.2 신청서 기본사항 ···· 5
1.2.1 대기오염물질 배출시설의 설치 ···· 5
1.2.2 작성요령 ···· 10
1.3 위반 시 제재 ···· 14
1.4 산업분류 ···· 16
1.4.1 한국표준산업분류표 상의 산업분류 적용 ···· 16

2장. 대기오염물질 발생량 산정 ···· 25
2.1 발생량 산정 ···· 27
2.2 사업장 종 산정 ···· 31
2.3 배출량 예측 ···· 33

3장. 배출시설 ···· 37
3.1 대기오염물질 배출시설 ···· 39
3.3.1 배출시설 적용기준 ···· 39
3.3.2 배출시설 분류 ···· 39
3.2 대기오염물질 배출허용기준 ···· 60
3.2.1 배출허용기준 ···· 60
3.2.2 엄격 및 특별배출허용기준 ···· 61

4장. 대기오염물질 방지시설 ···· 101
4.1 후드의 선정 및 덕트설계 ···· 103
4.1.1 개요 ···· 103
4.1.2 후드 ···· 104
4.1.3 덕트 ···· 112
4.2 송풍기 ···· 115
4.3 방지시설 선정 ···· 125
4.3.1 대기오염방지시설 ···· 125
4.3.2 입자상물질 방지시설 ···· 126
4.3.3 가스상물질 방지시설 ···· 131
4.3.4 구성도면 ···· 135
4.3.5 굴뚝의 설치 ···· 137

5장. TMS 및 사물인터넷(IoT) ···· 143
5.1 굴뚝자동측정기기(TMS)의 운영 ···· 145
5.1.1 개요 ···· 145
5.1.2 굴뚝 자동측정기의 부착시기 및 부착유예 ···· 146
5.1.3 굴뚝 자동측정기의 부착 면제 ···· 147
5.2 사물인터넷(IoT)의 운영 ···· 148
5.2.1 사물인터넷 부착기기 ···· 150
5.2.2 사물인터넷 부착위치(예) ···· 151

6장. 사례분석 ···· 155
6.1 사례분석-표면처리(도장) ···· 157
6.1.1 대기오염물질 배출시설 및 방지시설 ···· 164
6.1.2 공정도 ···· 165
6.1.3 원료 사용량 및 제품 생산량 ···· 167
6.1.4 대기오염물질 등의 배출량을 예측한 내역서 ···· 169
6.1.5 배출시설별 혼합가스 특성표 ···· 193
6.1.6 방지시설의 설치내역서 ···· 198

6.1.7 방지시설 도면 ········ 211
6.1.8 연간 유지관리 계획서 ········ 212
6.2 사례분석-염색업 ········ 217
6.2.1 사업장개요 ········ 219
6.2.2 제품생산 공정도 ········ 221
6.2.3 원료사용량 및 제품생산량 ········ 224
6.2.4 배출시설별 배출가스량 및 오염물질의 종류, 농도 내역 ········ 226
6.2.5 방지시설의 설치내역서 ········ 229
6.2.6 방지시설 도면 ········ 243
6.2.7 방지시설 연간 유지관리계획서 ········ 249

1장. 대기환경 인허가 개요

1.1 배출시설 설치·운영 관련 법령

1.2 신청서 기본사항

1.3 위반 시 제재

대기오염물질이란 대기오염의 원인이 되는 가스·입자상 물질을 말하며, 특정대기유해물질이란 사람의 건강과 재산이나 동식물의 생육에 직접 또는 간접으로 위해를 끼칠 우려가 있는 대기오염물질을 말한다.

대기오염물질 배출시설이란 대기오염물질을 대기에 배출하는 시설물, 기계, 기구, 그 밖의 물체를 말하며, 대기오염물질 배출시설에서 나오는 오염물질의 발생량에 따라 1종사업장부터 5종사업장까지로 나누어진다.

대기오염물질 배출시설을 설치·운영하려는 자는 배출허용기준을 준수해야 하며, 대기보전특별대책지역에 이미 설치되었거나 새로 설치되는 배출시설은 배출허용기준보다 엄격한 배출허용기준 또는 특별배출허용기준을 적용하여야 하고, 「대기환경보전법」에 따라 특별시장·광역시장·도지사 또는 특별자치도지사로부터 설치허가를 받거나 시·도지사에게 설치신고를 해야 한다.

1.1 배출시설 설치·운영 관련 법령

대기오염물질 배출시설 설치·운영과 관련된 법률은 「환경정책기본법」, 「대기환경보전법」, 「악취방지법」 등이 있다.

1.1.1 「환경정책기본법」

「환경정책기본법」은 환경보전에 관한 국민의 권리·의무와 국가의 책무를 명확히 하고 환경정책의 기본사항을 정하여 환경오염과 환경훼손을 예방하고 환경을 적정하고 지속가능하게 관리·보전함으로써 모든 국민이 건강하고 쾌적한 삶을 누릴 수 있도록 함을 목적으로 하고 있다(「환경정책기본법」 제1조).

「환경정책기본법」은 환경보전 계획수립, 환경기준 설정, 자연환경 보전, 사전환경성 검토 등 환경보전 일반을 규정하고 있다.

1.1.2 「대기환경보전법」

「대기환경보전법」은 대기오염으로 인한 국민건강이나 환경에 관한 위해(危害)를 예방하고 대기환경을 적정하고 지속가능하게 관리·보전하여 모든 국민이 건강하고 쾌적한 생활할 수 있게 하는 것을 목적으로 한다(「대기환경보전법」 제1조).

「대기환경보전법」은 대기환경개선 계획수립, 대기오염물질 배출시설의 설치·운영, 생활환경 상의 대기오염물질 배출 규제, 자동차·선박 등의 배출가스 규제 등을 규정하고 있다.

1.1.3 「악취방지법」

「악취방지법」은 사업활동 등으로 인하여 발생하는 악취를 방지함으로써 국민이 건강하고 쾌적한 환경에서 생활할 수 있게 함을 목적으로 한다(「악취방지법」 제1조).

「악취방지법」은 악취관리지역 및 지역 외의 악취배출시설로 인하여 민원이 1년 이상 지속되고, 복합악취나 지정악취물질이 3회 이상 배출허용기준을 초과하는 등 악취문제를 야기하는 배출시설뿐만 아니라, 생활악취의 방지를 위한 기술진당 등에 대하여 규정하고 있다.

환경관련법의 체계는 [그림 1.1]과 같다.

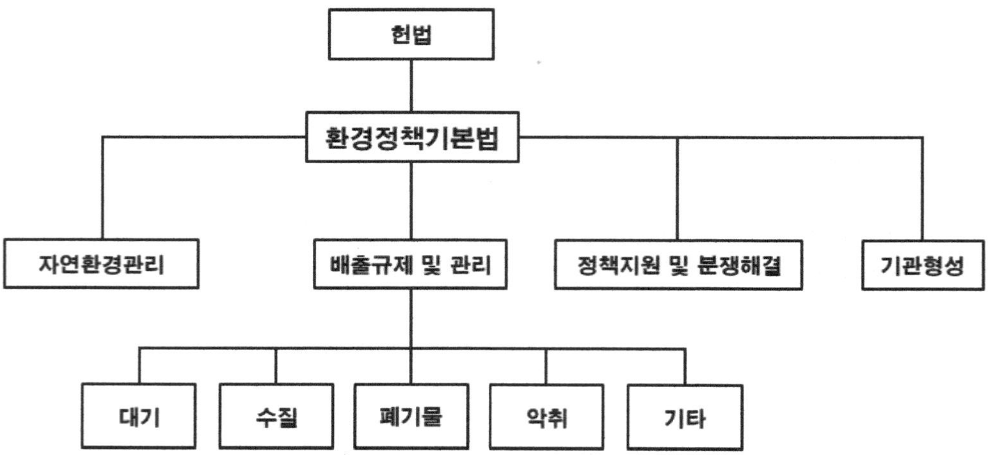

[그림 1.1] 환경법 체계

1.2 신청서 기본사항

1.2.1 대기오염물질 배출시설의 설치

대기오염물질 배출시설(이하 "배출시설"이라 함)을 설치하려는 자는 「대기환경보전법」에 따라 특별시장 · 광역시장 · 도지사 또는 특별자치도지사(이하 "시 · 도지사"라 함)로부터 설치허가를 받거나 시 · 도지사에게 설치신고를 해야 한다(「대기환경보전법」 제23조제1항).

배출시설의 설치허가를 받은 자가 허가사항 중 중요한 사항을 변경하려는 경우에는 시 · 도지사로부터 변경허가를 받아야 한다(「대기환경보전법」 제23조제2항).

배출시설의 설치허가를 받았거나 설치신고를 한 자가 허가사항(변경허가 사항을 제외한 그 밖의 사항) 또는 신고사항을 변경하려는 경우에는 시 · 도지사에게 변경신고를 해야 한다(「대기환경보전법」 제23조제2항 및 제3항).

배출시설을 설치하려는 자는 그 배출시설로부터 나오는 대기오염물질이 배출허용기준(「대기환경보전법」 제16조제1항, 「대기환경보전법 시행규칙」 제15조 및 별표8) 이하로 나오게 하기 위해 대기오염방지시설(이하 "방지시설"이라 함)을 설치해야 한다.(「대기환경보전법」 제26조제1항).

즉, 사업활동을 위해서 배출시설 및 방지시설의 신규, 변경, 처분 등의 활동으로부터 대기오염물질의 배출에 영향을 줄 경우에는 「대기환경보전법」에 따라 환경인허가를 실시하여야 한다.

「대기환경보전법」 및 「대기환경보전법 시행규칙」에 근거하여 배출시설의 허가(신고)를 진행하여야 하며, 사업장에서는 배출시설과 방지시설의 현황을 잘 파악하고 있어야 한다.

★ **대기환경보전법 제23조(배출시설의 설치 허가 및 신고)**

① 배출시설을 설치하려는 자는 대통령령으로 정하는 바에 따라 시·도지사의 허가를 받거나 시·도지사에게 신고하여야 한다. 다만, 시·도가 설치하는 배출시설, 관할 시·도가 다른 둘 이상의 시·군·구가 공동으로 설치하는 배출시설에 대해서는 환경부장관의 허가를 받거나 환경부장관에게 신고하여야 한다. 〈개정 2012. 5. 23., 2019. 1. 15.〉

② 제1항에 따라 허가를 받은 자가 허가받은 사항 중 대통령령으로 정하는 중요한 사항을 변경하려면 변경허가를 받아야 하고, 그 밖의 사항을 변경하려면 변경신고를 하여야 한다.

③ 제1항에 따라 신고를 한 자가 신고한 사항을 변경하려면 환경부령으로 정하는 바에 따라 변경신고를 하여야 한다.

④ 제1항부터 제3항까지의 규정에 따라 허가·변경허가를 받거나 신고·변경신고를 하려는 자가 제26조제1항 단서, 제28조 단서, 제41조제3항 단서, 제42조 단서에 해당하는 경우와 제29조에 따른 공동 방지시설을 설치하거나 변경하려는 경우에는 환경부령으로 정하는 서류를 제출하여야 한다.

⑤ 환경부장관 또는 시·도지사는 제1항부터 제3항까지의 규정에 따른 신고 또는 변경신고를 받은 날부터 환경부령으로 정하는 기간 내에 신고 또는 변경신고 수리 여부를 신고인에게 통지하여야 한다. 〈신설 2019. 1. 15.〉

⑥ 환경부장관 또는 시·도지사가 제5항에서 정한 기간 내에 신고수리 여부 또는 민원 처리 관련 법령에 따른 처리기간의 연장 여부를 신고인에게 통지하지 아니하면 그 기간(민원 처리 관련 법령에 따라 처리기간이 연장 또는 재연장된 경우에는 해당 처리기간을 말한다)이 끝난 날의 다음 날에 신고를 수리한 것으로 본다. 〈신설 2019. 1. 15.〉

⑦ 제1항과 제2항에 따른 허가 또는 변경허가의 기준은 다음 각 호와 같다. 〈개정 2019. 1. 15.〉

1. 배출시설에서 배출되는 오염물질을 제16조나 제29조제3항에 따른 배출허용기준 이하로 처리할 수 있을 것
2. 다른 법률에 따른 배출시설 설치제한에 관한 규정을 위반하지 아니할 것

⑧ 환경부장관 또는 시ㆍ도지사는 배출시설로부터 나오는 특정대기유해물질이나 특별대책지역의 배출시설로부터 나오는 대기오염물질로 인하여 환경기준의 유지가 곤란하거나 주민의 건강ㆍ재산, 동식물의 생육에 심각한 위해를 끼칠 우려가 있다고 인정되면 대통령령으로 정하는 바에 따라 특정대기유해물질을 배출하는 배출시설의 설치 또는 특별대책지역에서의 배출시설 설치를 제한할 수 있다. 〈개정 2012. 5. 23., 2019. 1. 15.〉

⑨ 환경부장관 또는 시ㆍ도지사는 제1항 및 제2항에 따른 허가 또는 변경허가를 하는 경우에는 대통령령으로 정하는 바에 따라 주민 건강이나 주변환경의 보호 및 배출시설의 적정관리 등을 위하여 필요한 조건(이하 "허가조건"이라 한다)을 붙일 수 있다. 이 경우 허가조건은 허가 또는 변경허가의 시행에 필요한 최소한도의 것이어야 하며, 허가 또는 변경허가를 받는 자에게 부당한 의무를 부과하는 것이어서는 아니 된다. 〈신설 2021. 4. 13.〉

★ 대기환경보전법 시행령 제11조(배출시설의 설치허가 및 신고 등)

① 법 제23조제1항에 따라 설치허가를 받아야 하는 대기오염물질배출시설(이하 "배출시설"이라 한다)은 다음 각 호와 같다. 〈개정 2012. 7. 20., 2015. 12. 10., 2016. 3. 29., 2021. 10. 14.〉

1. 특정대기유해물질이 환경부령으로 정하는 기준 이상으로 발생되는 배출시설
2. 「환경정책기본법」 제38조에 따라 지정ㆍ고시된 특별대책지역(이하 "특별대책지역"이라 한다)에 설치하는 배출시설. 다만, 특정대기유해물질이 제1호에 따른 기준 이상으로 배출되지 아니하는 배출시설로서 별표 1의3에 따른 5종사업장에 설치하는 배출시설은 제외한다.

② 법 제23조제1항에 따라 제1항 각 호 외의 배출시설을 설치하려는 자는 배출시설 설치신고를 하여야 한다.

③ 법 제23조제1항에 따라 배출시설 설치허가를 받거나 설치신고를 하려는 자는 배출시설 설치허가신청서 또는 배출시설 설치신고서에 다음 각 호의 서류를 첨부하여 환경부장관 또는 시ㆍ도지사에게 제출해야 한다. 〈개정 2013. 1. 31., 2014. 2. 5., 2015. 12. 10., 2019. 7. 16., 2021. 10. 14.〉

1. 원료(연료를 포함한다)의 사용량 및 제품 생산량과 오염물질 등의 배출량을 예측한 명세서
2. 배출시설 및 대기오염방지시설(이하 "방지시설"이라 한다)의 설치명세서
3. 방지시설의 일반도(一般圖)
4. 방지시설의 연간 유지관리 계획서
5. 사용 연료의 성분 분석과 황산화물 배출농도 및 배출량 등을 예측한 명세서(법 제41조제3항 단서에 해당하는 배출시설의 경우에만 해당한다)
6. 배출시설 설치허가증(변경허가를 신청하는 경우에만 해당한다)

④ 법 제23조제2항에서 "대통령령으로 정하는 중요한 사항"이란 다음 각 호와 같다. 〈개정 2015. 12. 10.〉

1. 법 제23조제1항 또는 제2항에 따라 설치허가 또는 변경허가를 받거나 변경신고를 한 배출시설 규모의 합계나 누계의 100분의 50 이상(제1항제1호에 따른 특정대기유해물질 배출시설의 경우에는 100분의 30 이상으로 한다) 증설. 이 경우 배출시설 규모의 합계나 누계는 배출구별로 산정한다.
2. 법 제23조제1항 또는 제2항에 따른 설치허가 또는 변경허가를 받은 배출시설의 용도 추가

⑤ 법 제23조제2항에 따른 변경신고를 하여야 하는 경우와 변경신고의 절차 등에 관한 사항은 환경부령으로 정한다.

⑥ 환경부장관 또는 시·도지사는 법 제23조제1항에 따라 배출시설 설치허가를 하거나 배출시설 설치신고를 수리한 경우(법 제23조제6항에 따라 신고를 수리한 것으로 보는 경우를 포함한다)에는 배출시설 설치허가증 또는 배출시설 설치신고증명서를 신청인에게 내주어야 한다. 다만, 법 제23조제2항에 따라 배출시설의 설치변경을 허가한 경우에는 배출시설 설치허가증의 변경사항란에 변경허가사항을 적는다. 〈개정 2013. 1. 31., 2015. 12. 10., 2019. 7. 16.〉

⑦ 환경부장관 또는 시·도지사는 법 제23조제9항에 따라 다음 각 호의 사항을 같은 조 제1항 및 제2항에 따른 허가 또는 변경허가의 조건으로 붙일 수 있다. 〈신설 2021. 10. 14.〉

1. 배출구 없이 대기 중에 직접 배출되는 대기오염물질이나 악취, 소음 등을 줄이기 위하여 필요한 조치 사항
2. 배출시설의 법 제16조나 제29조제3항에 따른 배출허용기준 준수 여부 및 방지시설의 적정한 가동 여부를 확인하기 위하여 필요한 조치 사항

★ 대기배출시설 설치허가(신고)

대기환경보전법 제23조, 시행령 제11조, 시행규칙 제25조에 근거하여 배출시설 설치허가 및 신고를 다음과 같이 진행한다.

① 현장방문

② 배출시설 현황

: 원료물질의 MSDS확보, 시설규모, 사용량, 조업시간(조업일수), 단위 공정도, 최종 제품 생산량 등

③ 방지시설 현황

: 방지시설 용량 및 오염물질의 처리효율, 후드모양/크기, 가스량 산정,도면, 배치도, 설계사양 등

④ 종산정

: 오염물질 배출량에 따른 사업장구분(1종~5종)

⑤ 설치허가(신고) 서류작성 및 접수

: 시행규칙 제 25조의 별지 제2호서식, 별지 제3호서식

1.2.2 작성요령

1) 대기배출시설 허가(신고)신청서 갑지 작성

■ 대기환경보전법 시행규칙 [별지 제2호서식] <개정 2019. 7. 16.>

대기배출시설 [ ] 허가신청서 [ ] 신고서

(앞쪽)

접수번호	접수일	처리기간 10일

① 신청인		
	상호(사업장 명칭)	사업자등록번호
	성명(대표자)	생년월일
	전화번호	휴대전화번호
	주소	
	사업장소재지	전화번호

신청 내용 (신고 내용)		
②	업 종	주생산품명
	설치예정일	가동개시예정일

③

대기오염물질 배출시설 및 방지시설							
생산공정	배출시설	휘발성유기화합물 배출시설 중복 여부	용 량	수 량	방지시설명	용 량	수 량

배출시설의 조업(예정) 시간			대기오염물질 발생량(먼지, SO_2, NO_2)				대기오염물질 배출량		
생산공정	배출시설	일일조업(예정) 시간(연간 가동일)	종류	연료 및 원료 사용량	배출 계수	발생량	종류	배출량	처리방법

「대기환경보전법」 제23조제1항, 같은 법 시행규칙 제25조 및 제59조제1항에 따라 배출시설의 ([ ]설치허가를 신청, [ ] 설치를 신고) 합니다.

년 월 일

신청인 (서명 또는 인)

유역환경청장 · 지방환경청장 · 수도권대기환경청장 또는 시 · 도지사 귀하

첨부서류	1. 원료(연료를 포함합니다)의 사용량 및 제품의 생산량과 대기오염물질 등의 배출량을 예측한 명세서 1부 2. 배출시설 및 방지시설 설치내역서 1부 3. 방지시설의 일반도 1부 4. 방지시설의 연간 유지관리계획서 1부 5. 방지시설 설치면제 관련서류(방지시설 설치면제자만 제출합니다) 1부 6. 자가방지시설 설계시공 관련서류(자가방지시설 설계시공자만 제출합니다) 1부 7. 공동 방지시설 설치 관련서류(공동방지시설을 설치하려는 자만 제출합니다) 1부 8. 저황유 외 연료 사용 관련서류(저황유 외 연료를 사용하려는 경우에만 제출합니다) 1부 9. 고체연료 사용승인신청 관련서류(고체연료 사용승인을 얻으려는 경우에만 제출합니다) 1부 10. 휘발성유기화합물을 배출하는 시설 및 배출억제 · 방지시설 설치의 명세서(휘발성유기화합물 배출시설에 해당되는 경우에만 제출합니다) 각 1부 11. 대기오염물질 발생량 산정에 관한 자료 1부 12. 수질 및 소음 · 진동의 배출시설 설치허가 또는 신고 시의 첨부서류(수질 및 소음 · 진동의 배출시설에 해당하는 시설을 신설하는 경우에만 제출합니다) 13. 수질 및 소음 · 진동의 변경허가신청 또는 변경신고 시의 첨부서류(처리용량 또는 주요설비의 변경으로 수질 및 소음 · 진동의 변경허가 및 변경신고를 받아야 될 경우에만 제출합니다)	수수료 : 10,000원 (정보통신망을 이용하여 전자화폐 · 전자결재 등의 방법으로 수수료를 낼때에는 9,000원)

★ **대기환경보전법 시행규칙 제25조(배출시설 설치허가신청서 등)**

영 제11조제3항에 따른 배출시설 설치허가신청서 및 배출시설 설치신고서는 **별지 제2호서식**과 같고, 영 제11조제6항에 따른 배출시설 설치허가증 및 배출시설 설치신고증명서는 **별지 제3호서식**과 같다. 〈개정 2013.5.24〉

대기환경보전법 시행규칙 별지 제 2호 서식으로 신청인과 신청내용(신고내용)을 빠짐없이 작성한다.

① 신청인란에는 상호 및 대표자(법인의 경우 성명 대신 직함을 기재하여도 됨.)등 인적사항과 사업장에 대한 정보를 기재한다.

② 신청내용(신고내용)중 산업분류표에 의한 업종, 주생산품명을 기재하고 인허가는 사전(신청)신고 이므로 이에 따른 배출시설의 설치예정일 및 가동개시예정일을 기재한다.

③ 대기오염물질 배출시설 및 방지시설에는 배출구를 기준으로 작성을 하고 시설이 다수 있는 경우에는 별지로 작성 하여도 된다. 신청하려는 모든 배출시설별로 조업시간 및 대기오염물질 발생량을 누락 없이 기재한다. 내용이 많은 경우 이 역시 별지로 작성하여도 된다.

2) 대기배출시설 허가(신고)신청서의 첨부서류 작성

① 생산공정 파악 공정도 작성

: 대기환경보전법 시행규칙 “[별표3] 대기오염물질 배출시설” 의 배출시설 적용기준 및 배출시설의 분류에 허가(신고) 대상여부 확인한다.

② 배출시설의 원료사용량 및 제품생산량 파악

배출시설 사용원료 성분(MSDS등으로 확인)중 배출 가능한 대기오염물질 선정

: 배출시설에서의 반응 등으로 인한 생성 오염물질 확인

③ 배출시설의 배출가스 포집기구 형식에 따른 가스량 산정

: 포집 HOOD 형식(오염물질 포집에 적절한 후드 설치)에 따른 포착속도 또는 제어속도를 결정하여 가스배출량 산정

④ 배출시설 오염물질 배출농도 산정방법

: 국립환경연구원 고시 배출계수

: 실측계수

: EPA(Environmental Protection Agency) 배출계수

: 이론배출계수(동종업체, 동시설의 오염농도 또는 경험치 등)

⑤ 배출구별 배출시설의 혼합농도 및 배출농도 산정

⑥ 방지시설 일반도

: 대기오염물질 발생 물질의 물리화학적 특성이 고려된 방지시설 선정
(대기환경보전법 시행규칙 [별표4]대기오염방지시설)

: 대기오염물질 배출허용기준이내 배출
(대기환경보전법 시행규칙 [별표8])

⑦ 대기오염물질의 발생량 및 종 산정

⑧ 방지시설의 연간 유지관리계획서 작성

> 상기 인·허가 작성 ①~⑧의 과정은 지자체 및 산업단지 등의 제한규정에 적합하여 공장설립 입주가 완료된 후 관할 지자체에 대기배출시설 설치허가(신고) 신청할 때의 사항을 나타낸 것이다.

★ 가동개시 신고

: 배출구별 배출시설 규모의 합계가 100분의 20이상 증설인 경우 신고대상

: 대기환경보전법 제30조 배출시설, 방지시설 등의 가동개시

: 대기환경보전법 시행령 제15조 변경신고에 따른 가동개시신고의 대상규모 등

★ 대기환경보전법 시행령 제15조(변경신고에 따른 가동개시신고의 대상규모 등)

법 제30조제1항에서 "대통령령으로 정하는 규모 이상의 변경"이란 법 제23조제1항부터 제3항까지의 규정에 따라 설치허가 또는 변경허가를 받거나 설치신고 또는 변경신고를 한 배출구별 배출시설 규모의 합계보다 100분의 20 이상 증설(대기배출시설 증설에 따른 변경신고의 경우에는 증설의 누계를 말한다)하는 배출시설의 변경을 말한다. 〈개정 2015. 12. 10.〉

3) 허가·신고 대상 검토

대기오염물질의 배출허용기준을 준용한 배출시설의 설치허가 및 신고와 관련한 사항은 「대기환경보전법」 및 「대기환경보전법 시행령」에 의한다.

①「대기환경보전법」

- 제23조(배출시설의 설치허가 및 신고

②「대기환경보전법 시행령」

- 제11조(배출시설의 설치허가 및 신고 등)

③「대기환경보전법 시행규칙」

- 배출허용기준 - 별표8

■ 대기환경보전법 시행규칙 [별표 8의2] 〈개정 2019. 12. 20.〉
설치허가 대상 특정대기유해물질 배출시설의 적용기준(제24조의2 관련)

물질명	기준농도
염소 및 염화수소	0.4 ppm
불소화물	0.05 ppm
시안화수소	0.05 ppm
염화비닐	0.1 ppm
페놀 및 그 화합물	0.2 ppm
벤젠	0.1 ppm

사염화탄소	0.1 ppm
클로로포름	0.1 ppm
포름알데히드	0.08 ppm
아세트알데히드	0.01 ppm
1,3-부타디엔	0.03 ppm
에틸렌옥사이드	0.05 ppm
디클로로메탄	0.5 ppm
트리클로로에틸렌	0.3 ppm
히드라진	0.45 ppm
카드뮴 및 그 화합물	0.01 mg/㎥
납 및 그 화합물	0.05 mg/㎥
크롬 및 그 화합물	0.1 mg/㎥
비소 및 그 화합물	0.003 ppm
수은 및 그 화합물	0.0005 mg/㎥
니켈 및 그 화합물	0.01 mg/㎥
베릴륨 및 그 화합물	0.05 mg/㎥
폴리염화비페닐	1 pg/㎥
다이옥신	0.001 ng-TEQ(독성 등가치)/㎥
다환방향족 탄화수소류	10 ng/㎥
이황화메틸	0.1 ppb
총 VOCs (아닐린, 스틸렌, 테트라클로로에틸렌, 1,2-디클로로에탄, 에틸벤젠, 아크릴로니트릴)	0.4 mg/㎥

〈비고〉 별표 2에 따른 특정대기유해물질 중 위 표에서 기준농도가 정해지지 않은 물질의 기준 농도는 0.00으로 한다.

1.3 위반 시 제재

1) 개선명령 및 조치명령

측정기기의 운영·관리기준을 지키지 못하거나 배출시설에서 나오는 오염물질의 정도가 배출허용기준을 초과하는 경우에는 시·도지사로부터 개선명령 또는 조치명령을 받을 수 있다(「대기환경보전법」 제32조제5항 및 제33조).

2) 조업정지명령 등

개선명령 또는 조치명령을 받은 자가 해당 명령을 이행하지 아니하거나 기간 내에 이행은 하였으나 검사결과 배출허용기준을 계속 초과한 경우에는 해당 배출시설의 전부 또는 일부에 대해 조업정지명령을 받을 수 있다(「대기환경보전법」 제34조제1항).

배출시설의 조업정지가 주민의 생활, 대외적인 신용 · 고용 · 물가 등 국민경제, 그 밖에 공익에 현저한 지장을 줄 우려가 있다고 인정되는 경우에는 조업정치처분에 갈음하여 2억원 이하의 과징금을 부과받을 수 있다(「대기환경보전법」 제37조제1항).

3) 배출부과금

대기오염물질을 배출하는 사업자와 설치허가 · 변경허가를 받지 아니하거나 설치신고 · 변경신고를 하지 아니하고 배출시설을 설치 또는 변경한 자는 배출부과금을 부과받는다(「대기환경보전법」 제35조제1항).

배출부과금은 배출허용기준 초과 여부에 따라 기본부과금 또는 초과부과금으로 구분되어 부과받는다(「대기환경보전법」 제35조제2항).

4) 허가의 취소 등

거짓이나 그 밖의 부정한 방법으로 허가 · 변경허가를 받는 등의 경우에는 허가가 취소되거나 배출시설의 폐쇄명령을 받거나 6개월 이내의 조업정지명령 등을 받을 수 있다(「대기환경보전법」 제36조).

5) 과태료

배출시설 및 방지시설의 운영상황에 대한 기록을 보존하지 아니하거나, 거짓으로 기록하는 등의 경우에는 과태료를 부과받는다(「대기환경보전법」 제94조).

6) 형사처벌

배출시설의 설치허가나 변경허가를 받지 아니하거나 거짓으로 설치허가나 변경허가를 받아 배출시설을 설치 또는 변경하거나 그 배출시설을 이용하여 조업하는 등 「대기환경보전법」 제89조부터 제93조까지 어느 하나에 해당하는 경우에는 징역이나 벌금에 처해질 수 있다(「대기환경보전법」 제89조, 제90조, 제91조, 제92조 및 제93조).

1.4 산업분류

1.4.1 한국표준산업분류표 상의 산업분류 적용

한국표준산업분류는 국제표준산업분류에 근거하여 통계작성 목적으로 작성고시된 것으로 현행 제 10차 개정 분류는 2017년 7월 1일부터 시행하고 있다. 한국표준산업분류표에서 **"제조업"**의 산업분류를 확인하여 적용하면 된다.

코드	세분류 항목명	코드	세분류 항목명
10111	육류 도축업(가금류 제외)	10112	가금류 도축업
10121	가금류 가공 및 저장 처리업	10122	육류 포장육 및 냉동육 가공업 (가금류 제외)
10129	육류 기타 가공 및 저장처리업(가금류 제외)	10211	수산동물 훈제, 조리 및 유사 조제식품 제조업
10211	수산동물 훈제, 조리 및 유사 조제식품 제조업	10212	수산동물 건조 및 염장품 제조업
10213	수산동물 냉동품 제조업	10219	기타 수산동물 가공 및 저장처리업
10220	수산식물 가공 및 저장 처리업	10301	김치류 제조업
10302	과실 및 그 외 채소 절임식품 제조업	10309	기타 과실·채소 가공 및 저장처리업
10401	동물성 유지 제조업	10402	식물성 유지 제조업
10403	식용 정제유 및 가공유 제조업	10501	액상시유 및 기타 낙농제품 제조업
10502	아이스크림 및 기타 식용빙과류 제조업	10611	곡물 도정업
10612	곡물 제분업	10613	곡물 혼합 분말 및 반죽 제조업
10619	기타 곡물 가공품 제조업	10620	전분제품 및 당류 제조업
10711	떡류 제조업	10712	빵류 제조업
10713	과자류 및 코코아 제품 제조업	10720	설탕 제조업
10730	면류, 마카로니 및 유사식품 제조업	10741	식초, 발효 및 화학 조미료 제조업
10742	천연 및 혼합조제 조미료 제조업	10743	장류 제조업

코드	세분류 항목명	코드	세분류 항목명
10749	기타 식품 첨가물 제조업	10751	도시락류 제조업
10759	기타 식사용 가공처리 조리식품 제조업	10791	커피 가공업
10792	차류 가공업	10793	수프 및 균질화 식품 제조업
10794	두부 및 유사식품 제조업	10795	인삼식품 제조업
10796	건강보조용 액화식품 제조업	10797	건강 기능식품 제조업
10799	그 외 기타 식료품 제조업	10801	배합사료 제조업
10802	단미사료 및 기타 사료 제조업	11111	탁주 및 약주 제조업
11112	맥아 및 맥주 제조업	11119	기타 발효주 제조업
11121	주정 제조업	11122	소주 제조업
11129	기타 증류주 및 합성주 제조업	11201	얼음 제조업
11202	생수 생산업	11209	기타 비알코올 음료 제조업
12000	담배제품 제조업	13101	면 방적업
13102	모 방적업	13103	화학섬유 방적업
13104	연사 및 가공사 제조업	13109	기타 방적업
13211	면직물 직조업	13212	모직물 직조업
13213	화학섬유 직물직조업	13219	특수직물 및 기타 직물 직조업
13221	침구 및 관련제품 제조업	13222	자수제품 및 자수용 재료 제조업
13223	커튼 및 유사제품 제조업	13224	천막, 텐트 및 유사 제품 제조업
13225	직물포대 제조업	13229	기타 직물제품 제조업
13300	편조원단 제조업	13401	솜 및 실 염색가공업
13402	직물, 편조원단 및 의복류 염색 가공업	13403	날염 가공업
13409	섬유제품 기타 정리 및 마무리 가공업	13910	카펫, 마루덮개 및 유사제품 제조업
13921	끈 및 로프 제조업	13922	어망 및 기타 끈가공품 제조업
13991	세폭직물 제조업	13992	부직포 및 펠트 제조업
13993	특수사 및 코드직물 제조업	13994	표면처리 및 적층 직물 제조업
13999	그 외 기타 분류 안된 섬유제품 제조업	14111	남자용 겉옷 제조업
14112	여자용 겉옷 제조업	14120	속옷 및 잠옷 제조업
14130	한복 제조업	14191	셔츠 및 블라우스 제조업
14192	근무복, 작업복 및 유사의복 제조업	14193	가죽의복 제조업
14194	유아용 의복 제조업	14199	그 외 기타 봉제의복 제조업
14200	모피제품 제조업	14300	편조의복 제조업
14411	스타킹 및 기타양말 제조업	14419	기타 편조의복 액세서리 제조업

코드	세분류 항목명	코드	세분류 항목명
14491	모자 제조업	14499	그 외 기타 의복 액세서리 제조업
15110	모피 및 가죽 제조업	15121	핸드백 및 지갑 제조업
15129	가방 및 기타 보호용 케이스 제조업	15190	기타 가죽제품 제조업
15211	구두류 제조업	15219	기타 신발 제조업
15220	신발 부분품 제조업	16101	일반 제재업
16102	표면가공 목재 및 특정 목적용 제재목 제조업	16103	목재 보존, 방부처리, 도장 및 유사 처리업
16211	박판, 합판 및 유사 적층판 제조업	16212	강화 및 재생 목재 제조업
16221	목재문 및 관련제품 제조업	16229	기타 건축용 나무제품 제조업
16231	목재 깔판류 및 기타 적재판 제조업	16232	목재 포장용 상자, 드럼 및 유사용기 제조업
16291	목재 도구 및 주방용 나무제품 제조업	16292	장식용 목제품 제조업
16299	그 외 기타 나무제품 제조업	16300	코르크 및 조물제품 제조업
17110	펄프 제조업	17121	신문용지 제조업
17122	인쇄용 및 필기용 원지 제조업	17123	크라프트지 및 상자용 판지 제조업
17124	적층, 합성 및 특수 표면처리 종이 제조업	17125	위생용 원지 제조업
17129	기타 종이 및 판지 제조업	17211	골판지 제조업
17212	골판지 상자 및 가공제품 제조업	17221	종이 포대 및 가방 제조업
17222	판지 상자 및 용기 제조업	17223	식품 위생용 종이 상자 및 용기 제조업
17229	기타 종이 상자 및 용기 제조업	17901	문구용 종이제품 제조업
17902	위생용 종이제품 제조업	17903	벽지 및 장판지 제조업
17909	그 외 기타 종이 및 판지 제품 제조업	18111	경 인쇄업
18112	스크린 인쇄업	18113	오프셋 인쇄업
18119	기타 인쇄업	18121	제판 및 조판업
18122	제책업	18129	기타 인쇄관련 산업
18200	기록매체 복제업	19101	코크스 및 관련 제품 제조업
19102	연탄 및 기타 석탄 가공품 제조업	19210	원유 정제처리업
19221	윤활유 및 그리스 제조업	19229	기타 석유 정제물 재처리업
20111	석유화학계 기초 화학 물질 제조업	20112	천연수지 및 나무 화학물질 제조업
20119	석탄화학계 화합물 및 기타 기초 유기 화학 물질 제조업	20121	산업용 가스 제조업

코드	세분류 항목명	코드	세분류 항목명
20129	기타 기초 무기 화학물질 제조업	20131	무기안료용 금속 산화물 및 관련 제품 제조업
20132	염료, 조제 무기안료, 유연제 및 기타 착색제 제조업	20201	합성고무 제조업
20202	합성수지 및 기타 플라스틱 물질 제조업	20203	혼성 및 재생 플라스틱 소재 물질 제조업
20311	질소화합물, 질소, 인산 및 칼리질 화학비료 제조업	20312	복합비료 및 기타 화학비료 제조업
20313	유기질 비료 및 상토 제조업	20321	화학 살균·살충제 및 농업용 약제 제조업
20322	생물 살균·살충제 및 식물보호제 제조업	20411	일반용 도료 및 관련 제품 제조업
20412	요업용 도포제 및 관련 제품 제조업	20413	인쇄잉크 및 회화용 물감 제조업
20421	계면활성제 제조업	20422	치약, 비누 및 기타 세제 제조업
20423	화장품 제조업	20424	표면광택제 및 실내가향제 제조업
20491	감광재료 및 관련 화학제품 제조업	20492	가공 및 정제염 제조업
20493	접착제 및 젤라틴 제조업	20494	화약 및 불꽃제품 제조업
20495	바이오 연료 및 혼합물 제조업	20499	그 외 기타 분류 안된 화학제품 제조업
20501	합성섬유 제조업	20502	재생섬유 제조업
21101	의약용 화합물 및 항생물질 제조업	21102	생물학적 제제 제조업
21210	완제 의약품 제조업	21220	한의약품 제조업
21230	동물용 의약품 제조업	21300	의료용품 및 기타 의약 관련제품 제조업
22111	타이어 및 튜브 제조업	22112	타이어 재생업
22191	고무패킹류 제조업	22192	산업용 그 외 비경화 고무제품 제조업
22193	고무의류 및 기타 위생용 비경화 고무제품 제조업	22199	그 외 기타 고무제품 제조업
22211	플라스틱 선, 봉, 관 및 호스 제조업	22212	플라스틱 필름 제조업
22213	플라스틱 시트 및 판 제조업	22214	플라스틱 합성피혁 제조업
22221	벽 및 바닥 피복용 플라스틱제품 제조업	22222	설치용 및 위생용 플라스틱제품 제조업
22223	플라스틱 창호 제조업	22229	기타 건축용 플라스틱 조립제품 제조업
22231	플라스틱 포대, 봉투 및 유사제품 제조업	22232	포장용 플라스틱 성형용기 제조업

코드	세분류 항목명	코드	세분류 항목명
22241	운송장비 조립용 플라스틱제품 제조업	22249	기타 기계·장비 조립용 플라스틱제품 제조업
22251	폴리스티렌 발포 성형제품 제조업	22259	기타 플라스틱 발포 성형제품 제조업
22291	플라스틱 접착처리 제품 제조업	22292	플라스틱 적층, 도포 및 기타 표면처리 제품 제조업
22299	그 외 기타 플라스틱 제품 제조업	23111	판유리 제조업
23112	안전유리 제조업	23119	기타 판유리 가공품 제조업
23121	1차 유리제품, 유리섬유 및 광학용 유리 제조업	23122	디스플레이 장치용 유리 제조업
23129	기타 산업용 유리제품 제조업	23191	가정용 유리제품 제조업
23192	포장용 유리용기 제조업	23199	그 외 기타 유리제품 제조업
23211	정형 내화 요업제품 제조업	23212	부정형 내화 요업제품 제조업
23221	가정용 및 장식용 도자기 제조업	23222	위생용 및 산업용 도자기 제조업
23229	기타 일반 도자기 제조업	23231	점토 벽돌, 블록 및 유사 비내화 요업제품 제조업
23232	타일 및 유사 비내화 요업제품 제조업	23239	기타 건축용 비내화 요업제품 제조업
23311	시멘트 제조업	23312	석회 및 플라스터 제조업
23321	비내화 모르타르 제조업	23322	레미콘 제조업
23323	플라스터 혼합 제품 제조업	23324	콘크리트 타일, 기와, 벽돌 및 블록 제조업
23325	콘크리트 관 및 기타 구조용 콘크리트제품 제조업	23329	그 외 기타 콘크리트 제품 및 유사 제품 제조업
23911	건설용 석제품 제조업	23919	기타 석제품 제조업
23991	아스팔트 콘크리트 및 혼합제품 제조업	23992	연마재 제조업
23993	비금속광물 분쇄물 생산업	23994	암면 및 유사제품 제조업
23995	탄소섬유 제조업	23999	그 외 기타 분류 안된 비금속 광물제품 제조업
24111	제철업	24112	제강업
24113	합금철 제조업	24119	기타 제철 및 제강업
24121	열간 압연 및 압출 제품 제조업	24122	냉간 압연 및 압출 제품 제조업
24123	철강선 제조업	24131	주철관 제조업
24132	강관 제조업	24133	강관 가공품 및 관연결구류 제조업
24191	도금, 착색 및 기타 표면처리 강재 제조업	24199	그 외 기타 1차 철강 제조업

코드	세분류 항목명	코드	세분류 항목명
24211	동 제련, 정련 및 합금 제조업	24212	알루미늄 제련, 정련 및 합금 제조업
24213	연 및 아연 제련, 정련 및 합금 제조업	24219	기타 비철금속 제련, 정련 및 합금 제조업
24221	동 압연, 압출 및 연신제품 제조업	24222	알루미늄 압연, 압출 및 연신제품 제조업
24229	기타 비철금속 압연, 압출 및 연신제품 제조업	24290	기타 1차 비철금속 제조업
24311	선철주물 주조업	24312	강주물 주조업
24321	알루미늄주물 주조업	24322	동주물 주조업
24329	기타 비철금속 주조업	25111	금속 문, 창, 셔터 및 관련 제품 제조업
25112	구조용 금속 판제품 및 공작물 제조업	25113	육상 금속 골조 구조재 제조업
25114	수상 금속 골조 구조재 제조업	25119	기타 구조용 금속제품 제조업
25121	산업용 난방보일러 및 방열기 제조업	25122	금속탱크 및 저장용기 제조업
25123	압축 및 액화 가스용기 제조업	25130	핵반응기 및 증기보일러 제조업
25200	무기 및 총포탄 제조업	25911	분말야금제품 제조업
25912	금속단조제품 제조업	25913	자동차용 금속 압형제품 제조업
25914	그 외 금속 압형제품 제조업	25921	금속 열처리업
25922	도금업	25923	도장 및 기타 피막처리업
25924	절삭가공 및 유사 처리업	25929	그 외 기타 금속가공업
25931	날붙이 제조업	25932	일반철물 제조업
25933	비동력식 수공구 제조업	25934	톱 및 호환성공구 제조업
25941	볼트 및 너트류 제조업	25942	그 외 금속파스너 및 나사제품 제조업
25943	금속 스프링 제조업	25944	금속선 가공제품 제조업
25991	금속캔 및 기타 포장용기 제조업	25992	수동식 식품 가공기기 및 금속 주방용기 제조업
25993	금속 위생용품 제조업	25994	금속 표시판 제조업
25995	피복 및 충전 용접봉 제조업	25999	그 외 기타 분류 안된 금속 가공제품 제조업
26111	메모리용 전자집적회로 제조업	26112	비메모리용 및 기타 전자집적회로 제조업
26121	발광 다이오드 제조업	26129	기타 반도체소자 제조업
26211	액정 표시장치 제조업	26212	유기발광 표시장치 제조업
26219	기타 표시장치 제조업	26221	인쇄회로기판용 적층판 제조업

코드	세분류 항목명	코드	세분류 항목명
26222	경성 인쇄회로기판 제조업	26223	연성 및 기타 인쇄회로기판 제조업
26224	전자부품 실장기판 제조업	26291	전자축전기 제조업
26292	전자저항기 제조업	26293	전자카드 제조업
26294	전자코일, 변성기 및 기타 전자유도자 제조업	26295	전자감지장치 제조업
26299	그 외 기타 전자부품 제조업	26310	컴퓨터 제조업
26321	기억장치 제조업	26322	컴퓨터 모니터 제조업
26323	컴퓨터 프린터 제조업	26329	기타 주변기기 제조업
26410	유선 통신장비 제조업	26421	방송장비 제조업
26422	이동전화기 제조업	26429	기타 무선 통신장비 제조업
26511	텔레비전 제조업	26519	비디오 및 기타 영상기기 제조업
26521	라디오, 녹음 및 재생 기기 제조업	26529	기타 음향기기 제조업
26600	마그네틱 및 광학 매체 제조업	27111	방사선 장치 제조업
27112	전기식 진단 및 요법 기기 제조업	27191	치과용 기기 제조업
27192	정형외과용 및 신체 보정용 기기 제조업	27193	안경 및 안경렌즈 제조업
27194	의료용 가구 제조업	27199	그 외 기타 의료용 기기 제조업
27211	레이더, 항행용 무선기기 및 측량기구 제조업	27212	전자기 측정, 시험 및 분석기구 제조업
27213	물질 검사, 측정 및 분석기구 제조업	27214	속도계 및 적산계기 제조업
27215	기기용 자동측정 및 제어장치 제조업	27216	산업처리공정 제어장비 제조업
27219	기타 측정, 시험, 항해, 제어 및 정밀기기 제조업	27301	광학렌즈 및 광학요소 제조업
27302	사진기, 영사기 및 관련 장비 제조업	27309	기타 광학기기 제조업
27400	시계 및 시계부품 제조업	28111	전동기 및 발전기 제조업
28112	변압기 제조업	28113	방전램프용 안정기 제조업
28114	에너지 저장장치 제조업	28119	기타 전기변환장치 제조업
28121	전기회로 개폐, 보호장치 제조업	28122	전기회로 접속장치 제조업
28123	배전반 및 전기자동 제어반 제조업	28201	일차전지 제조업
28202	축전지 제조업	28301	광섬유 케이블 제조업
28302	기타 절연선 및 케이블 제조업	28303	절연코드 세트 및 기타 도체 제조업
28410	전구 및 램프 제조업	28421	운송장비용 조명장치 제조업
28422	일반용 전기 조명장치 제조업	28423	전시 및 광고용 조명장치 제조업
28429	기타 조명장치 제조업	28511	주방용 전기기기 제조업

코드	세분류 항목명	코드	세분류 항목명
28512	가정용 전기 난방기기 제조업	28519	기타 가정용 전기기기 제조업
28520	가정용 비전기식 조리 및 난방 기구 제조업	28901	전기경보 및 신호장치 제조업
28902	전기용 탄소제품 및 절연제품 제조업	28903	교통 신호장치 제조업
28909	그 외 기타 전기장비 제조업	29111	내연기관 제조업
29119	기타 기관 및 터빈 제조업	29120	유압기기 제조업
29131	액체 펌프 제조업	29132	기체 펌프 및 압축기 제조업
29133	탭, 밸브 및 유사장치 제조업	29141	구름베어링 제조업
29142	기어 및 동력전달장치 제조업	29150	산업용 오븐, 노 및 노용 버너 제조업
29161	산업용 트럭 및 적재기 제조업	29162	승강기 제조업
29163	컨베이어 장치 제조업	29169	기타 물품 취급장비 제조업
29171	산업용 냉장 및 냉동 장비 제조업	29172	공기 조화장치 제조업
29173	산업용 송풍기 및 배기장치 제조업	29174	기체 여과기 제조업
29175	액체 여과기 제조업	29176	증류기, 열교환기 및 가스발생기 제조업
29180	사무용 기계 및 장비 제조업	29191	일반저울 제조업
29192	용기세척, 포장 및 충전기 제조업	29193	분사기 및 소화기 제조업
29194	동력식 수지공구 제조업	29199	그 외 기타 일반목적용 기계 제조업
29210	농업 및 임업용 기계 제조업	29221	전자응용 절삭기계 제조업
29222	디지털 적층 성형기계 제조업	29223	금속 절삭기계 제조업
29224	금속 성형기계 제조업	29229	기타 가공 공작기계 제조업
29230	금속 주조 및 기타 야금용 기계 제조업	29241	건설 및 채광용 기계·장비 제조업
29242	광물처리 및 취급장비 제조업	29250	음 · 식료품 및 담배 가공기계 제조업
29261	산업용 섬유세척, 염색, 정리 및 가공 기계 제조업	29269	기타 섬유, 의복 및 가죽 가공 기계 제조업
29271	반도체 제조용 기계 제조업	29272	디스플레이 제조용 기계 제조업
29280	산업용 로봇 제조업	29291	펄프 및 종이 가공용 기계 제조업
29292	고무, 화학섬유 및 플라스틱 성형기 제조업	29293	인쇄 및 제책용 기계 제조업
29294	주형 및 금형 제조업	29299	그 외 기타 특수목적용 기계 제조업
30110	자동차용 엔진 제조업	30121	승용차 및 기타 여객용 자동차 제조업
30122	화물자동차 및 특수 목적용 자동차 제조업	30201	차체 및 특장차 제조업

코드	세분류 항목명	코드	세분류 항목명
30202	자동차구조및장치변경업	30203	트레일러 및 세미트레일러 제조업
30310	자동차 엔진용 신품 부품 제조업	30320	자동차 차체용 신품 부품 제조업
30331	자동차용 신품 동력 전달장치 제조업	30332	자동차용 신품 전기장치 제조업
30391	자동차용 신품 조향 장치 및 현가장치 제조업	30392	자동차용 신품 제동장치 제조업
30393	자동차용 신품 의자 제조업	30399	그 외 자동차용 신품 부품 제조업
30400	자동차 재제조 부품 제조업	31111	강선 건조업
31112	합성수지선 건조업	31113	기타 선박 건조업
31114	선박 구성 부분품 제조업	31120	오락 및 스포츠용 보트 건조업
31201	기관차 및 기타 철도차량 제조업	31202	철도차량 부품 및 관련 장치물 제조업
31311	유인 항공기, 항공 우주선 및 보조장치 제조업	31312	무인 항공기 및 무인 비행장치 제조업
31321	항공기용 엔진 제조업	31322	항공기용 부품 제조업
31910	전투용 차량 제조업	31920	모터사이클 제조업
31991	자전거 및 환자용 차량 제조업	31999	그 외 기타 달리 분류 되지 않은 운송장비 제조업
32011	매트리스 및 침대 제조업	32019	소파 및 기타 내장가구 제조업
32021	주방용 및 음식점용 목재가구 제조업	32029	기타 목재가구 제조업
32091	금속 가구 제조업	32099	그 외 기타 가구 제조업
33110	귀금속 및 관련 제품 제조업	33120	모조 귀금속 및 모조 장신용품 제조업
33201	건반 악기 제조업	33202	전자악기 제조업
33209	기타 악기 제조업	33301	체조, 육상 및 체력 단련용 장비 제조업
33302	놀이터용 장비 제조업	33303	낚시및 수렵용구 제조업
33309	기타 운동 및 경기 용구 제조업	33401	인형 및 장난감 제조업
33402	영상게임기 제조업	33409	기타 오락용품 제조업
33910	간판 및 광고물 제조업	33920	사무 및 회화용품 제조업
33931	가발 및 유사 제품 제조업	33932	전시용 모형 제조업
33933	표구처리업	33991	단추 및 유사 파스너 제조업
33992	라이터, 연소물 및 흡연용품 제조업	33993	비 및 솔 제조업
33999	그 외 기타 달리 분류되지 않은 제품 제조업	34011	건설·광업용 기계 및 장비 수리업
34019	기타 일반 기계 및 장비 수리업	34020	전기·전자 및 정밀기기 수리업

2장. 대기오염물질 발생량 산정

2.1 발생량 산정

2.2 사업장 종 산정

2.3 배출량 예측

2.1 발생량 산정

대기오염물질 연간 발생량은 당해 배출시설에서 시설용량 또는 최대 연료사용량 기준으로 발생 가능한 대기오염물질(SOx, NOx, 먼지)을 기준으로 한다.

대기오염물질 연간 발생량은 배출시설별로 대기오염물질 발생량을 산정한 후 예비용 시설을 제외한 사업장내의 모든 배출시설에 대한 대기오염물질 발생량의 합으로 한다.

대기오염물질 발생량 산정방법은 시행규칙 제42조 및 제43조에 의하여 산정할 수 있다.

> ★ **대기오염물질 발생량**
> = 배출시설의 시간당 대기오염물질 발생량 × 일일조업시간 × 연간가동일수

1) 연료별 · 시설별로 정해진 배출계수를 적용한 산정방법

「대기환경보전법」 시행규칙 [별표10] 및 국립환경연구원 고시 제2012-10호의 배출계수를 적용하여 산정한다.

· 연료를 연소하는 과정에서만 대기오염물질이 배출되는 시설(시행규칙 별표10 및 고시 별표3)
: 보일러, 산업용 간접 가열시설의 연소시설, 발전소, 소각시설의 보조연료 등

· 제품제조 공정에서 직접가열을 하는 시설(고시 별표1)
: 직접가열(코크스로, 용융 · 용해로 등), 직접건조시설, 소성시설, 소각시설 등

· 제품제조 공정 중에 오염물질이 발생하는 시설(고시 별표2)
: 분쇄시설, 연마시설, 탈사시설, 혼합시설, 반응시설, 도장시설, 저장시설, 포장시설, 선별시설 등

★ 시간당 대기오염물질 발생량 산정방법(㎏/시간)

= 대기오염물질 배출계수 × 시간당 단위량

· 대기오염물질 배출계수 단위 : kg/톤, kg/kℓ, kg/10^3 m^3 등

· 시간당 단위량의 단위 : 톤/시간, kℓ/시간, 10^3 m^3/시간 등

★ 연간 대기오염물질 발생량 산정방법(톤/년)

= 시간당 대기오염물질 발생량 × 일일가동시간 × 연간가동일수

· 시간당 대기오염물질 발생량 단위 : kg/시간

· 일일가동시간 단위 : 시간/일

· 연간가동일수 단위 : 일/년

★ 대기환경보전법 시행규칙

· 제42조(대기오염물질 발생량 산정방법)

① 법 제25조에 따른 대기오염물질 발생량은 예비용 시설을 제외한 사업장의 모든 배출시설별 대기오염물질 발생량을 더하여 산정하되, 배출시설별 대기오염물질 발생량의 산정방법은 다음과 같다. 〈개정 2013.2.1.〉

배출시설의 시간당 대기오염물질 발생량 × 일일조업시간 × 연간가동일수

② 유역환경청장, 지방환경청장, 수도권대기환경청장 또는 시 · 도지사는 사업장에 대한 지도점검 결과 사업장의 대기오염물질 발생량이 변경되어 해당사업장의 구분(영 별표 1의3에 따른 제1종부터 제5종까지의 사업장 구분을 말한다)을 변경해야 하는 경우에는 사업자에게 그 사실을 통보해야 한다. 〈개정 2017. 12. 28., 2019. 7. 16.〉

③ 제2항에 따라 통보를 받은 사업자는 통보일부터 7일 이내에 제27조에 따른 변경신고를 하여야 한다.

· 제43조(배출시설의 시간당 대기오염물질 발생량)

제42조 제1항에 따른 배출시설의 시간당 대기오염물질 발생량은 [별표 10]에서 정한 방법으로 산정한다.

2) 배출계수가 없는 경우의 산정방법

배출계수가 없는 경우에는 실측에 의한 방법, 외국의 배출계수 활용, 이론적인 방법 등으로 산정한다.

> **★ 적용순서는 앞단의 계수 적용이 불가능할 경우 순차적으로 적용**
> (산정방법을 선택하여 적용하는 것이 아님)

○ 실측에 의한 오염물질 발생량 산정

- 방지시설 전단에서 측정하는 것을 기본으로 한다.
- 방지시설 전단에서 측정할 수 없는 경우 후단의 측정결과를 역산하여 산정
- 방지시설의 처리효율의 적용

대기배출시설 설치허가(신고) 시 제출한 서류에 제시된 방지시설의 효율을 우선적으로 적용하고, 고시「별표4」에서 정하는 효율은 평균적인 의미의 방지시설 효율값으로 배출시설의 허가서류가 해당관청이나, 사업장에 없는 경우 등 예외적인 경우에만 적용한다.

○ 국립환경연구원장이 인정하는 계수를 이용한 산정

- 적용대상 : 배출계수 또는 실측에 의한 값을 적용할 수 없는 경우
- 인정계수 : EPA계수(최근 자료 참조)
- 산정방법 : 상기 배출계수를 이용하여 산정하는 방법과 같다.

○ 이론적인 산정

- 적용대상 : 신규시설로 배출계수 및 국립환경과학원장이 인정하는 계수가 없는 경우
- 방지시설 설치의무를 면제받은 사업장
- 산정방법

- 배출시설 설치허가 시 첨부하는 오염물질의 배출량을 예측한 내역서 또는 방지시설 설계시 산정하는 최대배출가스유량 및 농도로 산출(방지시설 전단의 농도여야 함)
- 관할 행정관청에서 인정할 수 있는 객관적인 자료를 제출하여야 한다.

[표 2.1] 대기오염물질 발생량 산정방법

배출 시설의 시간당 대기오염물질 발생량 산정방법(제43조 관련)

대기환경보전법 시행규칙 [별표 10]

1. 대기오염물질 배출계수에 의한 방법

- 배출시설의 시간당 대기오염물질 발생량 산정방법은 다음과 같다.
  배출시설의 시간당 대기오염물질 발생량 = 가목 또는 나목에 따른 대기오염물질 배출계수 × 해당 시설의 시간당 최대 연료사용량

가. 연료별 대기오염물질배출계수는 다음과 같다.

〈대기오염물질 배출계수〉

연 료 명	먼지			황산화물			질소산화물		
	난방	산업	발전	난방	산업	발전	난방	산업	발전
등유 (황함량 0.001%)	0.05		0.05	17.0S			2.16	2.16	2.16
등유 (황함량 0.1%)	0.24		0.24, 0.07[1)]	17.0S			2.40	2.40	2.40, 14.7[1)]
경유 (황함량 0.1, 0.05%)	0.24		0.24, 1.67[2)]	17.0S			2.40	2.40	2.40, 53.4[2)]
B-A유	0.84		0.84	5.28			5.99	5.99	5.99
B-B유	1.20		1.20	14.3S			2.47	2.47	2.47
B-C유 (황함량 0.3~4.0%)	1.1S+0.39		1.1S+0.39	14.3S			6.64	6.64	6.64
무연탄	5.0A		5.0A	19.5S			5.83	5.83	9.00
유연탄	5.0A		5.0A	19.0S			4.55	5.55	7.50
LNG	0.03		0.03	0.01			3.70	3.70	6.04, 42.9[2)]
LPG	0.07		0.07	0.01			2.18	2.28	2.28

〈비고〉

1. A(회분함량) : 무연탄(40%), 유연탄(10%)의 회분함량 값은 각각 40, 10임
2. S(황함량) : 등유(0.1%), B-A유(1.5%), B-B유(1.2%), 무연탄(0.7%), 유연탄(0.5%)의 황함량 값은 각각 0.1, 1.5, 1.2, 0.7, 0.5임
3. 배출계수단위 : 유류(g/ℓ), 석탄(g/㎏) LNG(g/㎥), LPG(g/㎏)
4. 환산계수 : LNG(1 ㎏=1.238 ㎥), LPG(1 ㎏=1.97 ℓ=0.529 ㎥)
5. 주 1) : 가스터빈 주 2) : 내연기관

나. 가목 외의 연료 또는 에너지를 사용하는 경우와 공정 등의 대기오염물질 배출계수는 국립환경과학원장이 정하여 고시한다.

2. 실측에 의한 방법

가. 제1호의 방법으로 배출시설의 시간당 대기오염물질 발생량을 산정할 수 없는 경우에는 다음의 산정방법에 따라 산정한다.

배출시설의 시간당 대기오염물질 발생량
= 방지시설 유입 전의 배출농도 × 가스유량

나. 가목에 따른 방지시설 유입 전의 배출농도 및 가스유량은 「환경분야 시험 · 검사 등에 관한 법률」 제6조제1항에 따라 환경부장관이 정하여 고시한 환경오염공정시험기준에 따라 측정한다.

2.2 사업장 종 산정

환경오염물질 배출시설에 대한 인허가에 있어서 "종"의 산정은 사업장에서 배출하는 오염물질의 발생량을 파악하여 사업장의 규모를 예측하는 방법이다.

사업장의 배출시설에서 발생되는 오염물질량은 방지시설의 종류, 규모 및 유지관리 등에 따라 다르게 배출되므로 최종배출량이 아닌 방지시설 유입 전 오염물질 발생량을 기준으로 산정한다.

종산정 대상시설은 예비용시설을 제외한 사업장의 모든 배출시설별 대기오염물질 발생량을 더하여 산정하며, 배출시설에서 나오는 오염물질 중 먼지(Dust), 황산화물(SOx) 및 질소산화물(NOx)를 기준으로 한다. 먼지, 황산화물, 질소산화물의 발생량의 합에 따라 1종사업장부터 5종사업장까지로 나누어진다.

[표 2.2] 대기분야 사업장 규모 산정

종 별	오염물질 발생량 구분
1종 사업장	대기오염물질발생량의 합계가 연간 80톤 이상인 사업장
2종 사업장	대기오염물질발생량의 합계가 연간 20톤 이상 80톤 미만인 사업장
3종 사업장	대기오염물질발생량의 합계가 연간 10톤 이상 20톤 미만인 사업장
4종 사업장	대기오염물질발생량의 합계가 연간 2톤 이상 10톤 미만인 사업장
5종 사업장	대기오염물질발생량의 합계가 연간 2톤 미만인 사업장
비고 : "대기오염물질발생량"이란 방지시설을 통과하기 전의 먼지, 황산화물 및 질소산화물의 발생량을 환경부령으로 정하는 방법에 따라 산정한 양을 말한다.	

[표 2.3] 사업장별 환경기술인 자격기준

[대기환경보전법 시행령 제39조제2항 관련]

<table>
<tr><th>구분</th><th>환경기술인의 자격기준</th></tr>
<tr><td>1종사업장
(대기오염물질발생량의 합계가
연간 80톤 이상인 사업장)</td><td>대기환경기사 이상의 기술자격 소지자 1명 이상</td></tr>
<tr><td>2종사업장
(대기오염물질발생량의 합계가
연간 20톤 이상 80톤 미만인 사업장)</td><td>대기환경산업기사 이상의 기술자격 소지자 1명 이상</td></tr>
<tr><td>3종사업장
(대기오염물질발생량의 합계가
연간 10톤 이상 20톤 미만인 사업장)</td><td>대기환경산업기사 이상의 기술자격 소지자, 환경기능사 또는 3년 이상 대기분야 환경관련 업무에 종사한 자 1명 이상</td></tr>
<tr><td>4종사업장
(대기오염물질발생량의 합계가
연간 2톤 이상 10톤 미만인 사업장)</td><td rowspan="2">배출시설 설치허가를 받거나 배출시설 설치신고가 수리된 자 또는 배출시설 설치허가를 받거나 수리된 자가 해당 사업장의 배출시설 및 방지시설 업무에 종사하는 피고용인 중에서 임명하는 자 1명 이상</td></tr>
<tr><td>5종사업장
(1종사업장부터 4종사업장까지에
속하지 아니하는 사업장)</td></tr>
</table>

★ 비 고

1. 4종사업장과 5종사업장 중 제11조 제1항 제1호에 따른 기준 이상의 특정대기유해물질이 포함된 오염물질을 배출하는 경우에는 3종사업장에 해당하는 기술인을 두어야 한다.
2. 1종사업장과 2종사업장 중 1개월 동안 실제 작업한 날만을 계산하여 1일 평균 17시간 이상 작업하는 경우에는 해당 사업장의 기술인을 각각 2명 이상 두어야 한다. 이 경우, 1명을 제외한 나머지 인원은 3종사업장에 해당하는 기술인 또는 환경기능사로 대체할 수 있다.
3. 공동방지시설에서 각 사업장의 대기오염물질 발생량의 합계가 4종사업장과 5종사업장의 규모에 해당하는 경우에는 3종사업장에 해당하는 기술인을 두어야 한다.
4. 전체 배출시설에 대하여 방지시설 설치 면제를 받은 사업장과 배출시설에서 배출되는 오염물질 등을 공동방지시설에서 처리하는 사업장은 5종사업장에 해당하는 기술인을 둘 수 있다.
5. 대기환경기술인이 「물환경보전법」에 따른 수질환경기술인의 자격을 갖춘 경우에는 수질환경기술인을 겸임할 수 있으며, 대기환경기술인이 「소음·진동관리법」에 따른 소음·진동환경기술인 자격을 갖춘 경우에는 소음·진동환경기술인을 겸임할 수 있다.
6. 법 제2조제11호에 따른 배출시설 중 일반보일러만 설치한 사업장과 대기 오염물질 중 먼지만 발생하는 사업장은 5종사업장에 해당하는 기술인을 둘 수 있다.
7. "대기오염물질발생량"이란 방지시설을 통과하기 전의 먼지, 황산화물 및 질소산화물의 발생량을 환경부령으로 정하는 방법에 따라 산정한 양을 말한다.

2.3 배출량 예측

배출시설의 규모, 가동일수를 고려한 오염물질 발생량에서 설치되는 방지시설의 규모, 방지 약품 사용량 등으로 산정한 해당 오염물질의 방지효율을 고려하여 산정한 연간 예상 배출량이 적정한지 검토하여야 한다.

예상 배출량 = 오염물질 발생량 - 방지시설 효율에 따른 저감량

〈배출량 예측 실무〉

★ **[시설 개요]**

o 오염물질 농도

- 먼지: 20 mg/Sm³,
- 황산화물: 20 ppm(= 20 × 64/22.4 = 57.1 mg/Sm³)
- 질소산화물: 20 ppm(= 20 × 46/22.4 = 41.1 mg/Sm³)

o 방지시설 효율

방지시설명	오염물질 제거효율(설계효율, %)		
	먼지	황산화물	질소산화물
여과집진시설	90	-	-
원심력집진시설	60	-	-
세정집진시설	70	30	10

* 효율근거 : 배출시설의 대기오염물질 배출계수 고시

- 배출가스 유량(최대) : 1,000 ㎥/시간
- 일일 가동시간 및 연간 가동 일수 : 24시간, 365일

□ 직렬로 여러 개의 방지시설이 있는 경우의 오염발생량 계산

○ 먼지

- 방지시설 총효율

$$\eta_t(\%) = \{1 - [(1-\eta_1)(1-\eta_2)(1-\eta_3)]\} \times 100$$

$$= \{1 - [(1-0.9)(1-0.6)(1-0.7)]\} \times 100 = 98.8\%$$

- 먼지 발생량

$$= 20\ mg/Sm^3 \times \frac{1}{1-0.988} \times 1{,}000\ m^3/\text{시간} \times 24\text{시간}/\text{일} \times 365\ \text{일}/\text{년} \times \frac{\text{톤}}{10^9\ mg}$$

= 14.60 톤/년

○ **황산화물**

- 방지시설 총효율 : 30%
- 황산화물 발생량

$$=57.1\ mg/Sm^3 \times \frac{1}{1-0.3} \times 1{,}000\ m^3/\text{시간} \times 24\text{시간}/\text{일} \times 365\ \text{일}/\text{년} \times \frac{\text{톤}}{10^9\ mg}$$

= 0.71 톤/년

○ **질소산화물**

- 방지시설 총효율 : 10%
- 질소산화물 발생량

$$= 41.1\ mg/Sm^3 \times \frac{1}{1-0.1} \times 1{,}000\ m^3/\text{시간} \times 24\ \text{시간}/\text{일} \times 365\ \text{일}/\text{년} \times \frac{\text{톤}}{10^9\ mg}$$

= 0.40 톤/년

○ **총 발생량** = 14.60 톤/년 + 0.71 톤/년 + 0.40 톤/년 = 15.71 톤/년(3종)

3장. 배출시설

3.1 대기오염물질 배출시설

3.2 대기오염물질 배출허용기준

3.1 대기오염물질 배출시설

3.3.1 배출시설 적용기준

대기오염물질 배출시설의 분류는 「대기환경보전법 시행규칙」[별표3]에 세부적으로 규정되어 있다. 배출시설은 각각의 원료(부원료와 첨가제를 포함한다)나 연료가 투입되는 지점부터 해당 공정이 끝나는 지점까지의 단위공정 전체를 말한다. 2020년 1월 1일부터 적용되는 대기오염물질배출시설의 배출시설의 규모는 그 시설의 중량·면적·용적·열량·마력 등의 규모를 말하고, 동일 사업장에 그 규모 미만의 동종시설이 2개 이상 설치된 경우로서 그 시설의 총 규모가 「대기환경보전법 시행규칙」[별표3] 나목의 대상 배출시설란에서 규정하고 있는 규모 이상인 경우에는 그 시설들을 배출시설에 포함한다. 다만, 나목의 대상 배출시설란에서 규정하고 있는 규모 미만의 다음의 시설은 시·도지사의 주변 환경여건을 고려하여 인정하는 경우에는 동종시설 총 규모 산정에서 제외할 수 있다. 가) 지름이 1밀리미터 이상인 고체입자상물질 저장시설 나) 영업을 목적으로 하지 않는 연구시설 다) 설비용량이 1.5메가와트 미만인 도서지방용 발전시설 라) 시간당 증발량이 0.1톤 미만이거나 열량이 61,900 킬로칼로리 미만인 보일러로서 「환경기술 및 환경사업 지원법」제 17조에 따른 환경표지 인증을 받은 보일러. 또한 하나의 동력원에 2개 이상의 배출시설이 연결되어 동시에 가동되는 경우에는 각 배출시설의 동력 소요량에 비례하여 배출시설의 규모를 산출하고, 그 외의 경우에는 각각 연결된 동력원의 최대규모로 시설의 규모를 산출한다.

3.3.2 배출시설 분류

배출시설에 대한 구체적인 분류는 「대기환경보전법 시행규칙」[별표3]에 배출시설 적용범위가 명시되어 있으며, 주요 배출시설은 [표 3.1]과 같다.

[표 3.1] 대기오염물질 배출시설

1) 섬유제품 제조시설 2) 가죽 · 모피가공시설 및 모피제품 · 신발 제조시설 3) 펄프, 종이 및 판지 제조시설 4) 기타 종이 및 판지 제품 제조시설 5) 인쇄 및 각종 기록 매체 제조(복제)시설 6) 코크스 제조시설 및 관련제품 저장시설 7) 석유 정제품 제조시설 및 관련 제품 저장시설 8) 기초유기화합물 제조시설 9) 가스 제조시설 10) 기초무기화합물 제조시설 11) 무기안료 기타 금속산화물 제조시설 12) 합성염료, 유연제및 기타 착색제 제조시설 13) 비료 및 질소화합물 제조시설 14) 의료용 물질 및 의약품 제조시설 15) 그 밖의 화학제품 제조시설 16) 탄화시설 17) 화학섬유 제조시설 18) 고무 및 고무제품 제조시설 19) 합성고무 및 플라스틱물질 제조시설 20) 플라스틱제품 제조시설	21) 비금속광물제품 제조시설 22) 1차 철강 제조시설 23) 1차 비철금속 제조시설 24) 금속가공제품·기계·기기·장비·운송장비· 가구 제조시설 25) 자동차 부품 제조시설 26) 컴퓨터·영상·음향·통신장비 및 전기 장비 제조시설 27) 전자부품 제조시설(반도체 제조시설은 제외한다) 28) 반도체 제조시설 29) 발전시설(수력, 원자력 발전시설은 제외한다) 30) 폐수·폐기물·폐가스소각시설·동물장묘 시설(소각보일러를 포함한다) 31) 폐수·폐기물 처리시설 32) 보일러·흡수식 냉 · 온수기 및 가스열 펌프 33) 고형연료·기타 연료 제품 제조·사용시설 및 관련 시설 34) 화장로 시설 35) 도장시설 36) 입자상물질 및 가스상물질 발생시설 37) 그 밖의 시설
※ 2020년 1월 1일부터 적용되는 배출시설	

배출시설에서 발생된 대기오염물질이 일련의 공정작업이나 연속된 공정작업을 통하여 밀폐된 상태로 배출시설을 거쳐 대기 중으로 배출되는 경우로서, 해당 배출구가 설치된 최종시설에 대하여 허가(변경허가를 포함한다)를 받거나 신고(변경신고를 포함한다)를 한 경우에는 그 최종시설과 일련의 공정 또는 연속된 공정에 설치된 모든 배출시설은 허가를 받거나 신고를 한 배출시설로 본다.

세부적으로 명시되어 있지 않는 배출시설은 “36) 입자상물질 및 가스상물질 발생시설” 또는 “37) 그 밖의 배출시설”의 배출시설로 판단하며, 이는 한국표준산업분류에 따른 업종에만 적용해야 한다(가. 광업, 나. 제조업, 다. 수도, 하수 및 폐기물 처리, 원료 재생업, 라. 운소 및 창고업, 마. 자동차 및 모터사이클 수리업, 바. 연료용

가스 및 제조 및 배관공급업, 사. 증기, 냉·온수 및 공기조절 공급업, 아. 발전업, 사. 산업설비, 운송장비 및 공공장소 청소업).

또한 본 서에 「대기환경보전법 시행규칙」 [별표3] 대기오염물질 배출시설의 세부내용을 [표 3.2]에 정리하였다.

[표 3.2] 대기오염물질 배출시설 세부내용 (「대기환경보전법 시행규칙」 [별표3])

1. 2020년 1월 1일부터 적용되는 대기오염배출시설
   가. 배출시설 적용기준
      1) 배출시설의 규모는 그 시설의 중량·면적·용적·열량·동력(킬로와트) 등으로 하되 최대시설 규모를 말하고, 동일 사업장에 그 규모 미만의 동종시설이 2개 이상 설치된 경우로서 그 시설의 총 규모가 나목의 대상 배출시설란에서 규정하고 있는 규모 이상인 경우에는 그 시설들을 배출시설에 포함한다. 다만, 나목의 대상 배출시설란에서 규정하고 있는 규모 미만의 다음의 시설은 시·도지사가 주변 환경여건을 고려하여 인정하는 경우에는 동종시설 총 규모 산정에서 제외할 수 있다.
         가) 지름이 1 밀리미터 이상인 고체입자상물질 저장시설
         나) 영업을 목적으로 하지 않는 연구시설
         다) 설비용량이 1.5 메가와트 미만인 도서지방용 발전시설
         라) 시간당 증발량이 0.1 톤 미만이거나 열량이 61,900 킬로칼로리 미만인 보일러로서 「환경기술 및 환경산업 지원법」 제17조에 따른 환경표지 인증을 받은 보일러
      2) 하나의 동력원에 2개 이상의 배출시설이 연결되어 동시에 가동되는 경우에는 각 배출시설의 동력 소요량에 비례하여 배출시설의 규모를 산출한다.
      3) 나목에도 불구하고 다음의 시설은 대기오염물질배출시설에서 제외한다.
         가) 전기만을 사용하는 간접가열시설
         나) 건조시설 중 옥내에서 태양열 등을 이용하여 자연 건조시키는 시설
         다) 용적이 5만 세제곱미터 이상인 도장시설
         라) 선박건조공정의 야외구조물 및 선체외판 도장시설
         마) 수상구조물 제작공정의 도장시설
         바) 액체여과기 제조업 중 해수담수화설비 도장시설
         사) 금속조립구조제 제조업 중 교량제조 등 대형 야외구조물 완성품을 부분적으로 도장하는 야외도장시설
         아) 제품의 길이가 100 미터 이상인 야외도장시설
         자) 붓 또는 롤러만을 사용하는 도장시설
         차) 습식시설로서 대기오염물질이 배출되지 않는 시설
         카) 밀폐, 차단시설 설치 등으로 대기오염물질이 배출되지 않는 시설로서 시·도지사가 인정하는 시설

타) 이동식 시설(해당 시설이 해당 사업장의 부지경계선을 벗어나는 시설을 말한다)
파) 환경부장관이 정하여 고시하는 밀폐된 진공기반의 용해시설로서 대기오염물질이 배출되지 않는 시설

나. 배출시설의 분류

배출시설	대상 배출시설
1) 섬유제품 제조시설	가) 동력이 2.25 킬로와트 이상인 선별(혼타)시설 나) 연료사용량이 시간당 60 킬로그램 이상이거나 용적이 5 세제곱미터 이상인 다음의 시설 (1) 다림질(텐터)시설 (2) 코팅시설(실리콘·불소수지 외의 유연제 또는 방수용 수지를 사용하는 시설만 해당한다) 다) 연료사용량이 일일 20 킬로그램 이상이거나 용적이 1 세제곱미터 이상인 모소시설(모직물만 해당한다) 라) 동력이 7.5 킬로와트 이상인 기모(식모, 전모)시설
2) 가죽·모피가공시설 및 모피제품·신발 제조시설	용적이 3 세제곱미터 이상인 다음의 시설 가) 염색시설 나) 접착시설 다) 건조시설(유기용제를 사용하는 시설만 해당한다)
3) 펄프, 종이 및 판지 제조시설	가) 용적이 3 세제곱미터 이상인 다음의 시설 (1) 증해(蒸解)시설 (2) 표백(漂白)시설 나) 연료사용량이 시간당 30 킬로그램 이상인 다음의 시설 (1) 석회로시설 (2) 가열시설(연소시설을 포함한다)
4) 기타 종이 및 판지 제품 제조시설	가) 용적이 3 세제곱미터 이상인 다음의 시설 (1) 증해시설 (2) 표백시설 나) 연료사용량이 시간당 30 킬로그램 이상인 다음의 시설 (1) 석회로시설 (2) 가열시설(연소시설을 포함한다)
5) 인쇄 및 각종 기록매체 제조(복제)시설	연료사용량이 시간당 30 킬로그램 이상이거나 합계용적이 1 세제곱미터 이상인 그라비아 인쇄·건조시설(유기용제류를 사용하는 인쇄시설과 이 시설들과 연계되어 유기용제류를 사용하는 코팅시설, 건조시설만 해당한다)

6) 코크스 제조시설 및 관련제품 저장시설	연료사용량이 시간당 30 킬로그램 이상인 석탄 코크스 제조시설(코크스로·인출시설·냉각시설을 포함한다. 다만, 석탄 장입시설 및 코크스 오븐가스 방산시설은 제외한다), 석유 코크스 제조시설 및 저장시설
7) 석유 정제품 제조시설 및 관련 제품 저장시설	가) 용적이 1세제곱미터 이상인 다음의 시설 (1) 반응(反應)시설 (2) 흡수(吸收)시설 (3) 응축시설 (4) 정제(精製)시설[분리(分離)시설, 증류(蒸溜)시설, 추출(抽出)시설 및 여과(濾過)시설을 포함한다] (5) 농축(濃縮)시설 (6) 표백시설 나) 용적이 1세제곱미터 이상이거나 연료사용량이 시간당 30 킬로그램 이상인 다음의 시설 (1) 용융·용해시설 (2) 소성(燒成)시설 (3) 가열시설 (4) 건조시설 (5) 회수(回收)시설 (6) 연소(燃燒)시설(석유제품의 연소시설, 중질유 분해시설의 일산화탄소 소각시설 및 황 회수장치의 부산물 연소시설만 해당한다) (7) 촉매재생시설 (8) 황산화물제거시설 다) 용적이 50 세제곱미터 이상인 유기화합물(원유·휘발유·나프타) 저장시설(주유소의 저장시설은 제외한다)
8) 기초유기화합물 제조시설	가) 용적이 1 세제곱미터 이상인 다음의 시설 (1) 반응시설 (2) 흡수시설 (3) 응축시설 (4) 정제시설(분리·증류·추출·여과시설을 포함한다) (5) 농축시설 (6) 표백시설 나) 용적이 1 세제곱미터 이상이거나 연료사용량이 시간당 30 킬로그램 이상인 다음의 시설 (1) 용융·용해시설 (2) 소성시설 (3) 가열시설 (4) 건조시설

	(5) 회수시설 (6) 연소시설(중질유 분해시설의 일산화탄소 소각시설 및 황 회수장치의 부산물 연소시설을 포함한 기초유기화합물 제조시설의 연소시설만 해당한다) (7) 촉매재생시설 (8) 황산화물제거시설 다) 37.5 킬로와트 이상인 성형(成形)시설[압출(壓出)방법, 압연(壓延)방법 또는 사출(射出)방법에 의한 시설을 포함한다]
9) 가스 제조시설	가) 용적이 1 세제곱미터 이상인 다음의 시설 (1) 반응시설 (2) 흡수시설 (3) 응축시설 (4) 정제시설(분리·증류·추출·여과시설을 포함한다) (5) 농축시설 (6) 표백시설 나) 용적이 1 세제곱미터 이상이거나 연료사용량이 시간당 30 킬로그램 이상인 다음의 시설 (1) 용융·용해시설 (2) 소성시설 (3) 가열시설(연소시설을 포함한다) (4) 건조시설 (5) 회수시설 (6) 촉매재생시설 (7) 황산화물제거시설 다) 37.5 킬로와트 이상인 성형시설(압출방법, 압연방법 또는 사출방법에 의한 시설을 포함한다) 라) 용적이 1 세제곱미터 이상이거나 연료사용량이 시간당 30 킬로그램 이상인 석탄가스화 연료 제조시설 중 다음의 시설 (1) 건조시설 (2) 분쇄시설 (3) 가스화시설 (4) 제진시설 (5) 황 회수시설(황산제조시설, 황산화물제거시설을 포함한다) (6) 연소시설(석탄가스화 연료 제조시설의 각종 부산물 연소시설만 해당한다) (7) 용적이 50 세제곱미터 이상인 고체입자상물질 및 유·무기산 저장시설

10) 기초무기화합물 제조시설	가) 용적이 1 세제곱미터 이상인 다음의 시설 (1) 반응시설 (2) 흡수시설 (3) 응축시설 (4) 정제시설(분리·증류·추출·여과시설을 포함한다) (5) 농축시설 (6) 표백시설 나) 용적이 1 세제곱미터 이상이거나 연료사용량이 시간당 30 킬로그램 이상인 다음의 시설 (1) 용융·용해시설 (2) 소성시설 (3) 가열시설 (4) 건조시설 (5) 회수시설 (6) 연소시설(기초무기화합물의 연소시설만 해당한다) (7) 촉매재생시설 (8) 탈황시설 다) 염산제조시설 및 폐염산정제시설(염화수소 회수시설을 포함한다) 라) 황산제조시설 마) 형석의 용융·용해시설 및 소성시설, 불소화합물 제조시설 바) 과인산암모늄 제조시설 사) 인광석의 용융·용해시설 및 소성시설, 인산제조시설 아) 용적이 1 세제곱미터 이상이거나 원료사용량이 시간당 30 킬로그램 이상인 다음의 카본블랙 제조시설 (1) 반응시설 (2) 분리정제시설 (3) 분쇄시설 (4) 성형시설 (5) 가열시설(연소시설을 포함한다) (6) 건조시설 (7) 저장시설 (8) 포장시설
11) 무기안료 기타 금속산화물 제조시설	가) 용적이 1 세제곱미터 이상인 다음의 시설 (1) 반응시설 (2) 흡수시설 (3) 응축시설 (4) 정제시설(분리·증류·추출·여과시설을 포함한다) (5) 농축시설 (6) 표백시설

	나) 연료사용량이 시간당 30 킬로그램 이상이거나 용적이 1 세제곱미터 이상인 다음의 시설 (1) 용융·용해시설 (2) 소성시설 (3) 가열시설(연소시설을 포함한다) (4) 건조시설 (5) 회수시설
12) 합성염료, 유연제 및 기타 착색제 제조시설	가) 용적이 1세제곱미터 이상인 다음의 시설 (1) 반응시설 (2) 흡수시설 (3) 응축시설 (4) 정제시설(분리·증류·추출·여과시설을 포함한다) (5) 농축시설 (6) 표백시설 나) 연료사용량이 시간당 30 킬로그램 이상이거나 용적이 1 세제곱미터 이상인 다음의 시설 (1) 용융·용해시설 (2) 소성시설 (3) 가열시설(연소시설을 포함한다) (4) 건조시설 (5) 회수시설
13) 비료 및 질소 화합물 제조시설	가) 용적이 1 세제곱미터 이상인 다음의 시설 (1) 반응시설 (2) 흡수시설 (3) 응축시설 (4) 정제시설(분리·증류·추출·여과시설을 포함한다) (5) 농축시설 (6) 표백시설 나) 연료사용량이 시간당 30 킬로그램 이상이거나 용적이 1 세제곱미터 이상인 다음의 시설 (1) 용융·용해시설 (2) 소성시설 (3) 가열시설(연소시설을 포함한다) (4) 건조시설 (5) 회수시설 다) 용적이 3 세제곱미터 이상이거나 동력이 7.5 킬로와트 이상인 다음의 시설 (1) 혼합시설

	(2) 입자상물질 계량시설 라) 질소화합물 및 질산 제조시설
14) 의료용 물질 및 의약품 제조시설	가) 용적이 1 세제곱미터 이상인 다음의 시설 (1) 반응시설 (2) 흡수시설 (3) 응축시설 (4) 정제시설(분리·증류·추출·여과시설을 포함한다) (5) 농축시설 (6) 표백시설 나) 연료사용량이 시간당 30 킬로그램 이상이거나 용적이 1 세제곱미터 이상인 다음의 시설 (1) 용융·용해시설 (2) 소성시설 (3) 가열시설(의약품의 연소시설을 포함한다) (4) 건조시설 (5) 회수시설
15) 그 밖의 화학 제품 제조시설	가) 용적이 1 세제곱미터 이상인 다음의 시설 (1) 반응시설 (2) 흡수시설 (3) 응축시설 (4) 정제시설(분리·증류·추출·여과시설을 포함한다) (5) 농축시설 (6) 표백시설 나) 연료사용량이 시간당 30 킬로그램 이상이거나 용적이 1 세제곱미터 이상인 다음의 시설 (1) 용융·용해시설 (2) 소성시설 (3) 가열시설(화학제품의 연소시설을 포함한다) (4) 건조시설 (5) 회수시설
16) 탄화시설	가) 용적이 30 세제곱미터 이상인 탄화(炭火)시설 나) 목재를 연료로 사용하는 용적이 30 세제곱미터 이상인 욕장업의 숯가마·찜질방 및 그 부대시설 다) 용적이 100 세제곱미터 이상인 숯 및 목초액을 제조하는 전통식 숯가마 및 그 부대시설
17) 화학섬유 제조시설	가) 용적이 1 세제곱미터 이상인 다음의 시설 (1) 반응시설 (2) 흡수시설

	(3) 응축시설 (4) 정제시설(분리·증류·추출·여과시설을 포함한다) (5) 농축시설 (6) 표백시설 나) 연료사용량이 시간당 30 킬로그램 이상이거나 용적이 1 세제곱미터 이상인 다음의 시설 (1) 용융·용해시설 (2) 소성시설 (3) 건조시설 (4) 회수시설 (5) 가열시설(화학섬유의 연소시설을 포함한다)
18) 고무 및 고무 제품 제조시설	가) 용적이 1 세제곱미터 이상인 다음의 시설 (1) 반응시설 (2) 흡수시설 (3) 응축시설 (4) 정제시설(분리·증류·추출·여과시설을 포함한다) (5) 농축시설 (6) 표백시설 나) 연료사용량이 시간당 30 킬로그램 이상이거나 용적이 1 세제곱미터 이상인 다음의 시설 (1) 용융·용해시설 (2) 소성시설 (3) 가열시설(고무제품의 연소시설을 포함한다) (4) 건조시설 (5) 회수시설 다) 용적이 3 세제곱미터 이상이거나 동력이 7.5 킬로와트 이상인 다음의 시설 (1) 소련(蘇鍊)시설 (2) 분리시설 (3) 정련시설 (4) 접착시설 라) 용적이 3 세제곱미터 이상이거나 동력이 15 킬로와트 이상인 가황시설(열과 압력을 가하여 제품을 성형하는 시설을 포함한다)
19) 합성고무 및 플라스틱물질 제조시설	가) 용적이 1 세제곱미터 이상인 다음의 시설 (1) 반응시설 (2) 흡수시설 (3) 응축시설 (4) 정제시설(분리·증류·추출·여과시설을 포함한다) (5) 농축시설 (6) 표백시설

	나) 연료사용량이 시간당 30 킬로그램 이상이거나 용적이 1 세제곱미터 이상인 다음의 시설 (1) 용융·용해시설 (2) 소성시설 (3) 가열시설(플라스틱물질의 연소시설을 포함한다) (4) 건조시설 (5) 회수시설 다) 용적이 3 세제곱미터 이상이거나 동력이 7.5 킬로와트 이상인 다음의 시설 (1) 소련시설 (2) 분리시설 (3) 정련시설
20) 플라스틱제품 제조시설	가) 용적이 1 세제곱미터 이상인 다음의 시설 (1) 반응시설 (2) 흡수시설 (3) 응축시설 (4) 정제시설(분리·증류·추출·여과시설을 포함한다) (5) 농축시설 (6) 표백시설 나) 연료사용량이 시간당 30 킬로그램 이상이거나 용적이 1 세제곱미터 이상인 다음의 시설 (1) 용융·용해시설 (2) 소성시설 (3) 가열시설(연소시설을 포함한다) (4) 건조시설 (5) 회수시설 다) 용적이 3 세제곱미터 이상이거나 동력이 7.5 킬로와트 이상인 다음의 시설 (1) 소련시설 (2) 분리시설 (3) 정련시설 라) 폴리프로필렌 또는 폴리에틸렌 외의 물질을 원료로 사용하는 동력이 187.5 킬로와트 이상인 성형시설(압출방법, 압연방법 또는 사출방법에 의한 시설을 포함한다)
21) 비금속광물제품 제조시설	가) 유리 및 유리제품 제조시설[재생(再生)용 원료가공시설을 포함한다] 중 연료사용량이 시간당 30 킬로그램 이상이거나 용적이 3 세제곱미터 이상인 다음의 시설 (1) 혼합시설 (2) 용융·용해시설 (3) 소성시설

	(4) 유리제품 산처리시설(부식시설을 포함한다) (5) 입자상물질 계량시설 나) 도자기·요업(窯業)제품 제조시설(재생용 원료가공시설을 포함한다) 중 연료사용량이 시간당 30 킬로그램 이상이거나 용적이 3 세제곱미터 이상인 다음의 시설 (1) 혼합시설 (2) 용융·용해시설 (3) 소성시설(예열시설을 포함하되, 나무를 연료로 사용하는 시설은 제외한다) (4) 건조시설 (5) 입자상물질 계량시설 다) 시멘트·석회·플라스터 및 그 제품 제조시설 중 연료사용량이 시간당 30 킬로그램 이상이거나 용적이 3세제곱미터 이상인 다음의 시설 (1) 혼합시설(습식은 제외한다) (2) 소성시설(예열시설을 포함한다) (3) 건조시설(시멘트 양생시설은 제외한다) (4) 용융·용해시설 (5) 냉각시설 (6) 입자상물질 계량시설 라) 그 밖의 비금속광물제품 제조시설 (1) 연료사용량이 시간당 30 킬로그램 이상이거나 용적이 3 세제곱미터 이상인 다음의 시설 (가) 혼합시설(습식은 제외한다) (나) 용융·용해시설 (다) 소성시설(예열시설을 포함한다) (라) 건조시설 (마) 입자상물질 계량시설 (2) 석면 및 암면제품 제조시설의 권취(卷取)시설, 압착시설, 탈판시설, 방사(紡絲)시설, 집면(集綿)시설, 절단(切斷)시설 (3) 아스콘(아스팔트를 포함한다) 제조시설 중 연료사용량이 시간당 30 킬로그램 이상이거나 용적이 3 세제곱미터 이상인 다음의 시설 (가) 가열·건조시설 (나) 선별(選別)시설 (다) 혼합시설 (라) 용융·용해시설
22) 1차 철강 제조시설	가) 금속의 용융·용해 또는 열처리시설 (1) 시간당 300 킬로와트 이상인 전기아크로[유도로(誘導爐)를 포함한다] (2) 노상면적이 4.5 제곱미터 이상인 반사로(反射爐)

<table>
<tr><td></td><td>(3) 1회 주입 연료 및 원료량의 합계가 0.5 톤 이상이거나 풍구면의 횡단면적이 0.2 제곱미터 이상인 다음의 시설
(가) 용선로(鎔銑爐) 또는 제선로
(나) 용융·용광로 및 관련시설[원료처리시설, 성형탄 제조시설, 열풍로 및 용선출탕시설을 포함하되, 고로(高爐)슬래그 냉각시설은 제외한다]
(4) 1회 주입 원료량이 0.5 톤 이상이거나 연료사용량이 시간당 30 킬로그램 이상인 도가니로
(5) 연료사용량이 시간당 30 킬로그램 이상이거나 용적이 1 세제곱미터 이상인 다음의 시설
(가) 전로
(나) 정련로
(다) 배소로(焙燒爐)
(라) 소결로(燒結爐) 및 관련시설(원료 장입, 소결광 후처리시설을 포함한다)
(마) 환형로(環形爐)
(바) 가열로(연소시설을 포함한다)
(사) 용융·용해로
(아) 열처리로[소둔로(燒鈍爐), 소려로(燒戾爐)를 포함한다]
(자) 전해로(電解爐)
(차) 건조로
나) 금속 표면처리시설
(1) 용적이 1 세제곱미터 이상인 다음의 시설
(가) 도금시설
(나) 탈지시설
(다) 산·알칼리 처리시설
(라) 화성처리시설
(2) 연료사용량이 시간당 30 킬로그램 이상이거나 용적이 3 세제곱미터 이상인 금속의 표면처리용 건조시설[수세(水洗) 후 건조시설은 제외한다]</td></tr>
<tr><td>23) 1차 비철금속 제조시설</td><td>가) 금속의 용융·용해 또는 열처리시설
(1) 시간당 300 킬로와트 이상인 전기아크로(유도로를 포함한다)
(2) 노상면적이 4.5 제곱미터 이상인 반사로
(3) 1회 주입 연료 및 원료량의 합계가 0.5 톤 이상이거나 풍구면의 횡단면적이 0.2 제곱미터 이상인 다음의 시설
(가) 용선로 또는 제선로
(나) 용융·용광로 및 관련 시설(원료처리시설, 성형탄 제조시설, 열풍로 및 용선출탕시설을 포함하되, 고로슬래그 냉각시설은 제외한다)</td></tr>
</table>

	(4) 1회 주입 원료량이 0.5 톤 이상이거나 연료사용량이 시간당 30 킬로그램 이상인 도가니로 (5) 연료사용량이 시간당 30 킬로그램 이상이거나 용적이 1 세제곱미터 이상인 다음의 시설 (가) 전로 (나) 정련로 (다) 배소로 (라) 소결로 및 관련시설(원료 장입, 소결광 후처리시설을 포함한다) (마) 환형로 (바) 가열로(연소시설을 포함한다) (사) 용융·용해로 (아) 열처리로(소둔로, 소려로를 포함한다) (자) 전해로 (차) 건조로 나) 금속 표면처리시설 (1) 용적이 1세제곱미터 이상인 다음의 시설 (가) 도금시설 (나) 탈지시설 (다) 산·알칼리 처리시설 (라) 화성처리시설 (2) 연료사용량이 시간당 30 킬로그램 이상이거나 용적이 3 세제곱미터 이상인 금속의 표면처리용 건조시설(수세 후 건조시설은 제외한다) 다) 주물사(鑄物砂) 사용 및 처리시설 중 시간당 처리능력이 0.1톤 이상이거나 용적이 1 세제곱미터 이상인 다음의 시설 (1) 저장시설 (2) 혼합시설 (3) 코어(Core) 제조시설 및 건조(乾燥)시설 (4) 주형 장입 및 해체시설 (5) 주물사 재생시설
24) 금속가공제품·기계·기기·장비·운송장비·가구 제조시설	가) 금속의 용융·용해 또는 열처리시설 (1) 시간당 300 킬로와트 이상인 전기아크로(유도로를 포함한다) (2) 노상면적이 4.5 제곱미터 이상인 반사로 (3) 1회 주입 원료량이 0.5 톤 이상이거나 연료사용량이 시간당 30 킬로그램 이상인 도가니로 (4) 연료사용량이 시간당 30 킬로그램 이상이거나 용적이 1 세제곱미터 이상인 다음의 시설 (가) 전로 (나) 정련로

	(다) 용융·용해로 (라) 가열로(연소시설을 포함한다.) (마) 열처리로(소둔로·소려로를 포함한다) (바) 전해로 (사) 건조로 나) 표면 처리시설 (1) 용적이 1 세제곱미터 이상인 다음의 시설 (가) 도금시설 (나) 탈지시설 (다) 산·알칼리 처리시설 (라) 화성처리시설 (2) 연료사용량이 시간당 30 킬로그램 이상이거나 용적이 3 세제곱미터 이상인 금속 또는 가구의 표면처리용 건조시설(수세 후 건조시설은 제외한다) 다) 주물사 사용 및 처리시설 중 시간당 처리능력이 0.1 톤 이상이거나 용적이 1 세제곱미터 이상인 다음의 시설 (1) 저장시설 (2) 혼합시설 (3) 코어(Core) 제조시설 및 건조시설 (4) 주형 장입 및 해체시설 (5) 주물사 재생시설
25) 자동차 부품 제조시설	가) 금속의 용융·용해 또는 열처리시설 (1) 시간당 300 킬로와트 이상인 전기아크로(유도로를 포함한다) (2) 노상면적이 4.5 제곱미터 이상인 반사로 (3) 1회 주입 원료량이 0.5 톤 이상이거나 연료사용량이 시간당 30 킬로그램 이상인 도가니로 (4) 연료사용량이 시간당 30 킬로그램 이상이거나 용적이 1 세제곱미터 이상인 다음의 시설 (가) 전로 (나) 정련로 (다) 용융·용해로 (라) 가열로(연소시설을 포함한다) (마) 열처리로(소둔로·소려로를 포함한다) (바) 전해로 (사) 건조로 나) 표면 처리시설 (1) 용적이 1 세제곱미터 이상인 다음의 시설 (가) 도금시설 (나) 탈지시설

	(다) 산·알칼리 처리시설 (라) 화성처리시설 (2) 연료사용량이 시간당 30 킬로그램 이상이거나 용적이 3 세제곱미터 이상인 금속 또는 가구의 표면처리용 건조시설(수세 후 건조시설은 제외한다)
26) 컴퓨터·영상·음향·통신장비 및 전기장비 제조시설	가) 용적이 3 세제곱미터 이상인 다음의 시설 (1) 증착시설 (2) 식각(蝕刻)시설 나) 금속의 용융·용해 또는 열처리시설 (1) 시간당 300 킬로와트 이상인 전기아크로(유도로를 포함한다) (2) 노상면적이 4.5 제곱미터 이상인 반사로 (3) 1회 주입 원료량이 0.5 톤 이상이거나 연료사용량이 시간당 30 킬로그램 이상인 도가니로 (4) 연료사용량이 시간당 30 킬로그램 이상이거나 용적이 1 세제곱미터 이상인 다음의 시설 (가) 전로 (나) 정련로 (다) 용융·용해로 (라) 가열로(연소시설을 포함한다) (마) 열처리로(소둔로·소려로를 포함한다) (바) 전해로 (사) 건조로 다) 표면 처리시설 (1) 용적이 1 세제곱미터 이상인 다음의 시설 (가) 도금시설 (나) 탈지시설 (다) 산·알칼리 처리시설 (라) 화성처리시설 (2) 연료사용량이 시간당 30 킬로그램 이상이거나 용적이 3 세제곱미터 이상인 금속의 표면처리용 건조시설(수세 후 건조시설은 제외한다)
27) 전자부품 제조시설(반도체 제조시설은 제외한다)	가) 용적이 3 세제곱미터 이상인 다음의 시설 (1) 증착시설 (2) 식각시설 나) 금속의 용융·용해 또는 열처리시설 (1) 시간당 300 킬로와트 이상인 전기아크로(유도로를 포함한다) (2) 노상면적이 4.5 제곱미터 이상인 반사로 (3) 1회 주입 원료량이 0.5 톤 이상이거나 연료사용량이 시간당 30 킬로그램 이상인 도가니로

	(4) 연료사용량이 시간당 30 킬로그램 이상이거나 용적이 1 세제곱미터 이상인 다음의 시설 (가) 전로 (나) 정련로 (다) 용융·용해로 (라) 가열로(연소시설을 포함한다) (마) 열처리로(소둔로·소려로를 포함한다) (바) 전해로 (사) 건조로 다) 표면 처리시설 (1) 용적이 1 세제곱미터 이상인 다음의 시설 (가) 도금시설 (나) 탈지시설 (다) 산·알칼리 처리시설 (라) 화성처리시설 (2) 연료사용량이 시간당 30 킬로그램 이상이거나 용적이 3 세제곱미터 이상인 금속의 표면처리용 건조시설(수세 후 건조시설은 제외한다)
28) 반도체 제조시설	가) 용적이 3 세제곱미터 이상인 다음의 시설 (1) 증착시설 (2) 식각시설 나) 금속의 용융·용해 또는 열처리시설 (1) 시간당 300 킬로와트 이상인 전기아크로(유도로를 포함한다) (2) 노상면적이 4.5 제곱미터 이상인 반사로 (3) 1회 주입 원료량이 0.5 톤 이상이거나 연료사용량이 시간당 30 킬로그램 이상인 도가니로 (4) 연료사용량이 시간당 30 킬로그램 이상이거나 용적이 1 세제곱미터 이상인 다음의 시설 (가) 전로 (나) 정련로 (다) 용융·용해로 (라) 가열로(연소시설을 포함한다) (마) 열처리로(소둔로·소려로를 포함한다) (바) 전해로 (사) 건조로 다) 표면 처리시설 (1) 용적이 1 세제곱미터 이상인 다음의 시설 (가) 도금시설 (나) 탈지시설

	(다) 산·알칼리 처리시설 (라) 화성처리시설 (2) 연료사용량이 시간당 30 킬로그램 이상이거나 용적이 3 세제곱미터 이상인 금속의 표면처리용 건조시설(수세 후 건조시설은 제외한다)
29) 발전시설(수력, 원자력 발전시설은 제외한다)	가) 화력발전시설 나) 설비용량이 120 킬로와트 이상인 열병합발전시설 다) 설비용량이 120 킬로와트 이상인 발전용 내연기관(비상용, 수송용 또는 설비용량이 1.5 메가와트 미만인 도서지방용은 제외한다) 라) 설비용량이 120 킬로와트 이상인 발전용 매립·바이오가스 사용시설 마) 설비용량이 120 킬로와트 이상인 발전용 석탄가스화 연료 사용시설 바) 설비용량이 120 킬로와트 이상인 카본블랙 제조시설의 폐가스재이용시설 사) 설비용량이 120 킬로와트 이상인 린번엔진 발전시설
30) 폐수·폐기물·폐가스 소각시설·동물 장묘시설(소각보일러를 포함한다)	가) 시간당 소각능력이 25 킬로그램 이상인 폐수·폐기물소각시설 나) 「동물보호법」 제32조에 따른 동물화장시설 다) 연료사용량이 시간당 30 킬로그램 이상이거나 용적이 1 세제곱미터 이상인 폐가스소각시설·폐가스소각보일러 또는 소각능력이 시간당 100 킬로그램 이상인 폐가스소각시설. 다만, 별표 10의2 제3호가목1)나)(2)(다), 같은 호 다목 1)나)(2)(나) 및 같은 호 라목1)라)에 따른 직접연소에 의한 시설 및 별표 16에 따른 기준에 맞는 휘발성유기화합물 배출억제·방지시설 및 악취소각시설은 제외한다. 라) 가), 나) 및 다)의 부대시설(해당 시설의 공정에 일체되는 경우를 포함한다)로서 동력 15 킬로와트 이상인 다음의 시설 (1) 분쇄시설 (2) 파쇄시설 (3) 용융시설
31) 폐수·폐기물 처리시설	가) 시간당 처리능력이 0.5 세제곱미터 이상인 폐수·폐기물 증발시설 및 농축시설, 용적이 0.15 세제곱미터 이상인 폐수·폐기물 건조시설 및 정제시설 나) 연료사용량이 시간당 30 킬로그램 이상이거나 동력이 15 킬로와트 이상인 다음의 시설 (1) 분쇄시설(멸균시설을 포함한다) (2) 파쇄시설 (3) 용융시설 다) 1일 처리능력이 100 킬로그램 이상인 음식물류 폐기물 처리시설 중 연료사용량이 시간당 30 킬로그램 이상이거나 동력이 15 킬로와트 이상인 다음의 시설(「악취방지법」 제8조에 따른 악취배출시설로 설치 신고된 시설은 제외한다)

	(1) 분쇄 및 파쇄시설 (2) 건조시설
32) 보일러·흡수식 냉·온수기 및 가스열펌프	가) 다른 배출시설에서 규정한 보일러 및 흡수식 냉·온수기는 제외한다. 나) 시간당 증발량이 0.5 톤 이상이거나 시간당 열량이 309,500 킬로칼로리 이상인 보일러와 흡수식 냉·온수기. 다만, 환경부장관이 고체연료 사용금지 지역으로 고시한 지역에서는 시간당 증발량이 0.2 톤 이상이거나 시간당 열량이 123,800 킬로칼로리 이상인 보일러와 흡수식 냉·온수기를 말한다. 다) 나)에도 불구하고 가스(바이오가스를 포함한다) 또는 경질유[경유·등유·부생(副生)연료유1호(등유형)·휘발유·나프타·정제연료유(「폐기물관리법 시행규칙」 별표 5의3에 따른 열분해방법 또는 감압증류(減壓蒸溜)방법으로 재생처리한 정제연료유만 해당한다)]만을 연료로 사용하는 시설의 경우에는 시간당 증발량이 2 톤 이상이거나 시간당 열량이 1,238,000 킬로칼로리 이상인 보일러와 흡수식 냉·온수기만 해당한다. 라) 가스열펌프(Gas Heat Pump: 액화천연가스나 액화석유가스를 연료로 사용하는 가스엔진을 이용하여 압축기를 구동하는 열펌프식 냉·난방기를 말한다. 이하 같다). 다만, 가스열펌프에서 배출되는 대기오염물질이 배출허용기준의 30퍼센트 미만인 경우나 가스열펌프에 환경부장관이 정하여 고시하는 기준에 따라 인증 받은 대기오염물질 저감장치를 부착한 경우는 제외한다.
33) 고형연료·기타 연료제품 제조·사용시설 및 관련 시설	가) 고형(固形)연료제품 제조시설 「자원의 절약과 재활용촉진에 관한 법률」 제25조의8에 따른 일반 고형연료제품[SRF(Solid Refuse Fuel)] 제조시설 및 바이오 고형연료제품[BIO-SRF(Biomass-Solid Refuse Fuel)] 제조시설 중 연료사용량이 시간당 30킬로그램 이상이거나 용적이 3 세제곱미터 이상이거나 동력이 2.25 킬로와트 이상인 다음의 시설 (1) 선별시설 (2) 건조·가열시설 (3) 파쇄·분쇄시설 (4) 압축·성형시설 나) 바이오매스 연료제품(「자원의 절약과 재활용촉진에 관한 법률」 제25조의8에 따른 바이오 고형연료제품을 제외한다)및 「목재의 지속가능한 이용에 관한 법률 시행령」 제14조에 따른 목재펠릿(wood pellet) 제조시설 중 연료사용량이 시간당 30 킬로그램 이상이거나 용적이 3 세제곱미터 이상이거나 동력이 2.25 킬로와트(파쇄·분쇄시설은 15 킬로와트) 이상인 다음의 시설 (1) 선별시설

	(2) 건조·가열시설 (3) 파쇄·분쇄시설 (4) 압축·성형시설 다) 제품 생산량이 시간당 1 N㎥ 이상인 바이오가스 제조시설 라) 고형연료제품 사용시설 중 연료제품 사용량이 시간당 200 킬로그램 이상이고 사용비율이 30 퍼센트 이상인 다음의 시설(「자원의 절약과 재활용촉진에 관한 법률」 제25조의7에 따른 시설만 해당한다) (1) 일반 고형연료제품 사용시설 (2) 바이오 고형연료제품 사용시설 마) 바이오매스 연료제품(「자원의 절약과 재활용촉진에 관한 법률」 제25조의7에 따른 바이오 고형연료제품을 제외한다) 및 「목재의 지속가능한 이용에 관한 법률 시행령」 제14조에 따른 목재펠릿(wood pellet) 사용시설 중 연료제품 사용량이 시간당 200 킬로그램 이상인 시설. 다만, 다른 연료와 목재펠릿을 함께 연소하는 시설 및 발전시설은 제외한다. 바) 연료 사용량이 시간당 1 N㎥ 이상인 바이오가스 사용시설
34) 화장로 시설	「장사 등에 관한 법률」에 따른 화장시설
35) 도장시설	용적이 5 세제곱미터 이상이거나 동력이 2.25 킬로와트 이상인 도장시설(분무·분체·침지도장시설, 건조시설을 포함한다)
36) 입자상물질 및 가스상물질 발생시설	가) 동력이 15 킬로와트 이상인 다음의 시설 (1) 연마시설 (2) 제재시설 (3) 제분시설 (4) 선별시설 (5) 파쇄·분쇄시설 (6) 탈사(脫砂)시설 (7) 탈청(脫靑)시설 나) 용적이 3 세제곱미터 이상이거나 동력이 7.5 킬로와트 이상인 다음의 시설 (1) 고체입자상물질 계량시설 (2) 혼합시설(농산물 가공시설은 제외한다) 다) 처리능력이 시간당 100 킬로그램 이상인 포장시설(소분시설을 포함한다) 라) 동력이 52.5 킬로와트 이상인 도정(搗精)시설 마) 용적이 50 세제곱미터 이상인 다음의 시설 (1) 고체입자상물질 저장시설 (2) 유·무기산 저장시설

	(3) 유기화합물(알켄족·알킨족·방향족·알데히드류·케톤류가 50퍼센트 이상 함유된 것만 해당한다) 저장시설 바) 연료사용량이 시간당 30킬로그램 이상이거나 용적이 1 세제곱미터 이상인 다음의 시설 (1) 반응시설 (2) 흡수시설 (3) 응축시설 (4) 정제시설(분리, 증류, 추출, 여과시설을 포함한다) (5) 농축시설 (6) 표백시설 (7) 화학물질 저장탱크 세척시설 (8) 가열시설(연소시설을 포함한다) (9) 성형시설 사) 가)부터 바)까지의 배출시설 외에 연료사용량이 시간당 60 킬로그램 이상이거나 용적이 5 세제곱미터 이상이거나 동력이 2.25 킬로와트 이상인 다음의 시설 (1) 건조시설(도포시설 및 분리시설을 포함한다) (2) 훈증시설 (3) 산·알칼리 처리시설 (4) 소성시설 (5) 그 밖의 로(爐)
37) 그 밖의 시설	별표 8에 따라 배출허용기준이 설정된 대기오염물질을 제조하거나 해당 대기오염물질을 발생시켜 배출하는 모든 시설. 다만, 대기오염물질이 해당 물질 배출허용기준의 30퍼센트 미만으로 배출되는 시설은 제외한다.

3.2 대기오염물질 배출허용기준

3.2.1 배출허용기준

1) 대기오염물질의 배출허용기준

대기오염물질 배출시설을 설치·운영하는 자는 배출허용기준(「대기환경보전법」 제16조제1항)을 준수해야 한다. 특별시·광역시·도 또는 특별자치도는 지역환경기준의 유지가 곤란하다고 인정되거나 대기환경규제지역의 대기질(大氣質)에 대한 개선이 필요하다고 인정되면 해당 시·도의 조례로 「대기환경보전법」에 따른 배출허용기준보다 강화된 배출허용기준을 정할 수 있다. 또한, 대기보전특별대책지역에 이미 설치되었거나 새로 설치되는 배출시설은 배출허용기준(「대기환경보전법」 제16조제1항)보다 엄격한 배출허용기준 또는 특별배출허용기준이 적용되고 있다.

대기오염물질 배출시설에서 나오는 대기오염물질의 배출허용기준은 「대기환경보전법 시행규칙」 제15조 및 [별표8]에 따라 가스형태의 물질과 입자형태의 물질로 나눌 수 있다.

2) 굴뚝 원격감시체계 관제센터로 측정결과를 자동 전송하는 배출시설에 대한 특례

굴뚝 자동측정기기(「대기환경보전법」 제32조제1항 및 「대기환경보전법 시행령」 제17조제1항제2호)를 설치하여 굴뚝 원격감시체계 관제센터로 측정결과를 자동 전송하는 배출시설의 경우, 배출허용기준 초과 여부는 "굴뚝 원격감시체계 관제센터로 측정결과를 자동 전송하는 배출시설에 대한 특례(「대기환경보전법 시행규칙」 별표8 제3호)"에 따라 결정된다(「대기환경보전법 시행규칙」 제15조 및 별표8 제3호).

3) 조례에 따른 배출허용기준

특별시·광역시·특별자치시·도(그 관할구역 중 인구 50만 이상 시는 제외)·특별자치도(이하 "시·도"라 함) 또는 특별시·광역시 및 특별자치시를 제외한 인구 50만 이상 시(이하 "대도시"라 함)는 지역환경기준의 유지가 곤란하다고 인정되거나 대기환경규제지역의 대기질(大氣質)에 대한 개선이 필요하다고 인정되면 해당 시·도 또는 대도시의 조례로 「대기환경보전법」에 따른 배출허용기준보다 강화된 배출허용기준을 정할 수 있다(「대기환경보전법」 제16조제3항).

조례에 따른 배출허용기준이 적용되는 시 · 도 또는 대도시에 그 기준이 적용되지 않는 지역이 있으면 그 지역에 설치되었거나 설치되는 배출시설에도 조례에 따른 배출허용기준을 적용한다(「대기환경보전법」 제16조제6항).

3.2.2 엄격 및 특별배출허용기준

1) 엄격한 배출허용기준

대기보전특별대책지역(이하 "특별대책지역"이라 함)에 이미 설치된 배출시설은 배출허용기준(「대기환경보전법 시행규칙」 제15조 및 별표8)보다 엄격한 배출허용기준(「대기보전특별대책지역지정 및 같은 지역내 대기오염저감을 위한 종합대책」 제3조 및 별표1)이 적용된다(「대기환경보전법」 제16조제5항 및 「대기보전특별대책지역지정 및 같은 지역내 대기오염저감을 위한 종합대책」(환경부 고시 제2009-173호, 2009. 8. 24. 발령 · 시행) 제3조 본문).

엄격한 배출허용기준(「대기보전특별대책지역지정 및 같은 지역내 대기오염저감을 위한 종합대책」 별표1)에서 규정되지 아니한 오염물질 또는 배출시설은 배출허용기준(「대기환경보전법 시행규칙」 별표8)이 적용된다(「대기보전특별대책지역지정 및 같은 지역내 대기오염저감을 위한 종합대책」 제3조 단서).

2) 특별배출허용기준

특별대책지역에 새로 설치되는 배출시설은 특별배출허용기준(「대기보전특별대책지역지정 및 같은지역내 대기오염저감을 위한 종합대책」 제4조 및 별표1)이 적용된다(「대기환경보전법」 제16조제5항 및 「대기보전특별대책지역지정 및 같은 지역내 대기오염저감을 위한 종합대책」 제4조 본문).

특별배출허용기준(「대기보전특별대책지정 및 같은 지역내 대기오염저감을 위한 종합대책」 별표1)에서 규정되지 아니한 오염물질 또는 배출시설은 배출허용기준(「대기환경보전법 시행규칙」 별표8)이 적용된다(「대기보전특별대책지역지정 및 같은 지역내 대기오염저감을 위한 종합대책」 제4조 단서).

[표 3.3] 대기오염물질 배출허용기준

(「대기환경보전법 시행규칙」 [별표8])

2020년 1월 1일부터 적용되는 배출허용기준

가. 가스형태의 물질

1) 일반적인 배출허용기준

대기오염물질	배출시설	배출허용기준
암모니아 (ppm)	1) 비료 및 질소화합물 제조시설	
	가) 비료 및 질소화합물 제조시설	12 이하
	나) 유기질비료 제조시설	30 이하
	2) 무기안료·염료·유연제·착색제 제조시설	12 이하
	3) 폐수·폐기물·폐가스 소각처리시설 및 동물화장시설(소각보일러를 포함한다)	20(12) 이하
	4) 고형연료제품 사용시설	15(12) 이하
	5) 시멘트 제조시설 중 소성시설	20(13) 이하
	6) 그 밖의 배출시설	30 이하
일산화탄소 (ppm)	1) 폐수·폐기물·폐가스 소각처리시설(소각보일러를 포함한다)	
	가) 소각용량이 시간당 2 톤(의료폐기물 처리시설은 시간당 200 킬로그램) 이상인 시설	50(12) 이하
	나) 소각용량 시간당 2 톤 미만인 시설	200(12) 이하
	2) 석유 정제품 제조시설 중 중질유분해시설의 일산화탄소 소각보일러	200(12) 이하
	3) 고형연료제품 제조·사용시설 및 관련시설	
	가) 고형연료제품 사용량이 시간당 2 톤 이상인 시설	50(12) 이하
	나) 고형연료제품 사용량이 시간당 200 킬로그램 이상 2 톤 미만인 시설	150(12) 이하
	다) 일반 고형연료제품(SRF) 제조시설 중 건조·가열시설	300(15) 이하
	라) 바이오매스 및 목재펠릿 사용시설	200(12) 이하
	4) 가스열펌프	300(0) 이하
	5) 화장로시설	
	가) 2009년 12월 31일 이전 설치시설	200(12) 이하
	나) 2010년 1월 1일 이후 설치시설	80(12) 이하
염화수소 (ppm)	1) 기초무기화합물 제조시설 중 염산 제조시설(염산 및 염화수소 회수시설을 포함한다) 및 저장시설	4 이하
	2) 기초무기화합물 제조시설 중 폐염산 정제시설(염산 및 염화수소 회수시설을 포함한다) 및 저장시설	9 이하

	3) 1차 금속제조시설, 금속가공제품·기계·기기·운송장비·가구 제조시설의 표면처리시설 중 탈지시설, 산·알칼리 처리시설	3 이하
	4) 폐수·폐기물·폐가스 소각처리시설 및 동물화장시설(소각보일러를 포함한다)	
	가) 소각용량이 시간당 2 톤(의료폐기물 처리시설은 시간당 200 킬로그램) 이상인 시설	12(12) 이하
	나) 소각용량이 시간당 2 톤 미만인 시설	15(12) 이하
	5) 유리 및 유리제품 제조시설 중 용융·용해시설	2(13) 이하
	6) 시멘트·석회·플라스터 및 그 제품 제조시설, 기타 비금속광물제품 제조시설 중 소성시설(예열시설을 포함한다), 용융·용해시설, 건조시설	9(13) 이하
	7) 반도체 및 기타 전자부품 제조시설 중 증착시설, 식각(蝕刻)시설 및 표면처리시설	4 이하
	8) 고형연료제품 사용시설	
	가) 고형연료제품 사용량이 시간당 2 톤 이상인 시설	10(12) 이하
	나) 고형연료제품 사용량이 시간당 200 킬로그램 이상 2 톤 미만인 시설	15(12) 이하
	9) 화장로시설	10(12) 이하
	10) 그 밖의 배출시설	4 이하
황산화물 (SO_2로서) (ppm)	1) 일반보일러(흡수식 냉·온수기를 포함한다)	
	가) 액체연료사용시설(기체연료 혼합시설을 포함한다)	
	(1) 증발량이 시간당 40 톤 이상이거나 열량이 시간당 24,760,000 킬로칼로리 이상인 시설	
	(가) 2004년 12월 31일 이전 설치시설	
	① 0.3% 이하 저황유 사용지역	140(4) 이하
	② 그 밖의 지역	210(4) 이하
	(나) 2005년 1월 1일 이후 설치시설	80(4) 이하
	(다) 2015년 1월 1일 이후 설치시설	50(4) 이하
	(2) 증발량이 시간당 10 톤 이상 40 톤 미만인 시설, 열량이 시간당 6,190,000 킬로칼로리 이상 24,760,000 킬로칼로리 미만인 시설	
	(가) 2014년 12월 31일 이전 설치시설	
	① 0.3% 이하 저황유 사용지역	140(4) 이하
	② 0.5% 이하 저황유 사용지역	210(4) 이하

	③ 그 밖의 지역	210(4) 이하
	(나) 2015년 1월 1일 이후 설치시설	50(4) 이하
	(3) 증발량이 시간당 10 톤 미만이거나 열량이 시간당 6,190,000 킬로칼로리 미만인 시설	
	(가) 2019년 12월 31일 이전 설치시설	
	① 0.3% 이하 저황유 사용지역	140(4) 이하
	② 그 밖의 지역	210(4) 이하
	(나) 2020년 1월 1일 이후 설치시설	50(4) 이하
	나) 고체연료 사용시설(액체연료 혼합시설을 포함한다)	
	(1) 2001년 6월 30일 이전 설치시설	120(6) 이하
	(2) 2001년 7월 1일 이후 설치시설	100(6) 이하
	(3) 2015년 1월 1일 이후 설치시설	50(6) 이하
	(4) 2020년 1월 1일 이후 설치시설	20(6) 이하
	다) 기체연료사용시설	
	(1) 2014년 12월 31일 이전 설치시설	70(4) 이하
	(2) 2015년 1월 1일 이후 설치시설	35(4) 이하
	(3) 2020년 1월 1일 이후 설치시설	10(4) 이하
	라) 바이오가스 사용시설	125(4) 이하
	2) 발전시설	
	가) 액체연료 사용시설	
	(1) 발전용 내연기관	
	(가) 설비용량이 100 메가와트 이상인 시설	
	① 1996년 6월 30일 이전 설치시설	20(15) 이하
	② 1996년 7월 1일 이후 설치시설	20(15) 이하
	③ 2015년 1월 1일 이후 설치시설	20(15) 이하
	(나) 설비용량이 100 메가와트 미만인 시설	
	① 1996년 6월 30일 이전 설치시설	40(15) 이하
	② 1996년 7월 1일 이후 설치시설	25(15) 이하
	③ 2015년 1월 1일 이후 설치시설	20(15) 이하
	(2) 그 밖의 발전시설	
	(가) 설비용량이 100 메가와트 이상인 시설	
	① 1996년 6월 30일 이전 설치시설	50(4) 이하
	② 1996년 7월 1일 이후 설치시설	50(4) 이하
	③ 2015년 1월 1일 이후 설치시설	35(4) 이하

	④ 2020년 1월 1일 이후 설치시설	25(4) 이하
	(나) 설비용량이 100 메가와트 미만인 시설	
	① 1996년 6월 30일 이전 설치시설	140(4) 이하
	② 1996년 7월 1일 이후 설치시설	50(4) 이하
	③ 2015년 1월 1일 이후 설치시설	35(4) 이하
	나) 고체연료 사용시설(액체연료 혼합시설을 포함한다)	
	(1) 설비용량이 100 메가와트 이상인 시설	
	(가) 1996년 6월 30일 이전 설치시설	60(6) 이하
	(나) 2014년 12월 31일 이전 설치시설	50(6) 이하
	(다) 2015년 1월 1일 이후 설치시설	25(6) 이하
	(2) 설비용량이 100 메가와트 미만인 시설	
	(가) 1996년 6월 30일 이전 설치시설	90(6) 이하
	(나) 2014년 12월 31일 이전 설치시설	60(6) 이하
	(다) 2015년 1월 1일 이후 설치시설	35(6) 이하
	다) 국내에서 생산되는 무연탄 사용시설	
	(1) 1996년 6월 30일 이전 설치시설	
	(가) 설비용량이 100 메가와트 이상인 시설	60(6) 이하
	(나) 설비용량이 100 메가와트 미만인 시설	100(6) 이하
	(2) 2014년 12월 31일 이전 설치시설	50(6) 이하
	(3) 2015년 1월 1일 이후 설치시설	35(6) 이하
	라) 국내에서 생산되는 석유코크스 사용시설	
	(1) 2014년 12월 31일 이전 설치시설	140(6) 이하
	(2) 2015년 1월 1일 이후 설치시설	50(6) 이하
	(3) 2020년 1월 1일 이후 설치시설	35(6) 이하
	마) 기체연료 사용시설	
	(1) 2014년 12월 31일 이전 설치시설	
	(가) 발전용 내연기관(가스터빈을 포함한다)	20(15) 이하
	(나) 열병합 발전시설 중 카본블랙 제조시설의 폐가스 재이용시설	200(6) 이하
	(다) 그 밖의 발전시설	60(4) 이하
	(2) 2015년 1월 1일 이후 설치시설	
	(가) 발전용 내연기관(가스터빈을 포함한다)	15(15) 이하
	(나) 열병합 발전시설 중 카본블랙 제조시설의 폐가스 재이용시설	100(6) 이하
	(다) 그 밖의 발전시설	60(4) 이하
	(3) 2020년 1월 1일 이후 설치시설	

	(가) 발전용 내연기관(가스터빈을 포함한다)	10(15) 이하
	(나) 열병합 발전시설 중 카본블랙 제조시설의 폐가스 재이용시설	50(6) 이하
	(다) 그 밖의 발전시설	10(4) 이하
	바) 바이오가스 사용시설	120(4) 이하
	3) 1차 금속제조시설, 금속가공제품·기계·기기·운송장비·가구 제조시설의 용융·용해로 또는 열처리시설	
	가) 배소로(焙燒爐), 용광로(鎔鑛爐) 및 용선로(鎔銑爐)의 연소가스시설	
	(1) 2007년 1월 31일 이전 설치시설	140 이하
	(2) 2007년 2월 1일 이후 설치시설	90 이하
	(3) 2015년 1월 1일 이후 설치시설	45 이하
	나) 소결로(燒結爐)의 연소시설	
	(1) 2007년 1월 31일 이전 설치시설	140(15) 이하
	(2) 2007년 2월 1일 이후 설치시설	90(15) 이하
	(3) 2015년 1월 1일 이후 설치시설	45(15) 이하
	4) 기초무기화합물 제조시설 중 황산제조시설	180(8) 이하
	5) 비료 및 질소화합물 제조시설 중 혼합시설, 반응시설, 정제시설 및 농축시설	90 이하
	6) 석유정제품 제조시설	
	가) 황 회수장치의 폐가스 소각시설(석탄가스화시설의 황 회수시설을 포함한다)	
	(1) 2014년 12월 31일 이전 설치시설	180(4) 이하
	(2) 2015년 1월 1일 이후 설치시설	120(4) 이하
	(3) 2020년 1월 1일 이후 설치시설	80(4) 이하
	나) 가열시설	
	(1) 0.3% 이하 저황유 사용지역	120(4) 이하
	(2) 그 밖의 지역	120(4) 이하
	다) 중질유 분해시설의 일산화탄소 소각보일러 중 건식 황산회수시설	
	(1) 2014년 12월 31일 이전 설치시설	250(12) 이하
	(2) 2015년 1월 1일 이후 설치시설	50(12) 이하
	라) 중질유 분해시설의 일산화탄소 소각보일러 중 습식황산화물 제거시설	
	(1) 2014년 12월 31일 이전 설치시설	50(12) 이하
	(2) 2015년 1월 1일 이후 설치시설	50(12) 이하
	7) 기초유기화합물 제조시설 중 가열시설	210(4) 이하

	8) 석탄가스화 연료 제조시설	
	가) 건조시설 및 분쇄시설	
	(1) 2014년 12월 31일 이전 설치시설	80(8) 이하
	(2) 2015년 1월 1일 이후 설치시설	30(8) 이하
	나) 연소시설	80(7) 이하
	다) 황 회수시설	
	(1) 2014년 12월 31일 이전 설치시설	180(4) 이하
	(2) 2015년 1월 1일 이후 설치시설	120(4) 이하
	라) 황산 제조시설	
	(1) 2014년 12월 31일 이전 설치시설	180(8) 이하
	(2) 2015년 1월 1일 이후 설치시설	80(8) 이하
	9) 코크스 제조시설 중 연소시설	85(7) 이하
	10) 폐수·폐기물·폐가스 소각처리시설 및 동물화장시설(소각보일러를 포함한다)	
	가) 소각용량이 시간당 2 톤(의료폐기물 처리시설은 200킬로그램) 이상인 시설	20(12) 이하
	나) 소각용량이 시간당 200 킬로그램 이상 2 톤(의료폐기물 처리시설은 200킬로그램) 미만인 시설	30(12) 이하
	다) 소각용량이 시간당 200 킬로그램 미만인 시설	35(12) 이하
	11) 시멘트 및 그 제품 제조시설 중 시멘트 소성시설(예열시설을 포함한다), 용융·용해시설, 건조시설	
	가) 2007년 1월 31일 이전 설치시설	
	(1) 크링커 생산량이 연 200,000 톤 이상인 시설	15(13) 이하
	(2) 크링커 생산량이 연 200,000 톤 미만인 시설	80(13) 이하
	나) 2007년 2월 1일 이후 설치시설	
	(1) 크링커 생산량이 연 200,000 톤 이상인 시설	15(13) 이하
	(2) 크링커 생산량이 연 200,000 톤 미만인 시설	35(13) 이하
	다) 2015년 1월 1일 이후 설치시설	
	(1) 크링커 생산량이 연 200,000 톤 이상인 시설	10(13) 이하
	(2) 크링커 생산량이 연 200,000 톤 미만인 시설	20(13) 이하
	12) 석회·플라스터 및 그 제품 제조시설 중 소성시설(예열시설을 포함한다), 용융·용해, 건조시설	
	가) 2007년 1월 31일 이전 설치시설	
	(1) 제품 생산량이 연 200,000 톤 이상인 시설	15(13) 이하
	(2) 제품 생산량이 연 200,000 톤 미만인 시설	80(13) 이하

	나) 2007년 2월 1일 이후 설치시설	
	(1) 제품 생산량이 연 200,000 톤 이상인 시설	15(13) 이하
	(2) 제품 생산량이 연 200,000 톤 미만인 시설	35(13) 이하
	다) 2015년 1월 1일 이후 설치시설	
	(1) 제품 생산량이 연 200,000 톤 이상인 시설	10(13) 이하
	(2) 제품 생산량이 연 200,000 톤 미만인 시설	20(13) 이하
	13) 유리 및 유리제품 제조시설(재생용 원료가공시설을 포함한다) 중 용융·용해로	
	가) 2014년 12월 31일 이전 설치시설	
	(1) 「대기관리권역의 대기환경개선에 관한 특별법」에 따른 대기관리권역 또는 「환경정책기본법」에 따른 특별대책지역에 설치된 시설	200(13)이하
	(2) 그 밖의 지역에 설치된 시설	230(13)이하
	나) 2015년 1월 1일 이후 설치시설	150(13)이하
	다) 2020년 1월 1일 이후 설치시설	65(13)이하
	14) 고형연료제품 제조 사용시설 및 관련 시설	
	가) 고형연료제품 사용량이 시간당 2 톤 이상인 시설	20(12) 이하
	나) 고형연료제품 사용량이 시간당 200 킬로그램 이상 2 톤 미만인 시설	25(12)이하
	다) 일반 고형연료제품(SRF) 제조시설 중 건조·가열시설	70(15)이하
	15) 화장로시설	
	가) 2009년 12월 31일 이전 설치시설	50(12) 이하
	나) 2010년 1월 1일 이후 설치시설	20(12) 이하
	16) 그 밖의 배출시설	200 이하
질소산화물 (NO_2로서) (ppm)	1) 일반보일러(흡수식 냉·온수기를 포함한다)	
	가) 액체연료 사용시설	
	(1) 증발량이 시간당 40 톤 이상이거나 열량이 시간당 24,760,000 킬로칼로리 이상인 시설	
	(가) 2001년 6월 30일 이전 설치시설	70(4) 이하
	(나) 2001년 7월 1일 이후 설치시설	70(4) 이하
	(다) 2015년 1월 1일 이후 설치시설	50(4) 이하
	(2) 증발량이 시간당 10톤 이상 40톤 미만인 시설, 열량이 시간당 6,190,000 킬로칼로리 이상 24,760,000 킬로칼로리 미만인 시설	
	(가) 2007년 1월 31일 이전 설치시설	100(4) 이하

	(나) 2007년 2월 1일 이후 설치시설	80(4) 이하
	(다) 2015년 1월 1일 이후 설치시설	50(4) 이하
	(3) 증발량이 시간당 10톤 미만이거나 열량이 시간당 6,190,000 킬로칼로리 미만인 시설	
	(가) 2007년 1월 31일 이전 설치시설	140(4) 이하
	(나) 2007년 2월 1일 이후 설치시설	120(4) 이하
	(다) 2015년 1월 1일 이후 설치시설	70(4) 이하
	나) 고체연료 사용시설	
	(1) 2007년 1월 31일 이전 설치시설	70(6) 이하
	(2) 2007년 2월 1일 이후 설치시설	60(6) 이하
	(3) 2020년 1월 1일 이후 설치시설	50(6) 이하
	다) 국내에서 생산되는 석유코크스 사용시설	
	(1) 2014년 12월 31일 이전 설치시설	70(6) 이하
	(2) 2015년 1월 1일 이후 설치시설	60(6) 이하
	(3) 2020년 1월 1일 이후 설치시설	50(6) 이하
	라) 기체연료 사용시설	
	(1) 증발량이 시간당 40 톤 이상이거나 열량이 시간당 24,760,000 킬로칼로리 이상인 시설	
	(가) 2014년 12월 31일 이전 설치시설	60(4) 이하
	(나) 2015년 1월 1일 이후 설치시설	40(4) 이하
	(다) 2020년 1월 1일 이후 설치시설	20(4) 이하
	(2) 증발량이 시간당 10톤 이상 40 톤 미만, 열량이 시간당6,190,000 킬로칼로리 이상 24,760,000 킬로칼로리 미만인 시설	
	(가) 2014년 12월 31일 이전 설치시설	60(4) 이하
	(나) 2015년 1월 1일 이후 설치시설	40(4) 이하
	(3) 증발량이 시간당 10톤 미만이거나 열량이 시간당 6,190,000 킬로칼로리 미만인 시설	
	(가) 2014년 12월 31일 이전 설치시설	60(4) 이하
	(나) 2015년 1월 1일 이후 설치시설	40(4) 이하
	마) 바이오가스 사용시설	70(4) 이하
	바) 가스열펌프	50(0) 이하
	사) 그 밖의 배출시설	
	(1) 2014년 12월 31일 이전 설치시설	150 이하
	(2) 2015년 1월 1일 이후 설치시설	60 이하

	2) 발전시설	
	가) 액체연료 사용시설	
	(1) 발전용 내연기관	
	(가) 가스터빈	
	① 2001년 6월 30일 이전 설치시설	55(15) 이하
	② 2001년 7월 1일 이후 설치시설	50(15) 이하
	③ 2015년 1월 1일 이후 설치시설	50(15) 이하
	(나) 디젤기관	
	① 2001년 6월 30일 이전 설치시설	250(15) 이하
	② 2001년 7월 1일 이후 설치시설	200(15) 이하
	③ 2015년 1월 1일 이후 설치시설	90(15) 이하
	(2) 그 밖의 발전시설	
	(가) 설비용량이 100 메가와트 이상인 시설	
	① 2001년 6월 30일 이전 설치시설	70(4) 이하
	② 2001년 7월 1일 이후 설치시설	55(4) 이하
	③ 2015년 1월 1일 이후 설치시설	50(4) 이하
	(나) 설비용량이 100메가와트 미만인 시설	
	① 2001년 6월 30일 이전 설치시설	90(4) 이하
	② 2001년 7월 1일 이후 설치시설	55(4) 이하
	③ 2015년 1월 1일 이후 설치시설	50(4) 이하
	나) 고체연료 사용시설	
	(1) 설비용량이 100 메가와트 이상인 시설	
	(가) 1996년 6월 30일 이전 설치시설	70(6) 이하
	(나) 1996년 7월 1일 이후 설치시설	50(6) 이하
	(다) 2015년 1월 1일 이후 설치시설	15(6) 이하
	(2) 설비용량이 100 메가와트 미만인 시설	
	(가) 1996년 6월 30일 이전 설치시설	90(6) 이하
	(나) 1996년 7월 1일 이후 설치시설	60(6) 이하
	(다) 2015년 1월 1일 이후 설치시설	30(6) 이하
	다) 기체연료 사용시설	
	(1) 발전용 내연기관(가스터빈을 포함한다)	
	(가) 2001년 6월 30일 이전 설치시설	40(15) 이하
	(나) 2001년 7월 1일 이후 설치시설	25(15) 이하
	(다) 2015년 1월 1일 이후 설치시설	20(15) 이하

	(라) 2020년 1월 1일 이후 설치시설	10(15) 이하
	(2) 열병합 발전시설 중 카본블랙 제조시설의 폐가스 재이용시설	
	(가) 2001년 6월 30일 이전 설치시설	180(6) 이하
	(나) 2001년 7월 1일 이후 설치시설	180(6) 이하
	(다) 2015년 1월 1일 이후 설치시설	100(6) 이하
	(3) 매립가스와 바이오가스를 사용하지 않는 린번엔진 발전용 내연기관	
	(가) 2001년 6월 30일 이전 설치시설	40(15) 이하
	(나) 2001년 7월 1일 이후 설치시설	40(15) 이하
	(4) 매립가스와 바이오가스를 사용하는 린번엔진 발전용 내연기관	95(15) 이하
	(5) 바이오가스 사용시설	120(4) 이하
	(6) 그 밖의 발전시설	
	(가) 2001년 6월 30일 이전 설치시설	40(4) 이하
	(나) 2001년 7월 1일 이후 설치시설	30(4) 이하
	(다) 2015년 1월 1일 이후 설치시설	20(4) 이하
	3) 폐수·폐기물·폐가스 소각처리시설 및 동물화장시설(소각보일러를 포함한다)	
	가) 소각용량이 시간당 2 톤(의료폐기물 처리시설은 200 킬로그램) 이상인 시설	50(12) 이하
	나) 소각용량이 시간당 2 톤(의료폐기물 처리시설은 200 킬로그램) 미만인 시설	70(12) 이하
	4) 1차금속 제조시설, 금속가공제품 제조시설의 용융·용해로 또는 열처리시설	
	가) 배소로	
	(1) 2007년 1월 31일 이전 설치시설	60 이하
	(2) 2007년 2월 1일 이후 설치시설	60 이하
	(3) 2015년 1월 1일 이후 설치시설	60 이하
	나) 용선로의 연소가스시설	
	(1) 2007년 1월 31일 이전 설치시설	60 이하
	(2) 2007년 2월 1일 이후 설치시설	60 이하
	(3) 2015년 1월 1일 이후 설치시설	60 이하
	다) 소결로	
	(1) 2007년 1월 31일 이전 설치시설	170(15) 이하
	(2) 2007년 2월 1일 이후 설치시설	100(15) 이하

	(3) 2015년 1월 1일 이후 설치시설	60(15) 이하
	라) 가열로, 열처리로, 소둔로(燒鈍爐), 건조로, 열풍로	
	(1) 2007년 1월 31일 이전 설치시설	150(11) 이하
	(2) 2007년 2월 1일 이후 설치시설	115(11) 이하
	(3) 2015년 1월 1일 이후 설치시설	80(11) 이하
	5) 석유 정제품 제조시설	
	가) 가열시설	
	(1) 증발량이 시간당 50 톤 이상인 시설	
	(가) 2001년 6월 30일 이전 설치시설	130(4) 이하
	(나) 2001년 7월 1일 이후 설치시설	50(4) 이하
	(2) 증발량이 시간당 50 톤 미만인 시설	130(4) 이하
	나) 중질유분해시설의 일산화탄소 소각보일러	110(12) 이하
	6) 기초유기화합물 제조시설	
	가) 가열시설	
	(1) 액체연료 사용시설	
	(가) 증발량이 시간당 50 톤 이상인 시설	
	① 2001년 6월 30일 이전 설치시설	130(4) 이하
	② 2001년 7월 1일 이후 설치시설	50(4) 이하
	(나) 증발량이 시간당 50 톤 미만인 시설	130(4) 이하
	(2) 기체연료 사용시설	
	(가) 증발량이 시간당 50 톤 이상인 시설	
	① 2001년 6월 30일 이전 설치시설	130(4) 이하
	② 2001년 7월 1일 이후 설치시설	
	㉮ 나프타 크래킹 관련 시설	75(4) 이하
	㉯ 그 외 가열시설	50(4) 이하
	(나) 증발량이 시간당 50 톤 미만인 시설	130(4) 이하
	나) 중질유분해시설의 일산화탄소 소각보일러	110(12) 이하
	7) 유리·유리제품 제조시설(재생용 원료가공시설을 포함한다) 중 용융·용해시설	
	가) 개별배출 용량이 일 10 톤 이상인 시설	
	(1) 2014년 12월 31일 이전 설치시설	180(13) 이하
	(2) 2015년 1월 1일 이후 설치시설	135(13) 이하
	나) 개별배출 용량이 일 10 톤 미만인 시설	
	(1) 2014년 12월 31일 이전 설치시설	250(13) 이하
	(2) 2015년 1월 1일 이후 설치시설	135(13) 이하

	다) 순산소를 사용하는 유리섬유 생산시설	
	(1) 2014년 12월 31일 이전 설치시설	195 이하
	(2) 2015년 1월 1일 이후 설치시설	135 이하
	8) 시멘트 소성시설(예열시설을 포함한다), 용융·용해시설, 건조시설	
	가) 2007년 1월 31일 이전 설치시설	270(13) 이하
	나) 2007년 2월 1일 이후 설치시설	200(13) 이하
	다) 2015년 1월 1일 이후 설치시설	80(13) 이하
	9) 석회·플라스터 및 그 제품 제조시설 중 소성시설(예열시설을 포함한다), 용융·용해시설, 건조시설	
	가) 2007년 1월 31일 이전 설치시설	210(13) 이하
	나) 2007년 2월 1일 이후 설치시설	170(13) 이하
	다) 2015년 1월 1일 이후 설치시설	80(13) 이하
	10) 석탄가스화 연료 제조시설	
	가) 건조시설 및 분쇄시설	150(8) 이하
	나) 연소시설	115(7) 이하
	다) 황 회수시설	150(4) 이하
	라) 황산 제조시설	135(8) 이하
	11) 코크스제조시설 및 관련 제품 저장시설 중 연소시설	
	가) 2006년 12월 31일 이전 설치시설	190(7) 이하
	나) 2007년 1월 1일 이후 설치시설	115(7) 이하
	12) 고형연료제품 제조·사용시설 및 관련 시설	
	가) 고형연료제품 사용량이 시간당 2 톤 이상인 시설	50(12) 이하
	나) 고형연료제품 사용량이 시간당 200 킬로그램 이상 2 톤 미만인 시설	60(12) 이하
	다) 일반 고형연료제품 제조시설 중 건조·가열시설	75(15) 이하
	라) 바이오매스 및 목재펠릿 제조시설 중 건조·가열시설	75 이하
	마) 바이오매스 및 목재펠릿 사용시설	90(12) 이하
	13) 화장로시설	
	가) 2009년 12월 31일 이전 설치시설	75(12) 이하
	나) 2010년 1월 1일 이후 설치시설	60(12) 이하
	14) 그 밖의 배출시설	150 이하
이황화탄소 (ppm)	모든 배출시설	10 이하
포름알데히드 (ppm)	모든 배출시설	8 이하

황화수소 (ppm)	1) 폐수·폐기물·폐가스 소각처리시설 및 동물화장시설(소각보일러를 포함한다)	
	가) 소각용량이 시간당 200킬로그램 이상인 시설	2(12) 이하
	나) 소각용량이 시간당 200킬로그램 미만인 시설	4(12) 이하
	2) 시멘트제조시설 중 소성시설	2(13) 이하
	3) 석유 정제품 제조시설 및 기초유기화합물 제조시설 중 가열시설, 황산화물제거시설 및 폐가스소각시설	4(4) 이하
	4) 펄프·종이 및 종이제품 제조시설	4 이하
	5) 고형연료제품 사용시설	
	가) 고형연료제품 사용량이 시간당 2톤 이상인 시설	2(12) 이하
	나) 고형연료제품 사용량이 시간당 200킬로그램 이상 2톤 미만인 시설	3(12) 이하
	6) 석탄가스화 연료 제조시설	
	가) 황 회수시설	5(4) 이하
	나) 황산 제조시설	5(8) 이하
	7) 그 밖의 배출시설	6 이하
불소화합물 (F로서) (ppm)	1) 도자기·요업제품 제조시설의 소성시설(예열시설을 포함한다), 용융·용해시설	2(13) 이하
	2) 기초무기화합물 제조시설과 화학비료 및 질소화합물 제조시설의 습식인산 제조시설, 복합비료 제조시설, 과인산암모늄 제조시설, 인광석·형석의 용융·용해시설 및 소성시설, 불소화합물 제조시설	3 이하
	3) 폐수·폐기물·폐가스 소각처리시설 및 동물화장시설(소각보일러를 포함한다)	
	가) 소각용량이 시간당 200킬로그램 이상인 시설	2(12) 이하
	나) 소각용량이 시간당 200킬로그램 미만인 시설	2(12) 이하
	4) 시멘트제조시설 중 소성시설	2(13) 이하
	5) 반도체 및 기타 전자부품 제조시설 중 표면처리시설(증착시설, 식각시설을 포함한다)	
	가) 2014년 12월 31일 이전 설치시설	3 이하
	나) 2015년 1월 1일 이후 설치시설	2 이하
	6) 1차금속 제조시설, 금속가공제품 제조시설의 표면처리시설 중 탈지시설, 산·알칼리처리시설, 화성처리시설, 건조시설, 불산처리시설, 무기산저장시설	2 이하
	7) 고형연료제품 사용시설	
	가) 고형연료제품 사용량이 시간당 2톤 이상인 시설	2(12) 이하
	나) 고형연료제품 사용량이 시간당 200킬로그램 이상 2톤 미만인 시설	2(12) 이하
	8) 그 밖의 배출시설	2 이하

시안화수소 (ppm)	1) 아크릴로니트릴 제조시설의 폐가스 소각시설	8 이하
	2) 그 밖의 배출시설	4 이하
브롬화합물 (ppm)	모든 배출시설	3 이하
벤젠 (ppm)	모든 배출시설(내부부상 지붕형 또는 외부부상 지붕형 저장시설은 제외한다)	6 이하
페놀화합물 (ppm)	모든 배출시설	4 이하
수은화합물 (Hg로서) (㎎/S㎥)	1) 폐수·폐기물·폐가스 소각처리시설, 동물화장시설(소각보일러를 포함한다) 및 고형연료제품 사용시설	0.05(12) 이하
	2) 발전시설(고체연료 사용시설만 해당한다)	0.04(6) 이하
	3) 1차 금속제조시설 중 배소로, 소결로, 용광로(용광용반사로를 포함함다), 용해로, 전로 및 건조로	0.04(15) 이하
	4) 시멘트·석회·플라스터 및 그 제품 제조시설 중 시멘트 소성시설	0.05(13) 이하
	5) 그 밖의 배출시설	0.1 이하
비소화합물 (As로서) (ppm)	1) 폐수·폐기물·폐가스 소각처리시설, 동물화장시설(소각보일러를 포함한다) 및 고형연료제품 사용시설	0.2(12) 이하
	2) 시멘트제조시설 중 소성시설	0.2(13) 이하
	3) 그 밖의 배출시설	0.5 이하
염화비닐 (ppm)	이염화에틸렌·염화비닐 및 폴리염화비닐 제조시설 중 중합반응시설	
	1) 1996년 6월 30일 이전 설치시설	
	가) 현탁중합반응시설	25 이하
	나) 괴상중합반응시설	40 이하
	다) 유화중합반응시설	70 이하
	라) 공중합반응시설	90 이하
	마) 그 밖의 배출시설	10 이하
	2) 1996년 7월 1일 이후 설치시설	
	가) 현탁중합반응시설	10 이하
	나) 괴상중합반응시설	25 이하
	다) 유화중합반응시설	70 이하
	라) 공중합반응시설	90 이하
	마) 그 밖의 배출시설	10 이하

탄화수소 (THC) (ppm)	1) 연속식 도장시설(건조시설과 분무·분체·침지도장시설을 포함한다)	40 이하
	2) 비연속식 도장시설(건조시설과 분무·분체·침지도장시설을 포함한다)	110 이하
	3) 인쇄 및 각종 기록매체 제조(복제)시설	110 이하
	4) 시멘트 제조시설 중 소성시설(예열시설을 포함하며, 폐기물을 연료로 사용하는 시설만 해당한다)	60(13) 이하
	5) 세정시설(탈지시설, 산 · 알칼리 처리시설, 화성처리시설을 포함한다), 건조시설, 저장시설(내부부상 지붕형 또는 외부부상 지붕형 저장시설은 제외한다)	200 이하
	6) 가스열펌프	300(0) 이하
디클로로메탄 (ppm)	모든 배출시설	50 이하
트리클로로에틸렌 (ppm)	모든 배출시설	50 이하
1,3-부타디엔 (ppm)	모든 배출시설	6 이하
아크릴로니트릴 (ppm)	모든 배출시설(저장시설은 제외한다)	3 이하
	저장시설	20 이하
1,2-디클로로에탄 (ppm)	모든 배출시설	12 이하
클로로포름 (ppm)	모든 배출시설	5 이하
테트라 클로로에틸렌 (ppm)	모든 배출시설	10 이하
스틸렌 (ppm)	모든 배출시설	23 이하
에틸벤젠 (ppm)	모든 배출시설	23 이하
사염화탄소 (ppm)	모든 배출시설	3 이하
아닐린 (ppm)	기초유기화합물제조시설(방향족 공정은 제외한다), 의료용 물질 및 의약품제조시설	25 이하
프로필렌옥사이드 (ppm)	기초유기화합물제조시설(방향족 공정은 제외한다)	90 이하
아세트알데히드 (ppm)	석유정제품 제조시설 및 관련제품 저장시설, 기초유기화합물제조시설, 폐수 · 폐기물 · 폐가스 소각시설, 고형 및 기타연료제품 제조시설	10 이하

이황화메틸 (ppm)	기초유기화합물제조시설, 의료용 물질 및 의약품 제조시설, 폐수 · 폐기물 · 폐가스 소각시설	3 이하
히드라진 (ppm)	기초유기화합물제조시설(방향족 공정은 제외한다)	15 이하
에틸렌옥사이드 (ppm)	기초유기화합물제조시설(방향족 공정은 제외한다)	3 이하
벤지딘 (ppm)	무기안료 · 염료 · 유연제 및 기타 착색제 제조시설 중 벤지딘을 사용하는 시설	2 이하

2) 1)에도 불구하고 단일한 특정대기유해물질을 연간 10톤 이상 배출하는 사업장에 대하여 해당 특정대기유해물질의 배출허용기준을 적용할 때에는 다음 표의 기준을 따른다.

대기오염물질	배출시설	배출허용기준
염화수소 (ppm)	1) 기초무기화합물 제조시설 중 염산 제조시설(염산 및 염화수소 회수시설을 포함한다) 및 저장시설	3 이하
	2) 기초무기화합물 제조시설 중 폐염산 정제시설(염산 및 염화수소 회수시설을 포함한다) 및 저장시설	5 이하
	3) 1차금속 제조시설, 금속가공제품·기계·기기·운송장비·가구 제조시설의 표면처리시설 중 탈지시설, 산·알칼리 처리시설	2 이하
	4) 폐수·폐기물·폐가스 소각처리시설 및 동물화장시설(소각보일러를 포함한다)	
	가) 소각용량이 시간당 2 톤(의료폐기물 처리시설은 시간당 200 킬로그램) 이상인 시설	8(12) 이하
	나) 소각용량이 시간당 2 톤 미만인 시설	10(12) 이하
	5) 유리 및 유리제품 제조시설 중 용융·용해시설	1(13) 이하
	6) 시멘트·석회·플라스터 및 그 제품 제조시설, 기타 비금속광물제품 제조시설 중 소성시설(예열시설을 포함한다), 용융·용해시설, 건조시설	8(13) 이하
	7) 반도체 및 기타 전자부품 제조시설 중 증착시설, 식각(蝕刻)시설 및 표면처리시설	2 이하
	8) 고형연료제품 사용시설	7(12) 이하
	9) 화장로시설	5(12) 이하
	10) 그 밖의 배출시설	3 이하
포름알데히드 (ppm)	모든 배출시설	4 이하
불소화합물 (F로서) (ppm)	1) 도자기·요업제품 제조시설의 소성시설(예열시설을 포함한다), 용융·용해시설	1(13) 이하

	2) 기초무기화합물 제조시설과 화학비료 및 질소화합물 제조시설의 습식인산 제조시설, 복합비료 제조시설, 과인산암모늄 제조시설, 인광석·형석의 용융·용해시설 및 소성시설, 불소화합물 제조시설	2 이하
	3) 폐수·폐기물·폐가스 소각처리시설 및 동물화장시설(소각보일러를 포함한다)	
	가) 소각용량이 시간당 200 킬로그램 이상인 시설	1(12) 이하
	나) 소각용량이 시간당 200 킬로그램 미만인 시설	1(12) 이하
	4) 시멘트제조시설 중 소성시설	1(13) 이하
	5) 반도체 및 기타 전자부품 제조시설 중 표면처리시설(증착시설, 식각시설을 포함한다)	
	가) 2014년 12월 31일 이전 설치시설	2 이하
	나) 2015년 1월 1일 이후 설치시설	1 이하
	6) 1차금속 제조시설, 금속가공제품 제조시설의 표면처리시설 중 탈지시설, 산·알칼리처리시설, 화성처리시설, 건조시설, 불산처리시설, 무기산저장시설	1 이하
	7) 고형연료제품 사용시설	
	가) 고형연료제품 사용량이 시간당 2 톤 이상인 시설	1(12) 이하
	나) 고형연료제품 사용량이 시간당 200 킬로그램 이상 2톤 미만인 시설	1(12) 이하
	8) 그 밖의 배출시설	1 이하
시안화수소 (ppm)	1) 아크릴로니트릴 제조시설의 폐가스 소각시설	6 이하
	2) 그 밖의 배출시설	2 이하
벤젠 (ppm)	모든 배출시설(내부부상 지붕형 또는 외부부상 지붕형 저장시설은 제외한다)	3 이하
페놀화합물 (ppm)	모든 배출시설	3 이하
수은화합물 (Hg로서) (㎎/S㎥)	1) 폐수·폐기물·폐가스 소각처리시설, 동물화장시설(소각보일러를 포함한다) 및 고형연료제품 사용시설	0.03(12) 이하
	2) 발전시설(고체연료 사용시설만 해당한다)	0.02(6) 이하
	3) 1차 금속제조시설 중 배소로, 소결로, 용광로(용광용반사로를 포함한다), 용해로, 전로 및 건조로	0.02(15) 이하
	4) 시멘트·석회·플라스터 및 그 제품 제조시설 중 시멘트 소성시설	0.03(13) 이하
	5) 그 밖의 배출시설	0.05 이하
비소화합물 (As로서) (ppm)	1) 폐수·폐기물·폐가스 소각처리시설, 동물화장시설(소각보일러를 포함한다) 및 고형연료제품 사용시설	0.1(12) 이하
	2) 시멘트제조시설 중 소성시설	0.1(13) 이하
	3) 그 밖의 배출시설	0.3 이하

염화비닐 (ppm)	이염화에틸렌·염화비닐 및 폴리염화비닐 제조시설 중 중합반응시설	
	1) 1996년 6월 30일 이전 설치시설	
	가) 현탁중합반응시설	15 이하
	나) 괴상중합반응시설	25 이하
	다) 유화중합반응시설	50 이하
	라) 공중합반응시설	90 이하
	마) 그 밖의 배출시설	7 이하
	2) 1996년 7월 1일 이후 설치시설	
	가) 현탁중합반응시설	10 이하
	나) 괴상중합반응시설	20 이하
	다) 유화중합반응시설	50 이하
	라) 공중합반응시설	90 이하
	마) 그 밖의 배출시설	5 이하
디클로로메탄 (ppm)	모든 배출시설	25 이하
트리클로로에틸렌 (ppm)	모든 배출시설	25 이하
1,3-부타디엔 (ppm)	모든 배출시설	3 이하
아크릴로니트릴 (ppm)	모든 배출시설	2 이하
1,2-디클로로에탄 (ppm)	모든 배출시설	6 이하
클로로포름 (ppm)	모든 배출시설	3 이하
테트라클로로에틸렌 (ppm)	모든 배출시설	5 이하
스틸렌 (ppm)	모든 배출시설	12 이하
에틸벤젠 (ppm)	모든 배출시설	12 이하
사염화탄소 (ppm)	모든 배출시설	2 이하

〈비고〉

1. 배출허용기준란의 ( )는 표준산소농도(O_2의 백분율을 말한다. 이하 같다)를 말하며, 유리용해시설에서 공기 대신 순산소를 사용하는 경우, 폐가스소각시설 중 직접연소에 의한 시설, 촉매반응을 이용하는

시설 및 구리제련시설의 건조로, 질소산화물(NO_2로서)의 8), 9)에 해당하는 시설(시멘트 제조시설은 고로슬래그 시멘트 제조시설만 해당한다) 중 열풍을 이용하여 직접 건조하는 시설은 표준산소농도를 적용하지 않는다. 다만, 실측산소농도가 12퍼센트 미만인 직접연소에 의한 시설은 표준산소농도를 적용한다.

2. "고형연료제품 사용시설"이란 「자원의 절약과 재활용촉진에 관한 법률」 제25조의7에 따른 시설로서 연료사용량 중 고형연료제품 사용비율이 30퍼센트 이상인 시설을 말한다.
3. 황산화물(SO_2로서)의 1)가)에서 "저황유 사용지역"이란 영 제40조제1항에 따른 저황유의 공급지역을 말한다.
4. 다음 표에 따른 시설의 황산화물(SO_2로서)에 대해서는 제2호가목1)에 따른 배출허용기준에 우선하여 각 시설별로 설정된 예외인정 허용기준을 적용한다.

구분	대상시설	예외인정 허용기준 및 인정기간
가	2)가)(2)(나)① 해당 시설과 2)가)(2)(나)② 해당 시설 중 열병합발전시설	1) 가)의 기준을 적용한다. 다만, 「집단에너지사업법」에 따른 한국지역난방공사의 열병합 발전시설 중 2000년 12월 31일 이전 설치시설은 140(4) ppm 이하, 청주지역의 시설은 50(4) ppm 이하를 적용한다.
나	2)가)(2)(가)① 해당 시설과 2)가)(2)(나)① 해당 시설 중 울산화력발전소	울산화력발전소 4호기, 5호기 및 6호기는 2022년 1월 31일까지 80(4) ppm 이하를 적용한다.
다	2)나)(1)(가) 해당 시설 중 삼천포화력발전소, 보령화력발전소, 호남화력발전소, 동해화력발전소	1) 삼천포화력발전소 3호기 및 4호기는 50(6) ppm이하를 적용하고, 5호기 및 6호기는 2020년 12월 31일까지는 140(6) ppm 이하, 2021년 1월 1일부터는 25(6) ppm 이하를 적용한다. 2) 보령화력발전소 1호기 및 2호기는 2022년 5월 31일까지 100(6) ppm 이하를 적용한다. 3) 호남화력발전소 1호기 및 2호기는 2021년 1월 31일까지 100(6) ppm 이하를 적용한다. 4) 동해화력발전소 1호기 및 2호기는 120(6) ppm 이하를 적용한다.
라	2)나)(2)(가) 해당 시설 중 부산염색공단 열병합발전소	부산염색공단 열병합발전소는 130(6) ppm 이하를 적용한다. 다만, 기존 시설을 신규로 교체하는 경우에는 2)나)(2)(가)에 따른 기준을 적용한다.
마	2)나)(2)(가) 해당 시설 중 고려아연	고려아연의 1호기 열병합발전시설은 140(6) ppm 이하를 적용한다.

바	2)나) 또는 2)다) 해당 시설 중 영흥화력발전소, 당진에코파워발전소, 신서천화력발전소, 강릉안인화력발전소, 삼척화력발전소 및 고성하이화력발전소	1) 영흥화력발전소 1호기 및 2호기는 45(6) ppm 이하, 3호기부터 6호기까지는 25(6) ppm 이하를 각각 적용한다. 2) 당진에코파워발전소 1호기·2호기, 신서천화력발전소 1호기, 강릉안인화력발전소 1호기·2호기, 삼척화력발전소 1호기·2호기 및 고성하이화력발전소 1호기·2호기는 각각 25(6) ppm 이하를 적용한다.
사	2)나)(1)(나) 해당 시설 중 삼척그린화력발전소	삼척그린화력발전소 1호기 및 2호기는 40(6) ppm 이하를 적용한다.
아	2)나)(2)(가) 해당 시설 중 대구염색산업단지 열병합발전소	대구염색산업단지 열병합발전소 1호기, 2호기 및 3호기는 60(6) ppm 이하를 적용한다.
자	3) 해당 시설	약품정제연료유를 사용하는 시설 중 2007년 1월 31일 이전 설치시설은 190 ppm 이하, 2007년 2월 1일 이후 설치시설은 130 ppm 이하를 적용한다. 다만, 소결로의 연소시설은 표준산소농도 15퍼센트를 적용한다.
차	2)가)(2)(가)① 해당 시설 중 평택화력발전소	평택화력발전소 1호기, 2호기, 3호기 및 4호기는 60(4) ppm이하를 적용한다.
카	2)나)(1)(가) 해당 시설 중 영동화력발전소	영동화력발전소 1호기 및 2호기는 10(6) ppm 이하를 적용한다.
타	3)나)(1) 해당 시설 중 현대제철 당진제철소	현대제철 당진제철소의 소결로의 연소시설 중 2007년 1월 31일 이전 설치시설은 120(15) ppm 이하를 적용한다.

5. 다음 표에 따른 시설의 질소산화물(NO_2로서)에 대해서는 제2호가목1)에 따른 배출허용기준에 우선하여 각 시설별로 설정된 예외인정 허용기준을 적용한다.

구분	대상시설	예외인정 허용기준 및 인정기간
가	1)가)(1)(가) 해당 시설 중 한국난방공사의 수원, 용인, 대구 및 청주지사 액체연료보일러	「집단에너지사업법」에 따른 한국지역난방공사의 수원 및 용인지사는 2020년 12월 31일까지, 대구지사는 2022년 12월 31일까지, 청주지사는 2023년 12월 31일까지 130(4) ppm 이하를 적용한다.

나	1)라)(1)(가) 해당 시설 중「집단에너지사업법」에 따른 기체연료 보일러, 대구염색공단 및 부산염색공단의 기체연료사용보일러	연간 누계 72시간 이내로 운영하는 기체연료를 사용하는 보일러는 100(4) ppm 이하를 적용한다.
다	2)가)(1)(가) 해당 시설 중 제주특별자치도에 2004년 12월 31일 이전에 설치되었거나 2004년 12월 31일 당시 설치 중이었던 시설	250(15) ppm 이하를 적용한다.
라	2)가)(2)(가)① 해당 시설 중 울산화력발전소	울산화력발전소 4호기, 5호기, 6호기는 2022년 1월 31일까지 100(4) ppm 이하를 적용한다.
마	2)가)(2)(나)① 해당 시설 중 대구 및 청주 열병합발전시설, 무림피앤피	「집단에너지사업법」에 따른 한국지역난방공사의 열병합발전시설 중 대구지사 시설은 2022년 12월 31일까지, 청주지사 시설은 2023년 12월 31일까지 140(4) ppm 이하를 적용하고, 무림피앤피 2호기는 2021년 12월 31일까지 120(4) ppm 이하를 적용한다.
바	2)나)(1)(가) 해당 시설 중 영동화력발전소	영동화력발전소 2호기는 40(6) ppm 이하를 적용한다.
사	2)나)(2)(가) 해당 시설 중 부산염색공단 열병합발전소, 대구 염색산업단지 열병합 발전소	1) 부산염색공단 열병합발전소는 130(6) ppm 이하를 적용한다. 다만, 기존 시설을 신규로 교체하는 경우에는 2)나)(2)(가)에 따른 기준을 적용한다. 2) 대구염색산업단지 열병합 발전소 1호기, 2호기 및 3호기는 70(6) ppm 이하를 적용한다.
아	2)나) 해당 시설 중 영흥화력발전소, 당진에코파워발전소, 신서천화력발전소, 강릉안인화력발전소, 삼척화력발전소 및 고성하이화력발전소	1) 영흥화력발전소 1호기 및 2호기는 55(6) ppm 이하, 3호기부터 6호기까지는 15(6) ppm 이하를 각각 적용한다. 2) 당진에코파워발전소 1호기·2호기, 신서천화력발전소 1호기, 강릉안인화력발전소 1호기·2호기, 삼척화력발전소 1호기·2호기 및 고성하이화력발전소 1호기·2호기는 각각 15(6) ppm 이하를 적용한다.
자	2)다)(1)(가) 해당 시설 중 GS파워 안양열병합발전소	GS파워 안양열병합발전소 1호기, 2호기, 3호기 및 4호기는 2021년 12월 31일까지 60(15) ppm 이하를 적용한다.

차	2)다)(6) 해당 시설 중 포스코 포항제철소 및 광양제철소	1) 포스코 포항제철소 1호기, 2호기, 3호기, 4호기, 5호기 및 6호기는 2021년 12월 31일까지 60(4) ppm 이하를 적용한다. 2) 포스코 포항제철소 10호기 및 11호기, 포스코 광양제철소 1호기 및 4호기는 2020년 12월 31일까지 60(4) ppm 이하를 적용하고, 2021년 1월 1일부터 30(4) ppm 이하를 적용한다. 3) 포스코 포항제철소 9호기, 포스코 광양제철소 2호기 및 6호기는 2021년 6월 30일까지 60(4) ppm 이하를 적용하고, 2021년 7월 1일부터 30(4) ppm 이하를 적용한다. 4) 포스코 광양제철소 중 3호기 및 8호기는 2020년 6월 30일까지 60(4) ppm 이하를 적용하고, 2020년 7월 1일부터 30(4) ppm 이하를 적용한다.
카	3)가) 해당 시설 중 폐수소각처리시설	60(12) ppm 이하를 적용한다.
타	7)가) 해당 시설 중 2007년 1월 31일 이전에 촉매반응을 이용하는 시설(선택적 환원촉매장치)를 설치하여 운영하는 경우	230(13) ppm 이하를 적용한다.
파	2)나)(1) 해당 시설 중 삼천포화력발전소, 보령화력발전소, 호남화력발전소, 동해화력발전소	1) 삼천포화력발전소 5호기 및 6호기는 2020년 12월 31일까지 140(6) ppm 이하를 적용하고, 2021년 1월 1일부터는 15(6) ppm 이하를 적용한다. 2) 보령화력발전소 1호기 및 2호기는 2022년 5월 31일까지 140(6) ppm 이하를 적용한다. 3) 호남화력발전소 1호기 및 2호기는 2021년 12월 31일까지 140(6) ppm 이하를 적용한다. 4) 동해화력발전소 1호기 및 2호기는 80(6) ppm 이하를 적용한다.
하	4)다) 해당 시설 중 현대제철 당진제철소, 포스코 포항제철소	1) 현대제철 당진제철소의 소결로 중 2007년 1월 31일 이전 설치시설은 150(15) ppm 이하를 적용한다.

		2) 포스코 포항제철소의 소결로 중 2호기, 3호기 및 4호기는 2020년 6월 30일까지 190(15) ppm 이하를 적용하고, 2020년 7월 1일부터 145(15) ppm 이하를 적용한다.
거	6)가)(2)(가)②㉮ 및 ㉯ 해당 시설 중 ㈜현대케미칼	납사개질공정의 가열시설은 70(4) ppm 이하를 적용하고, 에틸렌크래킹공정의 가열시설은 45(4) ppm 이하를 적용한다.

6. 탄화수소(THC)의 1)의 "연속식 도장시설"이란 1일 8시간 이상 연속하여 가동하는 시설을 말하고, 2)의 "비연속식 도장시설"이란 연속식 도장시설 외의 시설을 말한다.
7. 탄화수소(THC)의 도장시설(건조시설을 포함한다) 중 자동차제작자의 도장시설(건조시설을 포함하며, 유기용제 사용량이 연 15톤 이상인 시설만 해당한다)에 대한 배출허용기준은 다음과 같다.

차종		생산규모	적용기간 및 배출허용기준	
			2004년 12월 31일 이전 설치시설	2005년 1월 1일 이후 설치시설
승용자동차		1) 5,000대/년 미만	60 g/㎡ 이하	45 g/㎡ 이하
		2) 5,000대/년 이상	55 g/㎡ 이하	40 g/㎡ 이하
소형상용 자동차		3) 5,000대/년 미만	90 g/㎡ 이하	55 g/㎡ 이하
		4) 5,000대/년 이상	80 g/㎡ 이하	50 g/㎡ 이하
트럭	운전석	5) 2,500대/년 미만	70 g/㎡ 이하	55 g/㎡ 이하
		6) 2,500대/년 이상	60 g/㎡ 이하	45 g/㎡ 이하
	차 체	7) 2,500대/년 미만	90 g/㎡ 이하	65 g/㎡ 이하
		8) 2,500대/년 이상	75 g/㎡ 이하	60 g/㎡ 이하
버스		9) 2,000대/년 미만	215 g/㎡ 이하	170 g/㎡ 이하
		10) 2,000대/년 이상	195 g/㎡ 이하	125 g/㎡ 이하
차체부품			195 g/㎡ 이하	125 g/㎡ 이하

〈비고〉

(1) 차종의 분류기준은 다음과 같다.

차종	분류기준
승용자동차	차량 총중량이 3.5 톤 미만이고 승차인원이 5명 이하인 자동차
소형상용자동차	차량 총중량이 3.5 톤 미만이고 승차인원이 15명 이하인 자동차 또는 적재중량이 1 톤 이하인 자동차
트럭	차량 총중량이 3.5 톤 이상이고 적재중량이 1톤을 초과하는 화물자동차
버스	차량 총중량이 3.5 톤 이상이고 승차인원이 15명을 초과하는 자동차

(2) 위 표 트럭의 차종란 중 "차체"란 운전석을 제외한 차체를 말하고, 같은 표 중 "차체부품"이란 비고 제1호의 차종의 분류기준에 따른 차종의 차체부품을 말한다.

(3) 적용기간 및 배출허용기준란의 g/㎡는 자동차 표면 도장부위의 단위면적당 사용되는 유기용제로부터 배출되는 탄화수소(THC)의 양을 말한다.

(4) 생산규모에 따른 차종별 배출량의 산정방법 등 필요한 사항은 환경부장관이 정하여 고시한다.

8. 배출시설란에서 "이전 설치시설" 및 "이후 설치시설"은 다음 각 목의 구분에 따른다. 다만, 2015년 1월 1일 이후에 설치된 대기오염물질 배출시설은 해당 배출시설 설치허가(신고를 포함한다)를 받은 날을 기준으로 한다.

가. 이전 설치시설: 다음의 어느 하나에 해당하는 시설

1) 기준일 당시 배출시설을 설치 중이었던 경우

2) 기준일 이전에 「환경영향평가법」 제16조, 제27조 또는 제44조에 따른 전략환경영향평가, 환경영향평가, 또는 소규모 환경영향평가의 협의를 요청한 경우

나. 이후 설치시설: 다음의 어느 하나에 해당하는 시설

1) 기준일 이후에 배출시설 설치허가(신고를 포함한다)를 받은 경우

2) 기준일 이후에 「환경영향평가법」 제16조, 제27조 또는 제44조에 따른 전략환경영향평가, 환경영향평가, 또는 소규모 환경영향평가 협의를 요청한 경우

9. 2019년 12월 31일 이전부터 배출시설을 운영하고 있는 자로서 부득이한 사정으로 배출허용기준을 지키기 어렵다고 시·도지사가 인정하는 자에 대하여는 2020년 12월 31일까지는 기간을 정하여 제1호가목에 따른 배출허용기준을 적용할 수 있다.

10. 도서지역 액체연료 사용 발전시설 중 백령도에 설치된 시설은 2023년 1월 1일부터, 연평도 및 울릉도에 설치된 시설은 2022년 1월 1일부터 제2호가목에 따른 배출허용기준을 적용한다.

11. 「통계법」 제22조에 따라 통계청장이 고시하는 한국표준산업분류의 소분류에 따른 석유 정제품 제조업 및 세분류에 따른 기초 유기화학물질 제조업, 합성고무 및 플라스틱 물질 제조업에 해당하는 사업장에서 설치 · 운영 중인 저장시설의 탄화수소(THC)의 배출허용기준은 사업장별 저장시설의 50%에 대해서는 2024년 1월 1일부터 적용하며, 나머지 저장시설에 대해서는 2026년 1월 1일부터 적용한다. 다만, 다음의 어느 하나에 해당하는 경우로서 탄화수소(THC) 농도를 95% 이상 줄이는 경우에는 배출허용기준을 적용하지 않는다.

1) 방지시설에 내부부상지붕(internal floating roof)형 저장시설을 연결하는 경우

2) 안전상의 이유 등 부득이한 사정으로 배출허용기준을 지키기 어렵다고 환경부장관 또는 시 · 도지사가 인정하는 경우

나. 입자형태의 물질

1) 일반적인 배출허용기준

대기오염물질	배출시설	배출허용기준
먼지 (㎎/S㎥)	1) 일반보일러(흡수식 냉·온수기를 포함한다)	
	가) 액체연료 사용시설	
	(1) 증발량이 시간당 150 톤 이상 또는 열량이 시간당 92,850,000 킬로칼로리 이상인 시설	
	(가) 2001년 6월 30일 이전 설치시설	15(4) 이하
	(나) 2001년 7월 1일 이후 설치시설	15(4) 이하
	(다) 2015년 1월 1일 이후 설치시설	10(4) 이하
	(2) 증발량이 시간당 20 톤 이상 150 톤 미만인 시설 또는 열량이 시간당12,380,000 킬로칼로리 이상 92,850,000킬로칼로리 미만인 시설	
	(가) 2007년 1월 31일 이전 설치시설	20(4) 이하
	(나) 2007년 2월 1일 이후 설치시설	20(4) 이하
	(다) 2015년 1월 1일 이후 설치시설	16 이하
	(3) 증발량이 시간당 5톤 이상 20톤 미만인 시설 또는 열량이 3,095,000 킬로칼로리 이상 12,380,000 킬로칼로리 미만인 시설	
	(가) 2014년 12월 31일 이전 설치시설	25(4) 이하
	(나) 2015년 1월 1일 이후 설치시설	16(4) 이하
	(4) 증발량이 시간당 5 톤 미만 또는 열량이 3,095,000 킬로칼로리 미만인 시설	
	(가) 2014년 12월 31일 이전 설치시설	30(4) 이하
	(나) 2015년 1월 1일 이후 설치시설	16(4) 이하
	나) 고체연료 사용시설(액체연료 혼합시설을 포함한다)	
	(1) 증발량이 시간당 20 톤 이상 또는 열량이 시간당 12,380,000 킬로칼로리 이상인 시설	
	(가) 2014년 12월 31일 이전 설치시설	16(6) 이하
	(나) 2015년 1월 1일 이후 설치시설	10(6) 이하
	(2) 증발량이 시간당 5 톤 이상 20 톤 미만인 시설 또는 열량이 3,095,000 킬로칼로리 이상 12,380,000 킬로칼로리 미만인 시설	
	(가) 2014년 12월 31일 이전 설치시설	25(6) 이하

	(나) 2015년 1월 1일 이후 설치시설	16(6) 이하
	(3) 증발량이 시간당 5 톤 미만 또는 열량이 시간당 3,095,000 킬로칼로리 미만인 시설	
	(가) 2014년 12월 31일 이전 설치시설	30(6) 이하
	(나) 2015년 1월 1일 이후 설치시설	16(6) 이하
	2) 발전시설	
	가) 액체연료 사용시설	
	(1) 발전용 내연기관	
	(가) 2001년 6월 30일 이전 설치시설	20(15) 이하
	(나) 2001년 7월 1일 이후 설치시설	20(15) 이하
	(다) 2015년 1월 1일 이후 설치시설	12(15) 이하
	(2) 그 밖의 발전시설	
	(가) 설비용량이 100 메가와트 이상인 발전시설	
	① 2001년 6월 30일 이전 설치시설	12(4) 이하
	② 2001년 7월 1일 이후 설치시설	12(4) 이하
	③ 2015년 1월 1일 이후 설치시설	10(4) 이하
	(나) 설비용량이 100 메가와트 미만인 발전시설	
	① 2001년 6월 30일 이전 설치시설	20(4) 이하
	② 2001년 7월 1일 이후 설치시설	12(4) 이하
	③ 2015년 1월 1일 이후 설치시설	12(4) 이하
	나) 고체연료 사용시설(액체연료 혼합시설을 포함한다)	
	(1) 설비용량이 100 메가와트 이상인 시설	
	(가) 2001년 6월 30일 이전 설치시설	12(6) 이하
	(나) 2001년 7월 1일 이후 설치시설	10(6) 이하
	(다) 2015년 1월 1일 이후 설치시설	5(6) 이하
	(2) 설비용량이 100 메가와트 미만인 시설	
	(가) 2001년 6월 30일 이전 설치시설	20(6) 이하
	(나) 2001년 7월 1일 이후 설치시설	15(6) 이하
	(다) 2015년 1월 1일 이후 설치시설	10(6) 이하
	다) 기체연료 사용시설	
	(1) 2001년 6월 30일 이전 설치시설	
	(가) 발전용 내연기관(가스터빈을 포함한다)	10(15) 이하
	(나) 열병합 발전시설 중 카본블랙 제조시설의 폐가스 재이용 시설	20(6) 이하

	(다) 그 밖의 발전시설	20(4) 이하
	(2) 2001년 7월 1일 이후 설치시설	
	(가) 발전용 내연기관(가스터빈을 포함한다)	10(15) 이하
	(나) 열병합 발전시설 중 카본블랙 제조시설의 폐가스 재이용 시설	20(6) 이하
	(다) 그 밖의 발전시설	20(4) 이하
	(3) 2015년 1월 1일 이후 설치시설	
	(가) 발전용 내연기관(가스터빈을 포함한다)	10(15) 이하
	(나) 열병합 발전시설 중 카본블랙 제조시설의 폐가스 재이용 시설	15(6) 이하
	(다) 그 밖의 발전시설	10(4) 이하
	3) 폐수·폐기물·폐가스 소각처리시설 및 동물화장시설(소각보일러를 포함한다)	
	가) 2014년 12월 31일 이전 설치시설	
	(1) 소각용량이 시간당 2 톤(의료폐기물 처리시설은 200킬로그램) 이상인 시설	15(12) 이하
	(2) 소각용량이 시간당 200 킬로그램 이상 2 톤(의료폐기물 처리시설은 200 킬로그램) 미만인 시설	20(12) 이하
	(3) 소각용량이 200 킬로그램 미만인 시설	25(12) 이하
	나) 2015년 1월 1일 이후 설치시설	
	(1) 소각용량이 시간당 2 톤(의료폐기물 처리시설은 200 킬로그램) 이상인 시설	10(12) 이하
	(2) 소각용량이 시간당 200 킬로그램 이상 2 톤(의료폐기물 처리시설은 200 킬로그램) 미만인 시설	15(12) 이하
	(3) 소각용량이 200 킬로그램 미만인 시설	15(12) 이하
	4) 1차금속 제조시설·금속가공제품·기계·기기·운송장비·가구 제조시설의 용융·용해시설 또는 열처리시설	
	가) 전기아크로(유도로를 포함한다)	
	(1) 1998년 12월 31일 이전 설치시설	15 이하
	(2) 1999년 1월 1일 이후 설치시설	10 이하
	(3) 2015년 1월 1일 이후 설치시설	10 이하
	나) 용선로, 용광로, 용선 예비처리시설, 전로, 정련로, 제선로, 용융로, 용해로, 도가니로 및 전해로	
	(1) 2007년 1월 31일 이전 설치시설	25 이하
	(2) 2007년 2월 1일 이후 설치시설	15 이하

	(3) 2015년 1월 1일 이후 설치시설	10 이하
	다) 소결로, 배소로, 환형로	
	(1) 2014년 12월 31일 이전 설치시설	
	(가) 소결로	20(15) 이하
	(나) 원료장입, 소결광 후처리시설, 배소로, 환형로	20 이하
	(2) 2015년 1월 1일 이후 설치시설	
	(가) 소결로	10(15) 이하
	(나) 원료장입, 소결광 후처리시설, 배소로, 환형로	10 이하
	라) 가열로, 열처리로, 소둔로, 건조로, 열풍로	
	(1) 2014년 12월 31일 이전 설치시설	20(11) 이하
	(2) 2015년 1월 1일 이후 설치시설	10(11) 이하
	마) 주물사처리시설, 탈사시설 및 탈청시설	
	(1) 2014년 12월 31일 이전 설치시설	30 이하
	(2) 2015년 1월 1일 이후 설치시설	15 이하
	5) 화학비료 및 질소화합물 제조시설 중 소성시설, 건조시설	25(10) 이하
	6) 코크스 제조시설 및 저장시설	
	가) 석탄코크스 제조시설	
	(1) 코크스로	15(7) 이하
	(2) 인출시설, 건식냉각시설, 저장시설	15 이하
	나) 석유코크스 제조시설	
	(1) 연소시설	20(4) 이하
	(2) 인출시설, 건식냉각시설, 저장시설	15 이하
	7) 아스콘(아스팔트를 포함한다) 제조시설 중 가열·건조·선별·혼합시설	25(10) 이하
	8) 석유 정제품 제조시설, 기초유기화합물 제조시설	
	가) 황 회수장치의 폐가스 소각시설(석탄 가스화시설을 포함한다)	20(4) 이하
	나) 가열시설 및 촉매재생시설	15(4) 이하
	다) 중질유 분해시설의 일산화탄소 소각보일러	30(12) 이하
	9) 석탄가스화 연료 제조시설	
	가) 건조시설 및 분쇄시설	25(8) 이하
	나) 연소시설	15(7) 이하
	다) 황 회수시설	20(4) 이하
	라) 황산 제조시설	15(8) 이하
	10) 유리 및 유리제품 제조시설(재생용 원료가공시설을 포함한다)의 용융·용해시설	
	가) 연속식 탱크로 또는 전기로(상부 개폐형 전기로는 제외한다)	30(13) 이하
	나) 그 밖의 배출시설	30 이하

	11) 도자기·요업제품 제조시설 중 용융·용해시설, 소성시설 및 냉각시설	50(13) 이하
	12) 시멘트·석회·플라스터 및 그 제품 제조시설	
	가) 소성시설(예열시설을 포함한다), 용융·용해시설, 건조시설	
	(1) 2001년 6월 30일 이전 설치시설	15(13) 이하
	(2) 2001년 7월 1일 이후 설치시설	15(13) 이하
	나) 냉각시설(직접 배출시설만 해당한다)	30 이하
	다) 슬래그 시멘트 열풍 건조시설	20 이하
	13) 그 밖의 비금속광물제품 제조시설의 석면 및 암면제품제조 가공시설	
	가) 방사시설, 집면시설 및 탈판시설	20 이하
	나) 그 밖의 배출시설	30 이하
	14) 도장시설(분무·분체·침지도장시설. 도장의 경우 동력을 이용한 연마시설을 포함한다) 및 부속 건조시설	30 이하
	15) 반도체 및 기타 전자부품 제조시설 중 표면가공 및 처리시설(증착시설, 식각시설을 포함한다)	30 이하
	16) 연마·연삭시설, 고체입자상물질 포장·저장·혼합시설, 탈사시설 및 탈청시설	30 이하
	17) 선별시설 및 분쇄시설	30 이하
	18) 고형연료제품 제조·사용시설 및 관련 시설	
	가) 고형연료제품 사용량이 시간당 2 톤 이상인 시설	10(12) 이하
	나) 고형연료제품 사용량이 시간당 200 킬로그램 이상 2 톤 미만인 시설	15(12) 이하
	다) 일반 고형연료제품(SRF) 제조시설 중 생활폐기물 건조·가열시설	25(15) 이하
	라) 바이오매스 및 목재펠릿 제조시설 중 건조·가열시설	25 이하
	마) 바이오매스 및 목재펠릿 사용시설	25(12) 이하
	19) 금속 표면처리시설	30 이하
	20) 화장로시설	
	가) 2009년 12월 31일 이전 설치시설	30(12) 이하
	나) 2010년 1월 1일 이후 설치시설	15(12) 이하
	21) 그 밖의 배출시설	30 이하
카드뮴 화합물 (Cd로서) (㎎/S㎥)	1) 폐수·폐기물·폐가스 소각처리시설 및 동물화장시설(소각보일러를 포함한다)	
	가) 소각용량이 시간당 2 톤(의료폐기물 처리시설은 200 킬로그램) 이상인 시설	0.02(12) 이하
	나) 소각용량이 시간당 200 킬로그램 이상 2 톤 미만인 시설	0.08(12) 이하

	다) 소각용량이 시간당 200 킬로그램 미만인 시설	0.15(12) 이하
	2) 고형연료제품 사용시설	
	가) 고형연료제품 사용량이 시간당 2 톤 이상인 시설	0.02(12) 이하
	나) 고형연료제품 사용량이 시간당 200 킬로그램 이상 2 톤 미만인 시설	0.06(12) 이하
	3) 시멘트제조시설 중 소성시설	0.02(13) 이하
	4) 그 밖의 배출시설	0.2 이하
납화합물 (Pb로서) (mg/Sm³)	1) 폐수·폐기물·폐가스 소각처리시설 및 동물화장시설(소각보일러를 포함한다)	
	가) 소각용량이 시간당 2 톤(의료폐기물 처리시설은 200 킬로그램) 이상인 시설	0.2(12) 이하
	나) 소각용량이 시간당 200 킬로그램 이상 2 톤 미만인 시설	0.4(12) 이하
	다) 소각용량이 시간당 200킬 로그램 미만인 시설	0.8(12) 이하
	2) 시멘트제조시설 중 소성시설	0.2(13) 이하
	3) 1차금속 제조시설, 금속가공제품 제조시설의 용융·제련 및 열처리 시설 중 용융·용해로, 용광로, 도가니로, 전해로	1.5 이하
	4) 고형연료제품 사용시설	
	가) 고형연료제품 사용량이 시간당 2 톤 이상인 시설	0.15(12) 이하
	나) 고형연료제품 사용량이 시간당 200 킬로그램 이상 2 톤 미만인 시설	0.3(12) 이하
	5) 그 밖의 배출시설	0.8 이하
크롬화합물 (Cr로서) (mg/Sm³)	1) 폐수·폐기물·폐가스 소각처리시설 및 동물화장시설(소각보일러를 포함한다)	0.2(12) 이하
	2) 고형연료 사용시설	0.15(12) 이하
	3) 시멘트제조시설 중 소성시설	0.2(13) 이하
	4) 그 밖의 배출시설	0.4 이하
구리화합물 (Cu로서) (mg/Sm³)	모든 배출시설	4 이하
니켈 및 그 화합물 (mg/Sm³)	모든 배출시설	2 이하
아연화합물 (Zn로서) (mg/Sm³)	모든 배출시설	4 이하
비산먼지	1) 시멘트 제조시설	0.3 이하

(mg/Sm³)	2) 그 밖의 배출시설	0.4 이하
매연	모든 배출시설	링겔만비탁표 2도 이하 또는 불투명도 40% 이하
다환방향족 탄화수소류 (벤조a피렌으로서) (mg/Sm³)	모든 배출시설	0.05 이하
베릴륨화합물 (Be로서) (mg/Sm³)	1) 폐수 · 폐기물 · 폐가스 소각시설	0.05 이하
	2) 석탄발전시설	0.04 이하
	3) 1차 금속제조시설 중 배소로, 소결로, 용광로(용광용반사로를 포함한다), 용해로, 전로 및 건조로, 1차 비철금속 제조시설	0.04 이하

2) 1)에도 불구하고 단일한 특정대기유해물질을 연간 10 톤 이상 배출하는 사업장에 대하여 해당 특정대기유해물질의 배출허용기준을 적용할 때에는 다음 표의 기준을 따른다.

대기오염물질	배출시설	배출허용기준
카드뮴 화합물 (Cd로서) (mg/Sm³)	1) 폐수·폐기물·폐가스 소각처리시설 및 동물화장시설(소각보일러를 포함한다)	
	가) 소각용량이 시간당 2 톤(의료폐기물 처리시설은 200 킬로그램) 이상인 시설	0.01(12) 이하
	나) 소각용량이 시간당 200 킬로그램 이상 2 톤 미만인 시설	0.04(12) 이하
	다) 소각용량이 시간당 200 킬로그램 미만인 시설	0.08(12) 이하
	2) 고형연료제품 사용시설	
	가) 고형연료제품 사용량이 시간당 2 톤 이상인 시설	0.01(12) 이하
	나) 고형연료제품 사용량이 시간당 200 킬로그램 이상 2 톤 미만인 시설	0.03(12) 이하
	3) 시멘트제조시설 중 소성시설	0.02(13) 이하
	4) 그 밖의 배출시설	0.1 이하
납화합물 (Pb로서) (mg/Sm³)	1) 폐수·폐기물·폐가스 소각처리시설 및 동물화장시설(소각보일러를 포함한다)	
	가) 소각용량이 시간당 2 톤(의료폐기물 처리시설은 200 킬로그램) 이상인 시설	0.1(12) 이하
	나) 소각용량이 시간당 200 킬로그램 이상 2 톤 미만인 시설	0.2(12) 이하
	다) 소각용량이 시간당 200 킬로그램 미만인 시설	0.4(12) 이하

	2) 시멘트제조시설 중 소성시설	0.1(13) 이하
	3) 1차금속 제조시설, 금속가공제품 제조시설의 용융·제련 및 열처리 시설 중 용융·용해로, 용광로 및 정련시설, 도가니로, 전해로	0.8 이하
	4) 고형연료제품 사용시설	
	가) 고형연료제품 사용량이 시간당 2 톤 이상인 시설	0.08(12) 이하
	나) 고형연료제품 사용량이 시간당 200 킬로그램 이상 2 톤 미만인 시설	0.2(12) 이하
	5) 그 밖의 배출시설	0.5 이하
크롬화합물 (Cr로서) (㎎/S㎥)	1) 폐수·폐기물·폐가스 소각처리시설 및 동물화장시설(소각보일러를 포함한다)	0.15(12) 이하
	2) 고형연료 사용시설	0.1(12) 이하
	3) 시멘트제조시설 중 소성시설	0.15(13) 이하
	4) 그 밖의 배출시설	0.2 이하
니켈 및 그 화합물 (㎎/S㎥)	모든 배출시설	1 이하
다환방향족탄화수소류 (벤조a피렌으로서) (㎎/S㎥)	모든 배출시설	0.03 이하

〈비고〉

1. 배출허용기준란의 ( )는 표준산소농도를 말하며, 다음 각 목의 시설에 대하여는 표준산소농도를 적용하지 않는다.
   가. 폐가스소각시설 중 직접연소에 의한 시설과 촉매반응을 이용하는 시설. 다만, 실측산소농도가 12 퍼센트 미만인 직접연소에 의한 시설은 표준산소농도를 적용한다.
   나. 먼지의 5) 및 12)(시멘트 제조시설은 고로슬래그 시멘트 제조시설만 해당한다)에 해당하는 시설 중 열풍을 이용하여 직접 건조하는 시설
   다. 공기 대신 순산소를 사용하는 시설
   라. 구리제련시설의 건조로
   마. 그 밖에 공정의 특성상 표준산소농도 적용이 불가능한 시설로서 시·도지사가 인정하는 시설
2. 일반보일러(흡수식 냉·온수기를 포함한다)의 경우에는 시설의 고장 등을 대비하여 허가를 받거나 신고하여 예비로 설치된 시설의 시설용량은 포함하지 아니한다.
3. "고형연료제품 사용시설"이란 「자원의 절약과 재활용촉진에 관한 법률」 제25조의7에 따른 시설로서 연료사용량 중 고형연료제품 사용비율이 30퍼센트 이상인 시설을 말한다.

4. 다음 표에 따른 시설의 먼지에 대해서는 제2호나목1)에 따른 배출허용기준에 우선하여 각 시설별로 설정된 예외인정 허용기준을 적용한다.

구분	대상시설	예외인정 허용기준
가	2) 나) 해당 시설 중 영흥화력발전소, 당진에코파워발전소, 신서천화력발전소, 강릉안인화력발전소, 삼척화력발전소, 고성하이화력발전소, 삼척그린화력발전소 및 영동화력발전소	1) 영흥화력발전소 1호기 및 2호기는 10(6) ㎎/S㎥ 이하, 3호기부터 6호기까지는 5(6) ㎎/S㎥ 이하를 각각 적용한다. 2) 당진에코파워발전소 1호기·2호기, 신서천화력발전소 1호기, 강릉안인화력발전소 1호기·2호기, 삼척화력발전소 1호기·2호기 및 고성하이화력발전소 1호기·2호기는 5(6) ㎎/S㎥ 이하를 각각 적용한다. 3) 삼척그린화력발전소 1호기 및 2호기는 15(6) ㎎/S㎥ 이하를 각각 적용한다. 4) 영동화력발전소 1호기는 10(6) ㎎/S㎥ 이하, 2호기는 5(6) ㎎/S㎥ 이하를 적용한다.

5. 배출시설란에서 "이전 설치시설" 및 "이후 설치시설"은 다음 각 목의 구분에 따른다. 다만, 2015년 1월 1일 이후에 설치된 대기오염물질 배출시설은 해당 배출시설 설치허가(신고를 포함한다)를 받은 날을 기준으로 한다.
  가. 이전 설치시설: 다음의 어느 하나에 해당하는 시설
    1) 기준일 당시 배출시설을 설치 중이었던 경우
    2) 기준일 이전에 「환경영향평가법」 제16조, 제27조 또는 제44조에 따른 전략환경영향평가, 환경영향평가, 또는 소규모 환경영향평가의 협의를 요청한 경우
  나. 이후 설치시설: 다음의 어느 하나에 해당하는 시설
    1) 기준일 이후에 배출시설 설치허가(신고를 포함한다)를 받은 경우
    2) 기준일 이후에 「환경영향평가법」 제16조, 제27조 또는 제44조에 따른 전략환경영향평가, 환경영향평가, 또는 소규모 환경영향평가 협의를 요청한 경우
6. 2019년 12월 31일 이전부터 배출시설을 운영하고 있는 자로서 부득이한 사정으로 배출허용기준을 지키기 어렵다고 시·도지사가 인정하는 자에 대하여는 2020년 12월 31일까지는 기간을 정하여 제1호나목에 따른 배출허용기준을 적용할 수 있다.
7. 도서지역 액체연료 사용 발전시설 중 백령도에 설치된 시설은 2023년 1월 1일부터, 연평도 및 울릉도에 설치된 시설은 2022년 1월 1일부터 제2호나목에 따른 배출허용기준을 적용한다.

8. 굴뚝 원격감시체계 관제센터로 측정결과를 자동 전송하는 배출시설에 대한 특례

가. 법 제32조제1항에 따라 굴뚝 자동측정기기를 부착하여 영 제19조제1항제1호의 굴뚝 원격감시체계 관제센터(이하 이 표에서 "관제센터"라 한다)로 측정결과를 자동 전송하는 사업장의 배출시설(이하 "자동전송배출시설"이라 한다)에 대한 배출허용기준 초과 여부의 판단은 매 30분 평균치를 기준으로 한다.

나. 자동전송배출시설이 라목1), 2), 4) 및 5)의 어느 하나에 해당하는 경우로서 영 제23조제2항 및 제24조제1항제2호에 따른 초과부과금 부과대상에 해당하는 경우에는 배출허용기준 초과율별 부과계수 및 위반횟수별 부과계수를 1로 하여 초과부과금을 산정한다.

다. 자동전송배출시설이 라목3)에 해당하는 경우에는 초과부과금을 부과하지 않는다.

라. 자동전송배출시설이 제134조에 따른 행정처분 대상이 되는 경우는 정상적으로 측정된 30분 평균치가 연속 3회 이상 또는 1주 8회 이상(일산화탄소의 경우 연속 3회 이상) 배출허용기준을 초과하는 경우로 한다. 다만, 다음의 어느 하나에 해당되는 경우에는 행정처분 대상에서 제외한다.

1) 천재지변 등 불가항력적인 사고의 발생으로 가동을 중지하는 경우에는 사고 발생 후 8시간 이내에 관제센터에 그 발생 사실을 통지하고 조치내용을 48시간 이내(토요일 또는 공휴일에 해당하는 날의 0시부터 24시까지의 시간은 제외한다)에 통지한 경우

2) 설비의 불가피한 고장(고장난 설비를 대체할 예비 설비가 있는 경우, 동일한 설비가 반복적으로 고장나는 경우 등 점검으로 사전에 예방이 가능한 경우와 운영 미숙으로 인한 고장 등은 제외한다)으로 배출허용기준을 초과하여 8시간 이내에 정상화 조치(가동중지를 포함한다)를 한 경우로서, 그 발생원인 및 조치내역을 48시간 이내(토요일 또는 공휴일에 해당하는 날의 0시부터 24시까지의 시간은 제외한다)에 시·도지사에게 통지한 경우

3) 표준산소농도가 적용되는 시설이 다음의 가)부터 마)까지의 어느 하나에 해당하는 사유로 배출가스 중의 산소농도가 (21－표준산소농도)÷(21－측정산소농도)로 계산한 값이 3 이상인 경우[라) 및 마)의 경우에는 설비의 이상이나 일부 시설의 재가동·가동중지 등에 대한 자료를 관제센터에 제출하여야 한다]

가) 가동개시

나) 재가동

다) 가동중지

라) 돌발적인 설비의 이상

마) 보일러 및 가열시설 등 같은 종류의 연소시설이 하나의 배출구에 연결된 시설로서 일부 시설의 재가동·가동중지

4) 폐수·폐기물·폐가스 소각시설과 석유제품 제조시설 중 중질유 분해시설의 일산화탄소 소각시설에서 측정(전송) 항목이 해당 소각물질 투입 전에 배출허용기준을 초과하는 경우

5) 고형연료제품 사용시설에서 측정(전송) 항목이 해당 고형연료 투입 전에 배출허용기준을 초과하는 경우

6) 배출시설 및 방지시설의 가동개시, 가동중지 또는 재가동 8시간 전까지(전력수급상 부득이한 발전인 경우에는 가동개시, 가동중지 또는 재가동 직전까지를 말한다. 다만, 가동개시, 가동중지 또는 재가동 2시간 이내에 관제센터에 그 일정을 통지하는 경우에는 「전기사업법」 제35조에 따라 설립된 한국전력거래소의 긴급 요청을 증빙하는 자료를 그 요청을 받은 후 24시간 이내에 관제센터에 제출해야 한다) 관제센터에 그 일정을 통지한 경우로서 다음 표의 배출시설별 배출허용기준 초과인정 시간(기준초과 인정시점부터 기준초과 인정시간까지의 시간)에 해당하는 경우

〈배출시설별 배출허용기준 초과 인정시간〉

배출시설	기준초과 인정시간		기준초과 인정시점	
	가동개시·재가동	가동중지	가동개시·재가동 시	가동중지 시
(1) 코크스 또는 관련제품 제조시설	8시간	6시간	버너 점화	원료 투입 중지
(2) 석유제품 제조시설				
(가) 가열시설	5시간	2시간	버너 점화	버너 소화
(나) 촉매 재생시설	5시간	2시간	버너 점화	버너 소화
(다) 황산화물제거시설 또는 황 회수시설	8시간	6시간	버너 점화	원료 투입 중지
(라) 중질유 분해시설의 일산화탄소 소각시설	5시간	2시간	원료 투입	원료 투입 중지
(3) 기초유기화합물 제조시설				
(가) 가열시설	5시간	2시간	버너 점화	버너 소화
(나) 촉매 재생시설	5시간	2시간	버너 점화	버너 소화
(다) 황산화물제거시설 또는 황 회수시설	8시간	6시간	버너 점화	원료 투입 중지
(라) 중질유 분해시설의 일산화탄소 소각시설	5시간	2시간	버너 점화	버너 소화
(4) 기초무기화합물 제조시설				
(가) 황산제조시설(황연소, 비철금속제련, 중질유 분해시설)	5시간	6시간	원료 투입	원료 투입 중지
(나) 황산을 제외한 무기산 제조시설				
① 인산 제조시설				
② 불소화합물 제조시설	3시간	3시간	원료 투입	원료 투입 중지
③ 염산 제조시설 또는 염화수소 회	3시간	3시간	원료 투입	원료 투입 중지
수시설	4시간	5시간	원료 투입	원료 투입 중지
(다) 인광석 소성시설				
(라) 용융·용해시설 또는 소성시설	3시간	2시간	원료 투입	원료 투입 중지

(마) 가열시설	3시간 5시간	2시간 2시간	원료 투입 버너 점화	원료 투입 중지 버너 소화
(5) 무기안료·염료·유연제 제조시설 및 기타 착색제 제조시설				
(가) 용융·용해시설 또는 소성시설	3시간	2시간	원료 투입	원료 투입 중지
(나) 가열시설	5시간	2시간	버너 점화	버너 소화
(6) 화학비료 및 질소화합물 제조시설				
(가) 화학비료 제조시설				
① 질소질비료(요소비료를 포함한다) 제조시설	3시간	3시간	원료 투입	원료 투입 중지
② 복합비료 제조시설	3시간	3시간	원료 투입	원료 투입 중지
(나) 질산 제조시설 및 질산 회수·재생시설	2시간	3시간	원료 투입	원료 투입 중지
(다) 용융·용해시설 또는 소성시설	3시간	2시간	원료 투입	원료 투입 중지
(라) 가열시설	5시간	2시간	버너 점화	버너 소화
(7) 의약품 제조시설				
(가) 용융·용해시설 또는 소성시설	3시간	2시간	원료 투입	원료 투입 중지
(나) 가열시설	5시간	2시간	버너 점화	버너 소화
(8) 기타 화학제품 제조시설				
(가) 용융·용해시설 또는 소성시설	3시간	2시간	원료 투입	원료 투입 중지
(나) 가열시설	5시간	2시간	버너 점화	버너 소화
(9) 화학섬유 제조시설				
(가) 용융·용해시설 또는 소성시설	3시간	2시간	원료 투입	원료 투입 중지
(나) 가열시설	5시간	2시간	버너 점화	버너 소화
(10) 고무 및 고무제품 제조시설				
(가) 용융·용해시설 또는 소성시설	3시간	2시간	원료 투입	원료 투입 중지
(나) 가열시설	5시간	2시간	버너 점화	버너 소화
(11) 합성고무, 플라스틱물질 및 플라스틱제품 제조시설				
(가) 용융·용해시설 또는 소성시설	3시간	2시간	원료 투입	원료 투입 중지
(나) 가열시설	5시간	2시간	버너 점화	버너 소화
(12) 유리 및 유리제품 제조시설				
(가) 유리(유리섬유를 포함한다)제조 용융·용해시설	8시간	3시간	원료 투입	원료 투입 중지
(나) 산처리시설	3시간	2시간	원료 투입	원료 투입 중지
(13) 도자기·요업제품 제조시설 소성시설 및 용융·용해시설	8시간	3시간	원료 투입	원료 투입 중지

(14) 시멘트·석회·플라스터 및 그 제품 제조시설				
(가) 시멘트제조시설의 소성시설	8시간	2시간	버너 점화	원료 투입 중지
(나) 시멘트제조시설의 냉각시설	8시간	6시간	소성로 버너 점화	소성로 원료 투입 중지
(다) 석회 제조시설의 소성시설	5시간	3시간	원료 투입	원료 투입 중지
(15) 기타 비금속광물제품 제조시설(아스팔트제품 제조시설은 제외한다)				
(가) 소성시설 및 용융·용해시설	8시간	3시간	원료 투입	원료 투입 중지
(나) 석고제조시설의 소성시설 및 건조시설	2시간	4시간	원료 투입	원료 투입 중지
(16) 아스팔트제품 제조시설 용융·용해시설	8시간	3시간	원료 투입	원료 투입 중지
(17) 제1차 금속 제조시설				
(가) 전기로(아크로만 해당한다)	2시간	2시간	원료 투입	원료 투입 중지
(나) 소결로	6시간	4시간	원료 투입	원료 투입 중지
(다) 가열로	5시간	5시간	원료 투입	원료 투입 중지
(라) 용광로, 용선로, 전로, 용융·용해로 또는 배소로(焙燒爐)	2시간	4시간	원료 투입	원료 투입 중지
(마) 산처리시설	3시간	2시간	원료 투입	원료 투입 중지
(바) 주물사 처리시설	2시간	2시간	원료 투입	원료 투입 중지
(18) 조립금속제품·기계·기기·장비·운송장비·가구 제조시설				
(가) 전기로(아크로만 해당한다)	2시간	2시간	원료 투입	원료 투입 중지
(나) 가열로	5시간	5시간	원료 투입	원료 투입 중지
(다) 전로 또는 용융·용해로	2시간	4시간	원료 투입	원료 투입 중지
(라) 산처리시설	3시간	2시간	원료 투입	원료 투입 중지
(마) 주물사 처리시설	2시간	2시간	원료 투입	원료 투입 중지
(바) 반도체 및 기타 전자부품 제조시설 중 증착시설 및 식각시설	3시간	2시간	원료 투입	원료 투입 중지
(19) 발전시설(수력, 원자력 발전시설은 제외한다)				
(가) 발전용 내연기관	4시간	2시간	버너 점화	연료 투입 중지
(나) 복합화력 형식의 발전시설	5시간	2시간	버너 점화	연료 투입 중지
(다) 그 외의 발전시설	9시간	2시간	버너 점화	연료 투입 중지

(20) 폐수·폐기물·폐가스 소각시설(소각보일러를 포함한다)				
(가) 사업장폐기물 소각시설	5시간	3시간	폐기물 투입	폐기물 투입 중지
(나) 생활폐기물 소각시설	5시간	3시간	폐기물 투입	폐기물 투입 중지
(다) 폐가스 소각시설	2시간	2시간	폐가스 투입	폐가스 투입 중지
(라) 의료폐기물 소각시설	5시간	3시간	폐기물 투입	폐기물 투입 중지
(마) 폐수 소각시설	3시간	3시간	폐수 투입	폐수 투입 중지
(21) 공통시설 중 보일러	5시간	2시간	버너 점화	연료 투입 중지
(22) 고형연료제품 사용시설	5시간	3시간	연료 투입	연료 투입 중지
(23) 입자상 물질 및 가스상 물질 발생시설				
(가) 탈사·탈청시설	2시간	2시간	원료 투입	원료 투입 중지
(나) 증발시설	2시간	2시간	버너 점화	버너 소화
(24) 그 밖의 업종의 가열시설	3시간	2시간	버너 점화	버너 소화
(25) 그 밖에 환경부장관이 필요하다고 인정하는 시설	환경부장관이 인정하는 시간			

〈비고〉

1. 가동개시, 가동중지 및 재가동은 다음과 같다.
   가. 가동개시 : 배출시설을 최초로 가동하는 경우와 대보수 등으로 배출시설의 가동을 48시간 이상 중단하였다가 다시 가동하는 경우
   나. 가동중지 및 재가동 : 배출시설의 가동을 4시간(발전시설의 경우에는 2시간) 이상 중단하는 경우를 가동중지라 하며, 가동중지 후 다시 가동하는 경우를 재가동이라 한다.
2. 석유제품 제조시설 및 기초유기화합물 제조시설의 황산화물제거시설 또는 황 회수시설의 기준초과 인정시간은 가동개시·재가동 후 24시간 중 8시간, 가동중지 후 120시간 중 6시간으로 하고, 시멘트·석회·플라스터 및 그 제품 제조시설 중 시멘트 제조시설의 소성시설 및 냉각시설의 기준초과 인정시간은 배출시설의 가동개시·재가동 후 72시간 중 8시간을 말한다.
3. 열 사용시설 중 가동개시의 시점이 원료투입부터인 경우 원료투입 전까지의 예열을 위한 연료연소 시간에 대하여는 기준초과 인정시간을 적용하지 아니한다.
4. 발전시설·보일러시설·가열시설 중 액체, 기체 및 고체연료(미분탄 사용 시설 및 순환유동층 연소시설에 한정한다)를 사용하는 시설은 가동중지 시 기준초과 인정시점을 "연료투입 중지 2시간 전 또는 버너 소화 2시간 전"으로 한다.
5. 소각시설 중 일괄 투입방식의 소각시설은 가동중지 시 기준초과 인정시점을 "연소완료 3시간 전"으로 한다.
6. 굴뚝 자동측정기기를 부착한 시설이 위의 시설분류에 포함되어 있지 아니한 경우 환경부장관이 별도로 정하기 전까지는 공정 등이 유사한 시설의 기준을 적용한다.

4장. 대기오염물질 방지시설

4.1 후드의 선정 및 덕트설계
4.2 송풍기
4.3 방지시설 선정

4.1 후드의 선정 및 덕트설계

4.1.1 개요

오염물질이 발생원에서 작업장으로 확산되기 전에 포집·제거하는 환기방법인 국속배기장치는 [후드-덕트-방지시설-송풍기-굴뚝]의 순으로 설치하는 것을 원칙으로 한다. 다만, 송풍기의 케이싱이나 임펠러가 유해물질에 의하여 부식, 마모, 폭발 등이 발생하지 아니한다고 인정되는 경우에는 송풍기의 설치위치를 공기정화장치의 전단에 둘 수 있다.

국소배기장치는 유지보수가 용이한 구조로 하여야 한다.

방지시설은 대기오염물질 배출시설로부터 나오는 대기오염물질을 없애거나 줄이는 시설로서 대기오염물질을 포집하기 위한 장치(후드), 오염물질이 통과하는 관로(덕트), 오염물질을 이송하기 위한 송풍기 및 각종 펌프 등 기계·기구류(예비용 포함) 등을 포함한다.

국소배기의 장점은 오염물질을 발생원에서 배출시키기 때문에 적은 배기량으로도 작업자의 호흡영역 오염물질 농도를 저감시킬 수 있다.

국소배기의 단점은 후드-덕트 등으로 인하여 작업을 방해할 수 있기 때문에 제품불량 발생이 우려되며, 이동작업에 적용하기 힘들다.

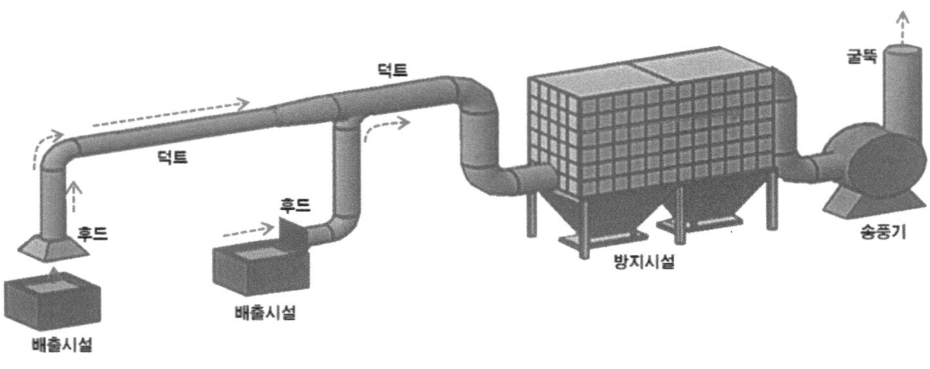

[그림 4.1] 대기오염방지시설

4.1.2 후드

후드(Hood)라는 것은 대기오염물질 배출시설에서 배출되는 오염물질의 근처의 공간으로 비산되는 것을 방지하기 위해 비산범위내의 오염공기를 배출원에서 직접 포집하기 위한 국소배기장치의 입구부를 말한다.

후드는 발생되는 오염물질을 국소배기시스템으로 유입시키기 때문에 국소배기시스템의 성능을 좌우하며, 최소의 유량으로 효율적인 오염물질 제어가 가능하다. 설계시의 고려사항은 모양, 위치, 배기량, 작업의 편리성 및 작업자의 호흡영역 보호 등이 있다.

1) 후드의 형식

후드는 유해물질을 충분히 제어할 수 있는 구조와 크기로 하여야 하며, 후드의 형식 및 종류는 [표 4.1]과 같다.

후드는 발생원을 포위하는 형태인 포위식 형식의 구조로 하고, 발생원을 포위할 수 없을 때는 발생원과 가장 가까운 위치에 외부식 후드를 설치하여야 한다. 다만, 유해물질이 일정한 방향성을 가지고 발생될 때는 레시버식 후드를 설치하여야 한다. 상부면이 개방된 개방조에서 유해물질이 발생하는 경우에 설치하는 후드의 제어거리에 따른 형식과 설치위치는 다음 [표 4.2]를 참조하여야 한다.

슬로트후드의 외형단면적이 연결덕트의 단면적보다 현저히 큰 경우에는 후드와 덕트 사이에 충만실(Plenum chamber)을 설치하여야 하며, 이때 충만실의 깊이는 연결덕트 지름의 0.75배 이상으로 하거나 충만실의 기류속도를 슬로트 개구면 속도의 0.5배 이내로 하여야 한다.

후드의 흡입방향은 가급적 비산 또는 확산된 유해물질이 작업자의 호흡영역을 통과하지 않도록 하여야 한다.

후드 뒷면에서 주덕트 접속부까지의 분지덕트 길이는 가능한 한 가지 덕트 3배 이상이 되도록 하여야 한다. 다만, 분지덕트가 장방형덕트인 경우에는 원형덕트의 상당지름을 이용하여야 한다.

후드의 형태와 크기 등 구조는 후드에서의 유입손실이 최소화되도록 하여야 한다.

[표 4.1] 후드의 형식 및 종류

형식	종류	비고
포위식 (Enclosing type)	유해물질의 발생원을 전부 또는 부분적으로 포위하는 후드	포위형(Enclosing type) 장갑부착상자형(Glove box hood) 드래프트 챔버형(Draft chamber hood) 건축부스형 등
외부식 (Exterior type)	유해물질의 발생원을 포위하지 않고 발생원 가까운 위치에 설치하는 후드	슬로트형(Slot hood) 그리드형(Grid hood) 푸쉬-풀형(Push-pull hood) 등
리시버식 (Receiver type)	유해물질이 발생원에서 상승기류, 관성기류 등 일정방향의 흐름을 가지고 발생할 때 설치하는 후드	그라인더카바형(Grinder cover hood) 캐노피형(Canop hood)

[표 4.2] 개방조에 설치하는 후드의 구조와 설치위치

제어거리(m)	후드의 구조 및 설치위치	비고
0.5미만	측면에 1개의 슬로트후드 설치	제어거리 : 후드의 개구면에서 가장 먼 거리에 있는 개방조의 가장자리까지의 거리
0.5~0.9	양측면에 각 1개의 슬로트후드 설치	
0.9~1.2	양측면에 각 1개 또는 가운데에 중앙선을 따라 1개의 슬로트후드를 설치하거나 푸쉬-풀형 후드 설치	
1.2이상	푸쉬-풀형 후드 설치	

【포위식 후드】

오염원을 가능한 최대로 포위하여 오염물질이 후드 밖으로 누출되는 것을 막고, 필요한 공기량을 최소한으로 줄일 수 있는 후드.

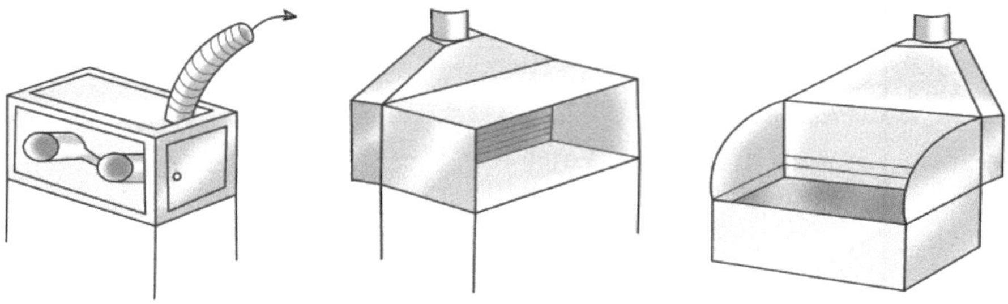

(a) 6면 포위 (b) 6면 포위 (c) 4면 포위

【외부식 후드】

- 리시버식 후드 : 공정 특성을 그대로 이용하여 오염물질을 수동적으로 제어하는 후드.

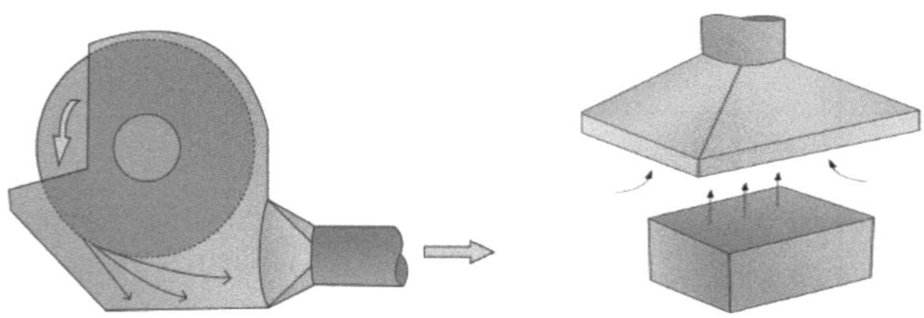

(a) 일정방향으로 비산하는 경우 (b) 열상승 기류가 있는 경우

- 포집식 후드 : 국소배기장치의 송풍기 힘에 의해 능동적으로 오염물질을 후드로 끌어들이는 형태의 후드.

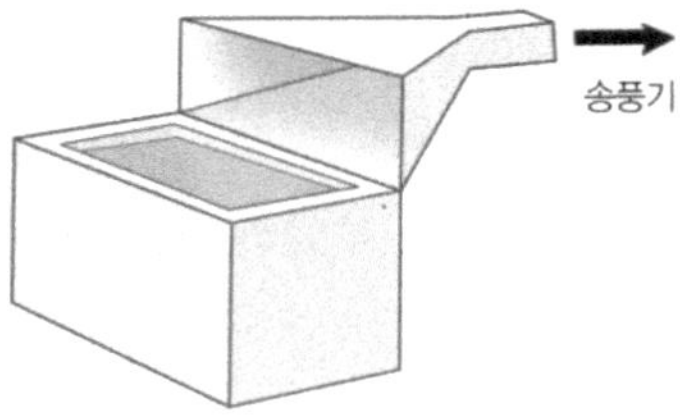

(a) 측방형 후드

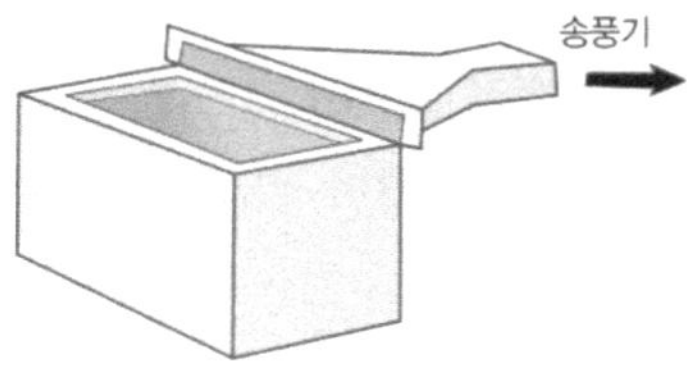

(b) 슬로트 후드

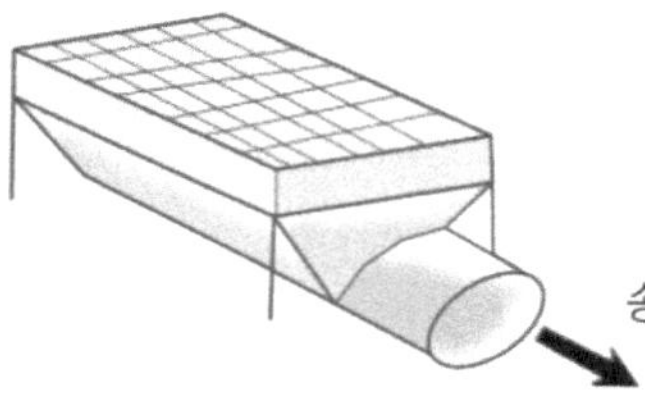

(c) 하방향 후드

(d) 저유량-고유속 후드

2) 제어속도

제어속도(Control velocity 또는 Capture velocity)란 오염물질을 후드쪽으로 흡인하기 위하여 필요한 속도를 말하며, "포착속도"라고도 한다. 발생하는 오염물질을 후드로 끌어들이는데 요구되는 제어속도는 오염원에서 뿐만 아니라 오염원에서 후드 반대쪽으로 비산하는 오염물질의 초기속도가 "0"이 되는 지점까지 도달해야 제대로 오염물질을 처리할 수 있다.

유해물질별 후드의 형식과 제어속도은 작업장내의 유해물질 농도가 노출기준 미만이 되도록 하기 위해 [표 4.3]에서 정하는 기준 이상의 제어속도가 되어야 한다.

제어속도을 조절하기 위하여 각 후드마다 댐퍼를 설치하여야 한다. 다만, 압력평형방법에 의해 설치된 국소배기장치에는 가능한 한 사용하지 않는 것이 원칙이다.

3) 송풍량 계산

각 후드에서의 송풍량은 [표 4.3]에서 정하는 제어속도 이상을 유지하여야 하며 그 계산방법은 [표 4.4]와 같다.

송풍량 계산시 정상조건은 21℃, 1기압을 기준으로 하여야 한다.

4) 후드의 재질선정

후드는 내마모성 또는 내부식성 등의 재료 또는 도포한 재질을 사용하고, 변형 등이 발생하지 않는 충분한 강도를 지닌 재질로 하여야 한다.

후드의 입구측에 강한 기류음이 발생하는 경우 흡음재를 부착하여야 한다.

5) 방해기류 영향 억제

후드의 흡인기류에 대한 방해기류가 있다고 판단될 때에는 작업에 영향을 주지 않는 범위 내에서 기류조정판을 설치하는 등 필요한 조치를 하여야 한다.

6) 신선한 공기 공급

국소배기장치를 설치할 때에는 배기량과 같은 양의 신선한 공기가 작업장 내부로 공급될 수 있도록 공기유입부 또는 급기시설을 설치하여야 한다.

신선한 공기의 공급방향은 유해물질이 없는 가장 깨끗한 지역에서 유해물질이 발생하는 지역으로 향하도록 하여야 하며, 가능한 한 근로자의 뒤쪽에 급기구가 설치되어 신선한 공기가 근로자를 거쳐서 후드방향으로 흐르도록 하여야 한다.

신선한 공기의 기류속도는 근로자 위치에서 가능한 한 0.5 m/sec를 초과하지 않도록 하고, 작업공정이나 후드의 근처에서 후드의 성능에 지장을 초래하는 방해기류를 일으키지 않도록 하여야 한다.

[표 4.3] 유해물질별 후드형식과 제어속도

1. 분진

가. 국소배기장치(연삭기, 드럼샌더(drum sander) 등의 회전체를 가지는 기계에 관련되어 분진작업을 하는 장소에 설치하는 것은 제외한다)의 제어속도

분진작업장소	제어속도(m/s)			
	포위식	외부식		
		측방 흡인	하방 흡인	상방 흡인
암석 등 탄소원료 또는 알루미늄박을 체로 거르는 장소	0.7	-	-	-
주물모래를 재생하는 장소	0.7	-	-	-
주형을 부수고 모래를 터는 장소	0.7	1.3	1.3	-
그 밖의 분진작업장소	0.7	1.0	1.0	1.2

나. 국소배기장치 중 연삭기, 드럼샌더 등의 회전체를 가지는 기계에 관련되어 분진작업을 하는 장소에 설치된 국소배기장치의 후드의 설치 방법에 따른 제어속도

후드의 설치방법	제어속도(m/s)
회전체를 가지는 기계 전체를 포위하는 방법	0.5
회전체의 회전으로 발생하는 분진의 흩날림방향을 후드의 개구면으로 덮는 방법	5.0
회전체만을 포위하는 방법	5.0
비고 : 제어속도-회전체를 정지한 상태에서 후드의 개구면에서의 최소속도를 말한다.	

2. 관리대상 유해물질

물질상태	후드형식		제어속도(m/s)
가스	포위식 포위형		0.4
	외부식	측방흡인	0.5
		하방흡인	0.5
		상방흡인	1.0
입자	포위식 포위형		0.7
	외부식	측방흡인	1.0
		하방흡인	1.0
		상방흡인	1.2

3. 허가대상 유해물질, 금지유해물질 및 방사성물질

물질상태	제어속도(m/s)
가스	0.5
입자	1.0

〈비고〉

1. "가스상태"란 관리대상 유해물질이 후드로 빨아들여질 때의 상태가 가스 또는 증기인 경우를 말한다.
2. "입자상태"란 관리대상 유해물질이 후드로 빨아들여질 때의 상태가 흄, 분진 또는 미스트인 경우를 말한다.
3. "제어속도"이란 국소배기장치의 모든 후드를 개방한 경우의 제어속도으로서 다음 각 목에 따른 위치에서의 속도을 말한다.
   가. 포위식 후드에서는 후드 개구면에서의 속도
   나. 외부식 후드에서는 해당후드에 의하여 분진(혹은 관리대상 유해물질)을 빨아들이려는 범위내에서 해당 후드 개구면으로부터 가장 먼 거리의 작업위치에서의 속도
4. 허가대상/금지 유해물질 및 방사성물질의 제어속도은 후드의 형식에 따라 다음에서 정한 위치에서의 속도을 말한다.
   가. 포위식 또는 부스식 후드에서는 후드의 개구면에서의 속도
   나. 외부식 또는 리시버식 후드에서는 유해물질의 가스, 증기 또는 분진이 빨려들어가는 범위에서 해당 개구면으로부터 가장 먼 작업위치에서의 속도

※ 단, 금지유해물질은 부스식 후드의 제어속도로 모든 부스식 후드 개구면을 완전 개방했을 때의 속도을 말한다.

[표 4.4] 후드의 형태별 송풍량 계산식

후드형태	명칭	종횡비 (W/L)	송풍량(㎥/min)
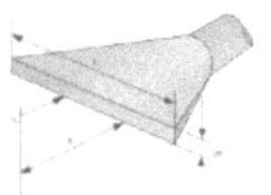	외부식 슬로트형	0.2 이하	$Q=3.7\times LVX$
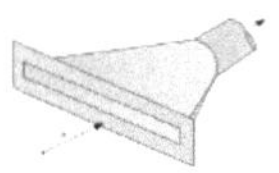	외부식 플랜지부착슬로트형	0.2 이하	$Q=2.6\times LVX$
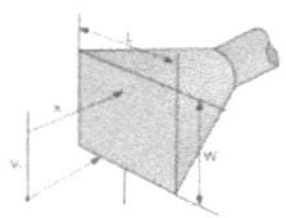	외부식 편평형	0.2 이상 또는 원형	$Q=V(10X^2+A)$
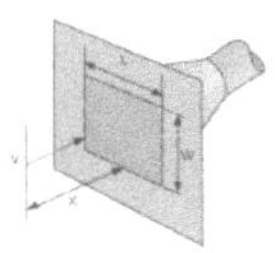	외부식 플랜지형	0.2 이상 또는 원형	$Q=0.75\times V(10X^2+A)$
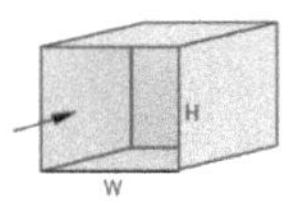	포위식 박스형	작업에 맞게	$Q=VA=VWH$
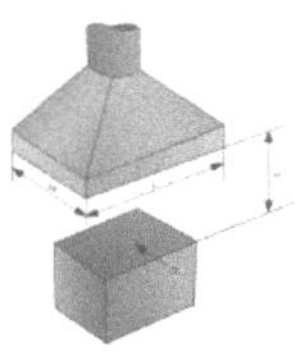	리시버식 캐노피형	작업에 맞게	$Q=1.4\times PVD$ P : 작업대 주변길이(m) D : 작업대와 후드간의 길이(m)
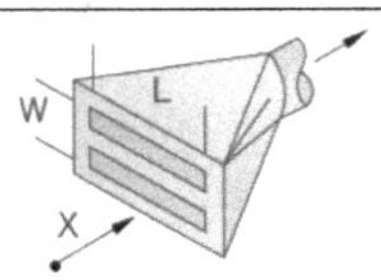	외부식 다중슬로트형	0.2 이상	$Q=V(10X^2+A)$
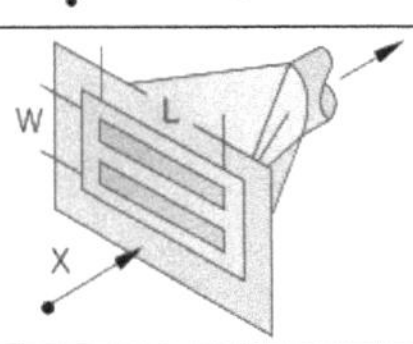	외부식 플랜지부착다중슬로트형	0.2 이상	$Q=0.75\times V(10X^2+A)$

주) Q : 송풍량(m^3/min), L : 슬로트길이(m), W: 슬로트폭(m)
V: 제어풍속(m/s), A : 후드단면적(m^2), X: 제어거리(m), H: 높이(m)

4.1.3 덕트

덕트(Duct)는 후드를 통해 유입된 오염물질이 국소배기시스템내에서 이동하는 길로서, 후드-공기정화장치-송풍기를 연결하는 관으로 이 관을 통해서 공기가 흐르고 배출된다. 분진퇴적을 방지하면서 압력손실을 최소화할 수 있도록 설계되어야 하며, 설계시 고려사항으로 최소반송속도유지, 가능한 원형덕트 사용, 합류관 연결시 압력손실 최소화, 댐퍼 등 부대시설 최소화 및 플랙시블 덕트 사용 자제 등이다.

1) 재질의 선정

덕트는 내마모성, 내부식성 등의 재료 또는 도포한 재질을 사용하고, 변형 등이 발생하지 않는 충분한 강도를 지닌 재질로 하여야 한다.

2) 덕트의 접속

덕트내부에는 분진, 흄, 미스트 등이 퇴적할 수 있으므로 청소가 가능한 부위에 청소구를 설치하여야 한다.

미스트나 수증기 등 응축이 일어날 수 있는 유해물질이 통과하는 덕트에는 응축된 미스트나 응축수 등을 제거하기 위한 드레인밸브(Drain valve)를 설치 하여야 한다.

덕트에는 덕트내 반송속도를 측정할 수 있는 측정구를 적절한 위치에 설치하여야 하며, 측정구의 위치는 균일한 기류상태에서 측정하기 위해서, 엘보, 후드, 분지덕트 접속부 등 기류변동이 있는 지점으로부터 최소한 덕트 지름의 7.5배 이상 떨어진 하류 측에 설치하여야 한다.

덕트의 진동이 심한 경우, 진동전달을 감소시키기 위하여 지지대 등을 설치하여야 한다.

플렌지를 이용한 덕트 연결 시에는 가스킷을 사용하여 공기의 누설을 방지하고, 볼트체결부에는 방진고무를 삽입하여야 한다.

덕트 길이가 1 m 이상인 경우, 견고한 구조로 지지대 등을 설치하여 휨 등에 의한 구조변화나 파손 등이 발생하지 않도록 하여야 한다.

작업장 천정 등의 설치공간 부족으로 덕트형태가 변형될 때에는 그에 따르는 압력손실이 크지 않도록 설치하여야 한다.

주름관 덕트(Flexible duct)는 가능한 한 사용하지 않는 것이 원칙이나, 필요에 의하여 사용한 경우에는 접힘이나 꼬임에 의해 과도한 압력손실이 발생하지 않도록 최소한의 길이로 설치하여야 한다.

덕트는 [그림 4.2]와 같이 가능한 한 원형관을 사용하고, 다음의 사항에 적합하도록 하여야 한다.

- **○ 덕트의 굴곡과 접속은 공기흐름의 저항이 최소화될 수 있도록 할 것**
- **○ 덕트 내부는 가능한 한 매끄러워야 하며, 마찰손실을 최소화 할 것**
- **○ 마모성, 부식성 유해물질을 반송하는 덕트는 충분한 강도를 지닐 것**

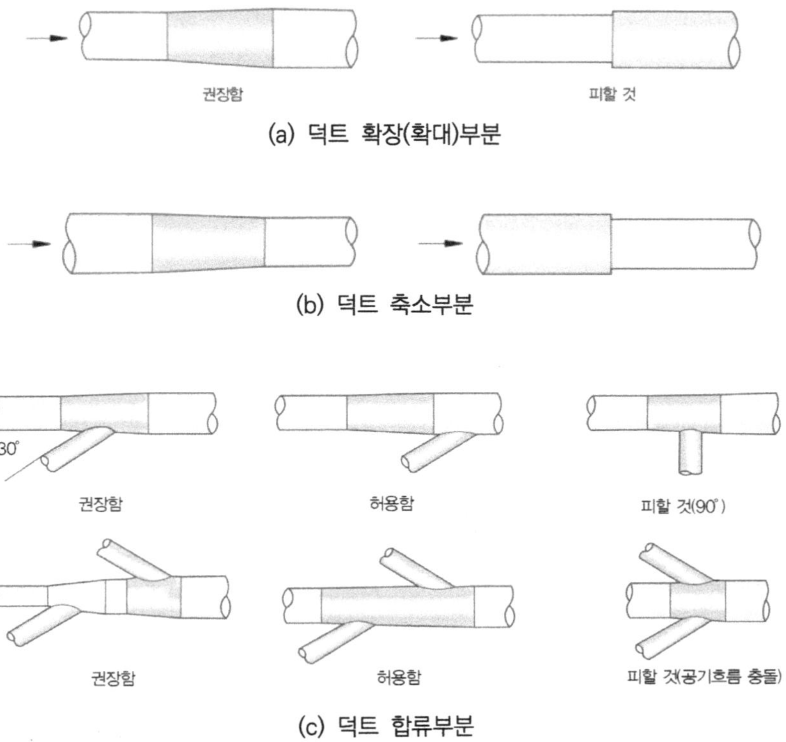

[그림 4.2] 덕트의 연결형태

덕트의 접속은 다음의 사항에 적합하도록 설치하여야 한다.

- 접속부의 내면은 돌기물이 없도록 할 것
- 곡관(Elbow)은 5개 이상의 새우등 곡관으로 연결하거나, 곡관의 중심선 곡률반경이 덕트 지름의 2.5배 내외가 되도록 할 것
- 주덕트와 분지덕트의 접속은 30°이내가 되도록 할 것
- 확대 또는 축소되는 덕트의 관은 경사각을 15°이하로 하거나, 확대 또는 축소 전·후의 덕트 지름 차이가 5배 이상 되도록 할 것
- 접속부는 덕트 소용돌이(Vortex)기류가 발생하지 않는 구조로 할 것
- 분지덕트가 2개 이상인 경우 주덕트와의 접속은 각각 적절한 방향과 간격을 두고 접속하여 저항이 최소화되는 구조로 한다. 2개 이상의 분지덕트를 확대관 또는 축소관의 동일한 부위에 접속하지 않도록 할 것

3) 반송속도

덕트내에 각종 유해물질이 쌓이지 않게 하기위해 필요한 기류(풍속)를 반송속도(Transport velocity)혹은 "설계속도"라고 한다.

덕트에서의 반송속도는 국소배기장치의 성능향상 및 덕트내 퇴적을 방지하기 위하여 유해물질의 발생형태에 따라 [표 4.5]에서 정하는 기준에 따라야 한다.

[표 4.5] 오염물질의 일반적인 반송속도

유해물질 발생형태	유해물질 종류	반송속도 (m/s)
가스, 미스트(Mist)	모든 증기, 가스 및 연기	5.0~10.0
흄(Fume)	아연흄, 산화알미늄 흄, 용접흄 등	10.0~12.5
미세하고 가변운 분진	미세한 면분진, 미세한 목분진, 종이분진 등	12.5~15.0
건조한 분진이나 분말	고무분진, 면분진, 가죽분진, 동물털 분진 등	15.0~20.0
일반 산업분진	그라인더 분진, 일반적인 금속분말분진, 모직물분진, 실리카분진, 주물분진, 석면분진 등	17.5~20.0
무거운 분진	젖은 톱밥분진, 입자가 혼입된 금속분진, 샌드 블라스트분진, 주철보링분진, 납분진 등	20.0~22.5
무겁고 습한 분진	습한 시멘트분진, 작은 칩이 혼입된 납분진, 석면 덩어리 등	22.5이상

4) 압력평형의 유지

덕트내의 공기흐름은 압력손실이 가능한 한 최소가 되도록 설계되어야 한다.

설계 시에는 후드, 충만실, 직선덕트, 확대 또는 축소관, 곡관, 공기정화장치 및 배기구 등의 압력손실과 합류관의 접속각도 등에 의한 압력손실이 포함되도록 하여야 한다.

주덕트와 분지덕트의 연결점에서 각각의 압력손실의 차가 5% 이내가 되도록 압력평형이 유지되도록 하여야 한다.

5) 추가 설치시 조치

기설치된 국소배기장치에 후드를 추가로 설치하고자 하는 경우에는 추가로 인한 국소배기장치의 전반적인 성능을 검토하여 모든 후드에서 제어속도을 만족할 수 있을 때에만 후드를 추가하여 설치할 수 있다.

성능을 검토하는 경우에는 배기풍량, 후드의 제어속도, 압력손실, 덕트의 반송속도 및 압력평형, 송풍기의 동력과 회전속도, 전기정격용량 등을 고려하여야 한다.

6) 화재폭발

화재·폭발의 우려가 있는 유해물질을 이송하는 덕트의 경우, 작업장 내부로 화재·폭발의 전파방지를 위한 방화댐퍼를 설치하는 등 기타 안전상 필요한 조치를 하여야 한다.

국소배기장치 가동중지 시 덕트를 통하여 외부공기가 유입되어 작업장으로 역류될 우려가 있는 경우에는 덕트에 기류의 역류 방지를 위한 역류방지댐퍼를 설치하여야 한다.

4.2 송풍기

국소배기장치의 저항을 극복하고, 필요한 양의 공기를 이송시키는 역할을 하며, 팬 또는 블로어 등으로 불린다.

1) 송풍기의 종류

송풍기는 공기 흐름 방향에 따라 [표 4.6]과 같이 '축류 송풍기'와 '원심력 송풍기'로 나누어 구분한다.

- 축류 송풍기 : 축(Axial)방향으로 흘러들어 온 공기가 축방향으로 흘러나갈 때 임펠러의 양력을 이용하는 경우
- 원심력 송풍기 : 축방향으로 흘러들어 온 공기가 반지름(Radial)방향으로 흘러나갈 때 생기는 원심력을 이용하는 방식

[표 4.6] 송풍기의 종류

분류	축류송풍기	원심력송풍기
공기흐름	축(Axial)방향	축(Axial)방향에 대한 수직
운동력	압력	원심력
종류	프로펠라형(Propeller) 튜브형(Tube axial) 베인형(Vane axial)	전향날개형(Forward curved) 후향날개형(Backward curved) 방사날개형(Radial)
외형		

2) 송풍기의 형식 및 구조

송풍기는 국소배기장치 설계 시에 계산된 압력과 배기량을 만족시킬 수 있는 크기로 규격을 선정하여야 한다.

설치되는 국소배기 시설에 많은 압력이 소요될 경우 압력에 강한 후향날개형 송풍기를 사용하고, 많은 유량이 필요한 경우 전향날개형 송풍기를, 분진이 많이 발생되는 작업이나 용접작업에는 날개에 분진이 퇴적되지 않는 평판형 송풍기를 사용하여야 한다.

송풍기의 날개나 구성물은 내마모성, 내산성, 내부식성 재질을 사용하여 임펠러와 케이싱의 마모, 부식이나, 분진의 퇴적에 의한 성능저하 또는 소음 · 진동이 발생하지 않도록 하여야 한다.

화재 및 폭발의 우려가 있는 유해물질을 이송하는 송풍기는 방폭구조로 하여야 한다.

전동기는 부하에 다소간 변동이 있어도 안정된 성능을 유지하고 가능한 한 소음 · 진동이 발생하지 않는 것을 사용하여야 하며, 과부하시의 과전류보호장치, 벨트구동부분의 방호장치 등 기타 기계·기구 및 전기로 인한 위험예방에 필요한 안전상의 조치를 하여야 한다.

① 축류 송풍기(Axial flow fan)

★ 프로펠라형(Propeller fan)

적은 비용으로 많은 공기를 이송할 수 있다. 그러나 압력손실이 많이 걸리면 송풍량이 급격히 감소한다.사용 예) 화장실, 사무실, 흡연실, PC방

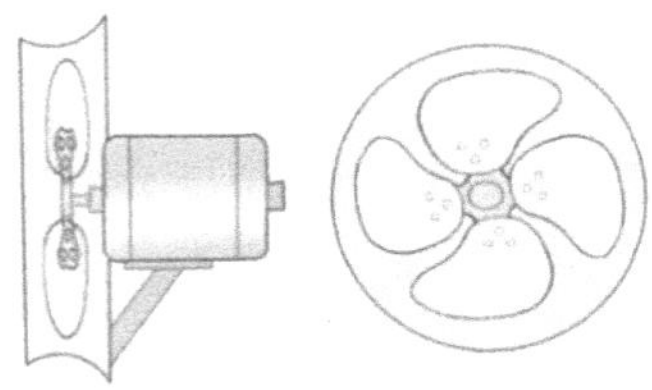

★ 축관형(Tubeaxial fan, 송풍관이 붙은 축류 송풍기)

프로펠러 송풍기를 덕트(송풍관)에 삽입할 수 있도록 개조한 것으로 회전날개와 케이싱의 간격을 좁게 하여 효율이 상승된다. 사용 예) 건조로, 공기조화용 열관리

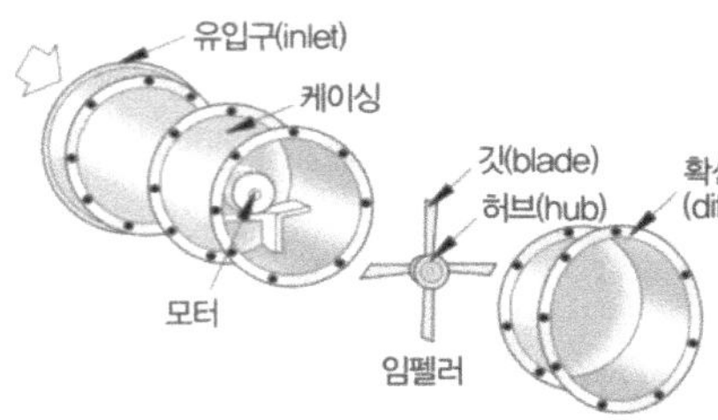

★ 날개축형(Vaneaxial fan, 안내깃이 붙은 축류 송풍기)

송풍관 내에 고정된 안내날개(Guide vane, Air-directing vane : 속도압을 감소시켜 정압을 회복시키기 위해 설치)가 달려있다. 송풍기에 의해 소용돌이 친 기류(선회류)가 안내 날개에 의해 소용돌이(난류형성)가 억제되어 속도압이 정압으로 회복되므로 효율이 높아지고 높은 압력손실 (250 mmH_2O)에 견딜 수 있다.

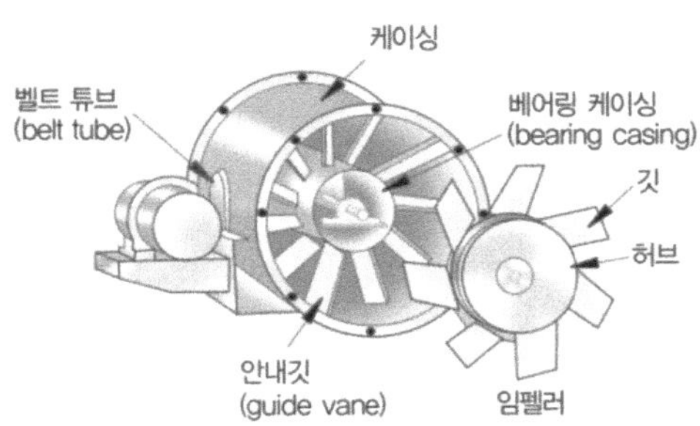

② 원심력 송풍기(Centrifugal flow fan)

★ 전향곡형(Forward curved blade fan)=다익형, 시로코팬

송풍기의 임펠러(회전날개)가 다람쥐 쳇바퀴 모양이며, 회전날개가 회전방향과 동일한 방향으로 설계되어 있다.

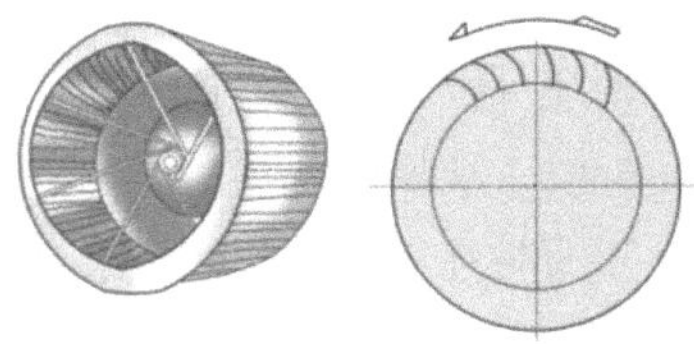

- 장점 : 다른 송풍기에 비해 동일 송풍량을 얻기 위해 임펠러의 회전속도가 낮기 때문에 소음문제가 거의 발생하지 않고 강도가 중요하지 않으므로 저가에 제작이 가능하다.
- 단점 : 높은 압력손실에서 송풍량이 급격히 떨어진다.

★ 후향곡형(Backward curved blade)=터보송풍기

회전날개가 회전방향과 반대편으로 경사지게 설계되어 있으며 방사형과 전향에 비해 효율이 높다. 따라서 시설저항 및 운전상태가 변하여도 과부하가 걸리지 않는다.

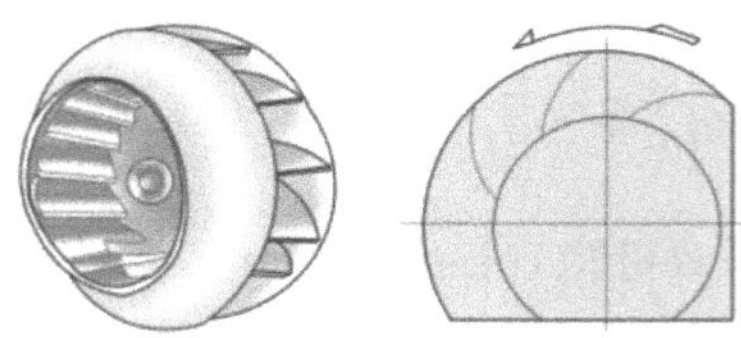

- 장점 : 송풍량이 증가해도 동력이 증가하지 않는다. 따라서 압력변동이 있는 경우 적합하다.
- 단점 : 구조가 크며 날개가 구부러져 있으므로 분진퇴적이 쉽다.

★ 방사형(Plate fan, Radial blade)=평판형

날개가 평판이고 길이가 길며, 강도가 높은 재질로 설계되어 있다. 구조가 간단하고, 강도가 강하여 고농도 분진함유 공기나 부식성이 강한 공기를 이송시키는데 사용 한다.

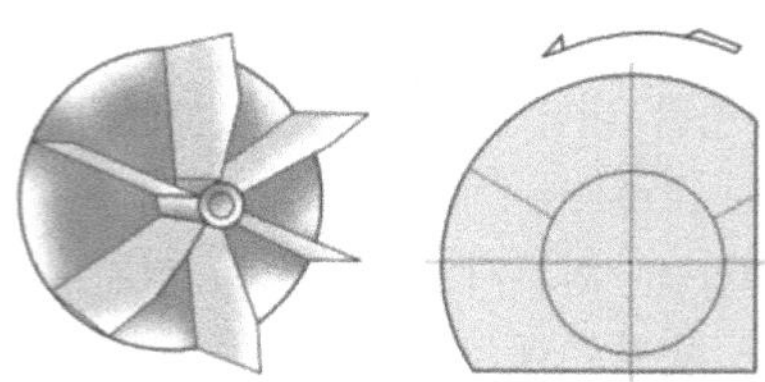

- 장점 : 마모성이 강한 분진에 사용가능하다.
- 단점 : 견고한 재질이므로 가격이 비싸고 효율이 낮다.

★ **익형(Airfoil)**

후향곡형의 일종으로 날개가 중심축에서 두껍고, 가장자리에 얇은 형태로 되어 있다.

- 장점 : 원심형 송풍기 중에서 가장 효율이 좋고, 소음이 적으며 고속회전이 가능하다.
- 단점 : 입자상 물질이 퇴적하기 쉬우며 부식에 약하다.

3) 소요 축동력 산정

송풍기의 소요 축동력은 송풍량, 후드 및 덕트의 압력손실, 전동기의 효율, 안전계수 등을 고려하여 작업장내에서 발생하는 유해물질을 효율적으로 제거할 수 있는 성능으로 산정하여야 한다.

○ 송풍기 송풍량

· 송풍량은 송풍기를 통과하는 표준상태로 환산하지 않은 실제 풍량을 의미

· 단위는 보통 CMM(Cubic meter per minute)을 사용

○ 송풍기 정압

· 후드에서 필요한 유량만큼 유입시켜 굴뚝으로 내보내기 위해 필요한 힘

· 동일 유량을 배기시키더라도 시스템 상황에 따라 송풍기 정압은 달라짐

✔ 송풍기의 정압은 빨대를 이용해 음료수 한 모금을 마시기 위해 필요한 힘으로 비유할 수 있다. 같은 힘을 가진 사람이 1 m 거리의 콜라를 100만큼 마시게 된다면, 10 m 떨어진 사람은 50정도밖에 마실 수 없다. 거리가 멀어질수록 그만큼 송풍기 용량 또한 커져야 한다.

① 압력손실

유체가 어떤 지점에서 다른 한 지점으로 이동할 때에 공기가 가지고 있는 에너지가 덕트 내벽면의 마찰 또는 내벽면의 상태와 관의 모양에 의해 손실되는 현상을 압력손실이라고 한다. 압력손실을 정확하게 예측하지 못하였을 경우 집진기에서 멀리 떨어져 있는 후드는 오염물질을 잡아내지 못하는 현상이 발생 할 수 있다.

유체가 이동할 때 발생하는 압력손실을 식으로 표시하면 베르누이의 방정식(에너지보존법칙)과 같으며, 마찰손실과 충격손실로 구분할 수 있다.

- 마찰손실

유체가 관내를 이동할 때 관의 내벽에 의해 또는 유체끼리의 마찰에 의해 발생하는 손실을 의미한다. 이러한 마찰손실을 설계시 구하는 방법은 등거리법과 동압법 두가지 있다. 등거리법의 경우 과거 산업환기시스템 설계에 많이 이용되었으나, 현재는 동압법에 밀려 거의 사용되지 않고 있다. 동압법은 주어진 덕트 1 m 당 발생하는 마찰계수를 구하여 덕트의 동압으로 압력손실을 구하는 방법이다.

$$\Delta P_f = f\frac{L}{D}V_P = \left(\frac{f}{D}\right)L\,V_P = H_f L\,V_P$$

$$H_f = \frac{f}{D} = a\frac{V^b}{Q^c}$$

ΔP_f : 마찰에 의한 압력손실

f : 마찰계수

L : 관의 길이

D : 관의 직경

Q : 유량(m^3/s)

V : 유속(m/s)

V_P : 동압

a, b, c : 재료특성 값

덕트의 재료에 따라 a, b, c 은 달라지는데, 몇몇 재료의 특성은 다음과 같다.

덕 트 재 료	a	b	c
Aluminum, black iron, stainless steel	0.0162	0.465	0.602
Galvanized sheet duct	0.0155	0.533	0.612
Flexible duct, fabric wires covered	0.0186	0.604	0.639

- 충격손실

공기의 흐름방향이 바뀔 때, 관경이 수축 팽창될 때, 관이 합류될 때에 발생되는 압력손실을 충격손실이라 한다. 수많은 실험에 의해 아래의 공식이 산출되었으며, 아래의 공식처럼 충격손실은 관내의 동압에 비례하며 비례상수는 관의 형상에 따라 달라진다.

$$\Delta P_i = K\,V_P$$

ΔP_i : 충격에 의한 압력손실

K : 비례상수

V_P : 동압

② 손실계수

[표 4.7]와 [표 4.8]은 유입될 때의 유입손실계수, 원형엘보우의 압력손실계수를 나타낸다.

[표 4.7] 분지덕트의 유입손실

<table>
<tr><th>참 고 사 항</th><th>합류각도(q°)</th><th>분지덕트 동압의 분율</th></tr>
<tr><td rowspan="11">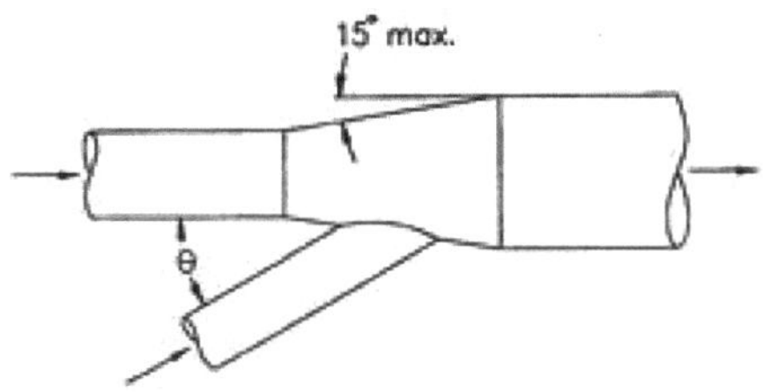

주의 :
1) 분지덕트의 유입손실은 분지덕트안에서 발생된다고 가정.
2) 분지덕트 입구확대에 따른 유입손실의 감소는 계산에 고려치 않았음.</td><td>10</td><td>0.06</td></tr>
<tr><td>15</td><td>0.09</td></tr>
<tr><td>20</td><td>0.12</td></tr>
<tr><td>25</td><td>0.15</td></tr>
<tr><td>30</td><td>0.18</td></tr>
<tr><td>35</td><td>0.21</td></tr>
<tr><td>40</td><td>0.25</td></tr>
<tr><td>45</td><td>0.28</td></tr>
<tr><td>50</td><td>0.32</td></tr>
<tr><td>60</td><td>0.44</td></tr>
<tr><td>90</td><td>1.00</td></tr>
</table>

[표 4.8] 원형 엘보우의 압력손실

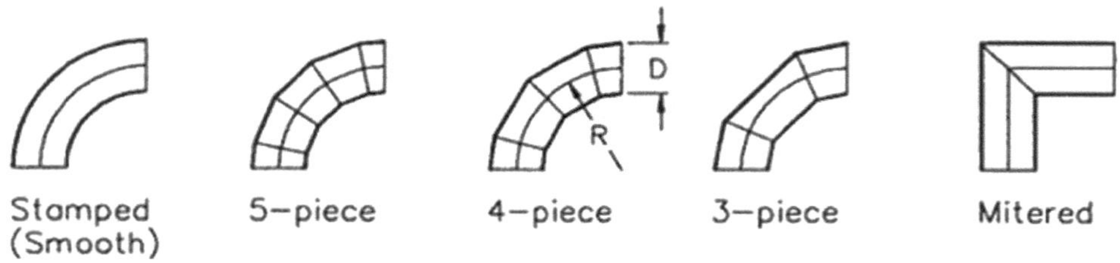

	곡률반경 (R/D)					
덕 트 모 양	0.5	0.75	1.00	1.50	2.00	2.50
이음새 없는 곡관	0.71	0.33	0.22	0.15	0.13	0.12
5조각으로 접합된 곡관	3/4	0.46	0.33	0.24	0.19	0.17
4조각으로 접합된 곡관	3/4	0.50	0.37	0.27	0.24	0.23

③ 송풍기 용량계산

압력손실, 풍량 등을 통하여 집진기에 들어가는 송풍기의 용량을 계산해보자.

- 후드를 선택하고, 풍량을 산정한다.
- 풍량에 따른 제어속도로서 덕트의 직경을 구한다.
- 덕트 직경을 구했으면, 그에 따른 압력손실을 구할 수 있다.
- 선정한 풍량 및 압력손실로부터 송풍기의 대략적인 용량을 구하실 수 있다.

송풍기의 용량은 다음 식으로 구할 수 있다.

$$kW = \frac{Q \times \Delta Pt}{6,120 \times \eta} \times \alpha,\ \ HP = \frac{Q \times \Delta Pt}{4,500 \times \eta} \times \alpha$$

Q : 전체 풍량

ΔPt : 전체 압력손실

η : 송풍기효율(60~70%)

α : 여유율(20%)

계산사례를 설명해보자.

배출가스의 풍량은 60 CMM(㎥/min)이고, 전체 압력손실은 200 mmAq인 집진시설이 있으며, 이때의 송풍기효율은 70%, 여유율은 20%로 가정했을 경우에 전체 마력수는 다음과 같이 계산되어 진다.

$$kW = \frac{60\frac{m^3}{min} \times 200\ mmAq}{6,120 \times 0.7} \times 1.2 = 3.36$$

송풍기의 소요동력은 약 3.36 kW로 나타났으며, 따라서 약 3.75 kW으로 선정하면 된다.

송풍기의 효율은 팬의 형태에 따라 조금씩 다르니 사용할 때 확인을 한다.

4) 설치위치

① 송풍기는 가능한 한 옥외에 설치하도록 하여야 한다.

② 송풍기 전·후에 진동전달을 방지하기 위하여 캔버스(Canvas)를 설치하는 경우 캔버스의 파손 등이 발생하지 않도록 조치하여야 한다.

③ 송풍기의 전기제어반을 옥외에 설치하는 경우에는 옥내작업장의 작업영역 내에 국소배기장치를 가동할 수 있는 스위치를 별도로 부착하여야 한다.

④ 옥내작업장에 설치하는 송풍기는 발생하는 소음 및 진동에 대한 밀폐시설, 흡음 시설, 방진시설 설치 등 소음·진동 예방조치를 하여야 한다.

⑤ 송풍기에서 발생한 강한 기류음이 덕트를 거쳐 작업장 내부 또는 외부로 전파되는 경우, 소음감소를 위하여 소음감소장치를 설치하는 등 필요한 조치를 하여야 한다.

⑥ 송풍기의 설치시 기초대는 견고하게 하고 평형상태를 유지하도록 하되, 바닥으로의 진동의 전달을 방지하기 위하여 방진스프링이나 방진고무를 설치하여야 한다.

⑦ 송풍기는 구조물 지지대, 난간 등과 접속하지 않아야 한다.

⑧ 강우, 응축수 등에 의하여 송풍기의 케이싱과 임펠러의 부식을 방지하기 위하여 송풍기 내부에 고인 물을 제거할 수 있도록 배수 밸브(Drain valve)를 설치하여 야 한다.

⑨ 송풍기의 흡입부분 또는 토출부분에 댐퍼를 사용한 경우에는 반드시 댐퍼고정장치를 설치하여 작업자가 송풍기의 송풍량을 임의로 조절할 수 없는 구조로 하여야 한다.

4.3 방지시설 선정

4.3.1 대기오염방지시설

대기오염 방지를 목적으로 방지시설을 설치하고자 할 때에는 방지시설 자체의 설치만 필요한 것이 아니고 먼지나 gas상 물질이 배출되는 지점에 후드를 설치하고 덕트를 직접 연결하여 오염물질 및 오염물질이 함유된 주변공기를 흡인하고 집진장치를 설치하여 오염물질을 제거한 후 송풍기를 통하여 외부로 배출시키는 것을 합쳐서 방지시설이라고 한다.

대기오염물질은 입자상 오염물질과 가스상 오염물질로 대별되는데 입자상 오염물질의 처리는 중력침강식, 원심력, 여과식, 수세식, 전기식 방법으로 제거할 수가 있으며 가스상 오염물질은 약액세정식, 흡수식, 흡착식, 생물학적 처리방식으로 제거할 수가 있다. 최근에는 가스상 오염물질 중 악취성분은 플라즈마 탈취, 이온교환수지 탈취, 오존탈취, 이온탈취, 미생물을 이용한 생물학적 탈취방법이 개발되어 실용화되고 있는 추세이다. 방지시설의 오염물질 종류별 사용방법을 열거하면 [표 4.9]와 같다.

[표 4.9] 방지시설의 오염물질 처리방법

구분	방지시설	처리방법
입자상 물질 처리	중력침강실	가장 간단한 집진장치로 입자 자체의 무게에 의해 가라앉게 만드는 장치
	관성력집진기	유해물질 함유공기를 고속으로 유입시켜 내부에 설치한 장애물로 공기의 흐름을 급격히 바꾸면서 유해물질을 침강시키는 장치
	원심력집진기 (Cyclone)	유해물질 함유공기를 유입시켜 내부에서 회전시키고 그 원심력에 의해서 유해공기를 침강시키는 장치
	여과집진장치 (Bag filter)	유해물질 함유공기를 유입시켜 여과포(Bag filter)를 통과시킴으로써 공기를 정화시키는 장치
	세정식집진장치 (Scrubber)	액정, 액막, 기포 등에 의해 배기를 세정하여 공기를 정화시키는 장치
	전기집진장치	고압직류원을 이용한 코로나 방전에 의하여 분진을 내전시켜 제진극판에서 분진을 분리포집하는 장치
가스상 물질 처리	흡수탑	배기가스를 흡수액에 접촉시켜 반응을 시키거나 용해시켜 유해가스를 제거하는 장치로써 흡수액에는 물, 알카리, 산, 염류 등의 수용액 사용
	흡착탑	흡착작용을 가진 흡착제를 유해가스가 함유된 공기를 통과시켜 유해가스가 흡착제에 흡착되어 제거되도록 하는 장치

4.3.2 입자상물질 방지시설

1) 중력침강실

- 가장 간단한 집진장치로 입자 자체의 무게에 의해 가라앉게 만드는 장치
- 미세입자 제거용 집진기의 부담을 덜어주는 목적으로 사용
- 함진가스(배출가스)의 속도가 충분히 느려, 입자의 중력에 의한 자연침강력을 이용하여 입자를 분리포집하는 구조로 되어 있다.
- 동력비와 유지관리비가 저렴하다.
- 큰 침강실이 필요하며, 효율이 낮다.

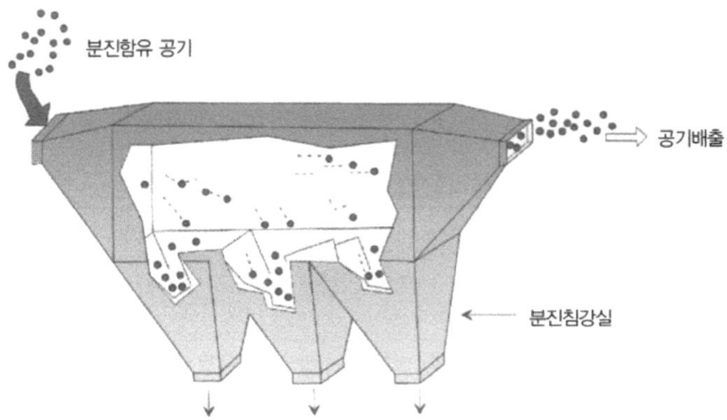

[그림 4.3] 중력집진기

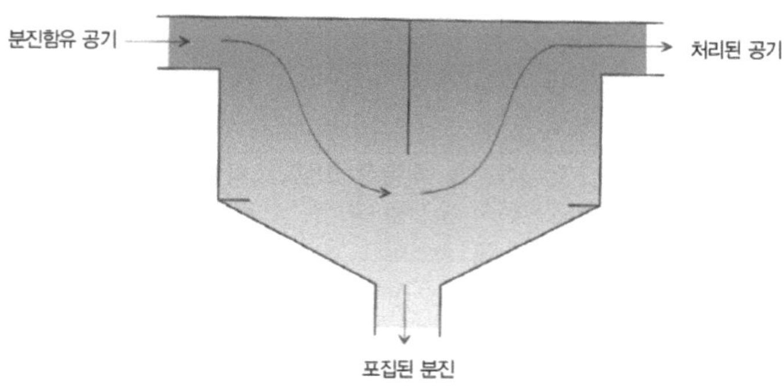

[그림 4.4] 관성력집진기

2) 원심력집진기(사이클론, Cyclone)

- 원통구조물 내에서 전체가스를 나선모양으로 흐르게 하여 입자를 제거하는 장치
- 원심력에 의하여 입자는 원통의 바깥방향으로 움직여 벽에 충돌하게 되고, 벽면을 따라 집진장치의 바닥(hopper)으로 떨어져 제거된다.
- 적은 설치비용, 고온가스처리가 가능하며, 구조가 간단하여 유지보수가 용이하다.
- 낮은효율(미세입자인 경우)과 압력손실이 크기 때문에 비싼 운전비용이 소요된다.
- 원심력, 관성력, 중력

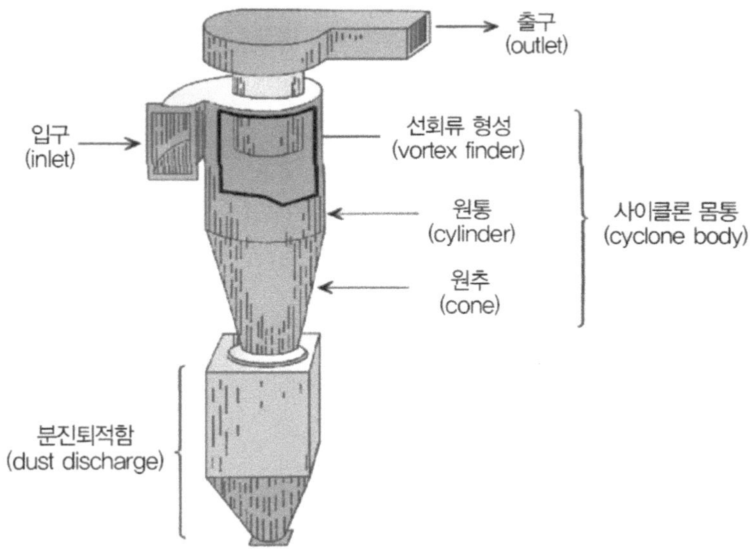

[그림 4.5] 원심력집진기

3) 여과집진장치(Bag filter)

- 공기에 포함된 먼지입자를 직물여과포(Bag filter)에 걸러 집진하는 장치이다.
- 공기가 직물여과포를 통과하면서 입자는 여과포에 쌓이고 주기적으로 흔들거나 공기를 역류시키므로써 여과포에서 집진입자를 분리한다.
- 주로 1 ㎛이하의 미세먼지포집에 대한 집진효율이 크다.
- 넓은 설치면적이 필요하며, 고온부식, 습도, 화재, 폭발의 위험성이 있다.
- 관성력, 확산력, 중력

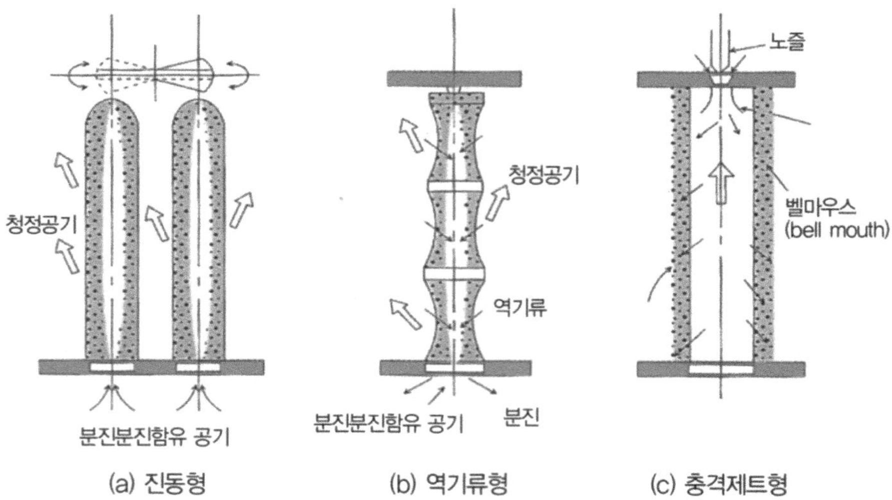

[그림 4.6] 여과집진기

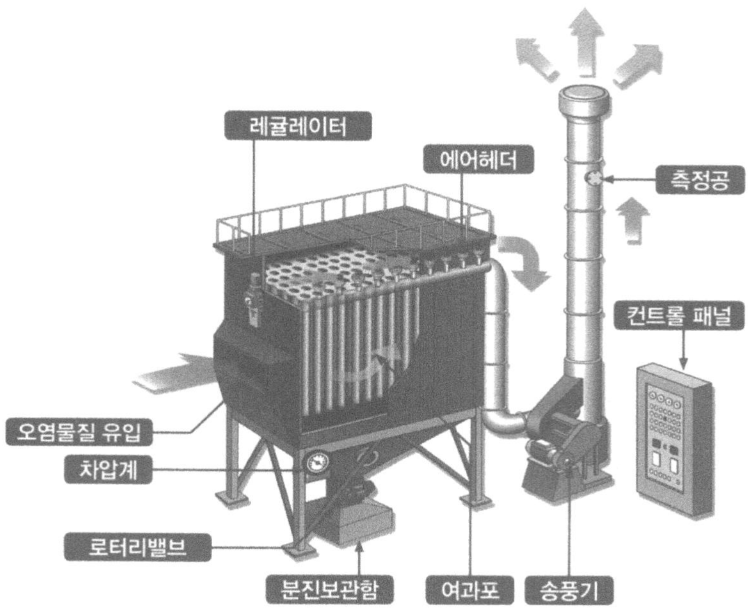

[그림 4.7] 여과집진시설 구조도

4) 세정식 집진장치(Wet Scrubber)

- 액적, 액막, 기포 등에 의해 배기를 세정하여 공기를 정화시키는 장치
- 충돌과 차단의 원리로 함진가스에 물을 분사하여 먼지입자를 제거하는 장치이다.
- 가스와 비교하여 더 크고 무거운 물방울은 중력에 의해 쉽게 가스와 분리되며, 먼지입자는 세정액으로부터 독립적으로 분리된다. 세정액은 재사용되거나 배출하기 전에 여러방법으로 처리된다.
- 고온, 가연성, 폭발성 먼지 처리가 가능하다.
- 가스, 입자상 오염물질을 동시에 제거할 수 있다.
- 고온냉각/조습기능 겸용이 가능하며, 재비산 현상을 방지할 수 있다.
- 부식성 가스와 먼지를 중화시킬 수 있다.
- 폐수, 슬러지 처리시설의 설치가 필요하다.
- 배가스 냉각은 통풍력을 저하(확산장애)시키고, 습도를 증가(저온 부식)시킨다.

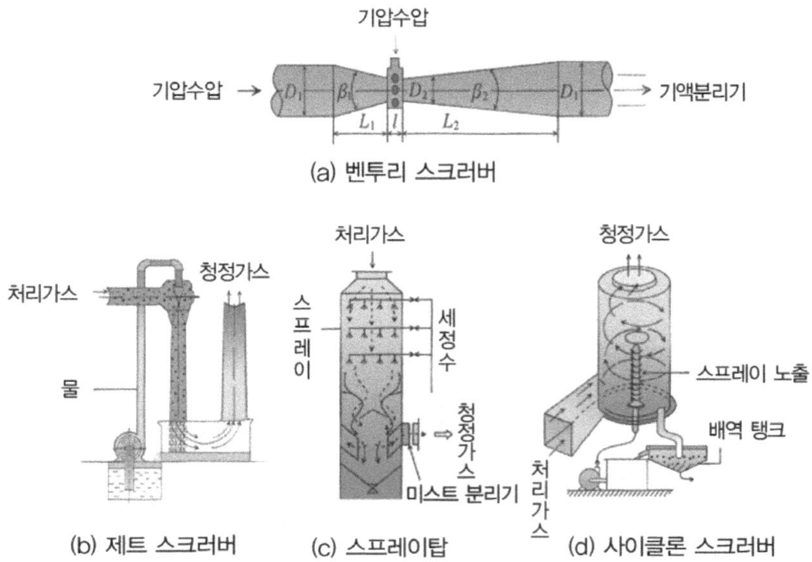

[그림 4.8] 세정집진기

6) 전기집진장치

- 고압직류원을 이용한 코로나 방전에 의하여 분진을 내전시켜 제진극판에서 분진을 분리포집하는 장치
- 높은 전압이 전극사이에 형성된 전기장을 통과하는 입자는 전하를 얻게되며, 하전된 입자는 반대편 대전판으로 끌려가 포집된다. 집진판에 부착된 분진은 Hammering에 의해 주기적으로 집진판에서 탈리된다.
- 미세입자에 대한 집진효율이 크며, 낮은 압력손실로 대량의 가스처리가 가능하다.
- 광범위한 온도범위에서 적용이 가능하다.
- 넓은 설치면적이 필요하며, 설치비용이 크다.
- 가스상 오염물질 제어가 곤란하며, 설치 후 운전조건변화에 따라 유연성이 적다.
- 비저항이 큰 먼지는 제거가 곤란하다.
- 전기력, 확산력, 관성력, 중력

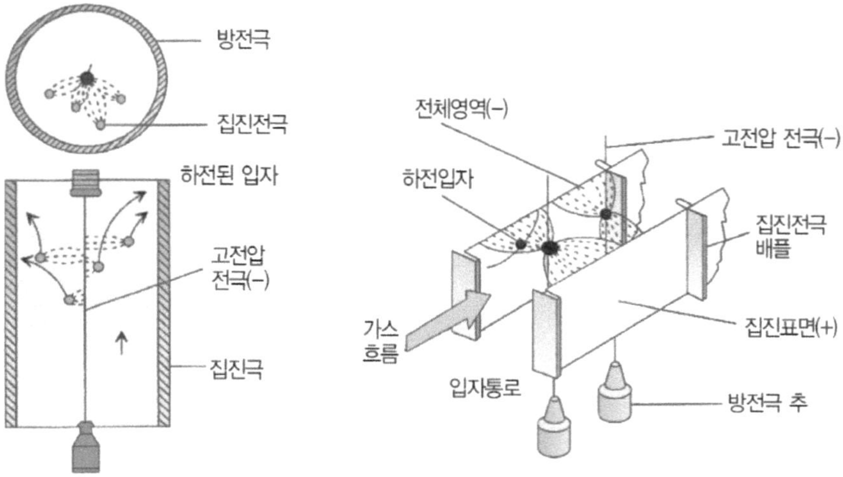

(a) 원통형 (b) 평판형

[그림 4.9] 전기집진기

4.3.3 가스상물질 방지시설

가스상 오염물질의 처리장치는 물과 가스를 접촉시켜 흡수, 활성탄 등의 기공이 많은 물질을 이용하여 가스상 물질을 포집하는 흡착, 고온의 열을 가하여 가스상 물질을 태워버리는 연소, 촉매를 이용하여 가스상 오염물질을 무해한 물질로 변화시키는 산화·환원, 미생물을 이용하여 가스상 물질을 분해하는 미생물 처리방법이 있다. 간략히 처리장치의 개요를 설명하면 다음과 같다.

1) 흡수방식

- 배기가스를 흡수액에 접촉시켜 반응을 시키거나 용해시켜 유해가스를 제거하는 장치로써 흡수액에는 NaOH, NaOCl, $CaCO_3$ 등의 물질과 중화시켜서 가스상 물질을 제거한다. 흡수액과의 접촉면을 넓히기 위하여 내부에 충진재를 사용한다.
- 원형의 통에 충진재를 두고, 상부에서 약액을 분사한 후 하부로부터 가스상 오염물질을 통과시키면 충진재에서 오염물질과 약액이 접촉하여 화학반응이 일어나면서 오염물질을 제거한다.

- 설치비가 저렴하고 설치면적이 좁다.
- 일반적으로 많이 사용되고 있으며 성능이 우수하다.
- 폐수가 발생하여 2차 처리가 필요하다.
- 담체 및 노즐 막힘이 발생할 수 있다.
- VOCs 등 유기성 화합물은 처리가 곤란하다.
- 고온가스 처리시 전처리 장치가 필요하다.

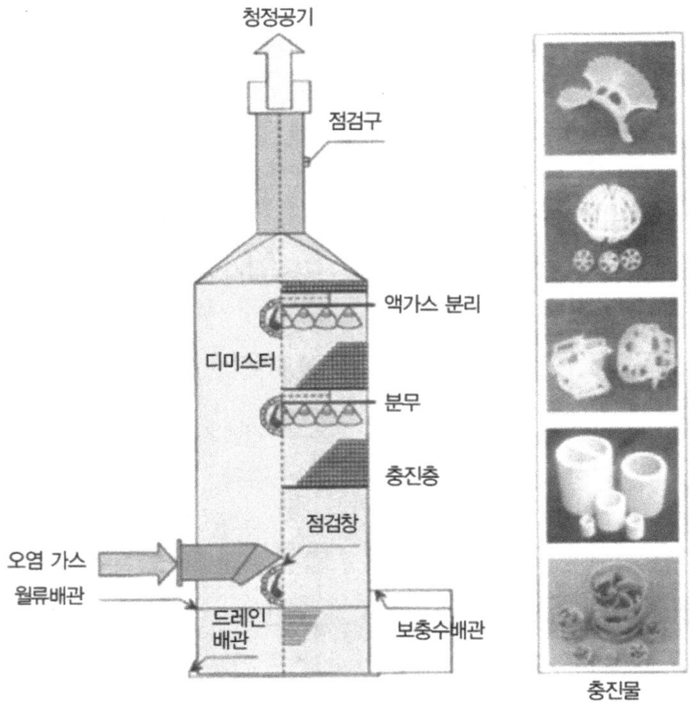

[그림 4.10] 흡수에 의한 시설

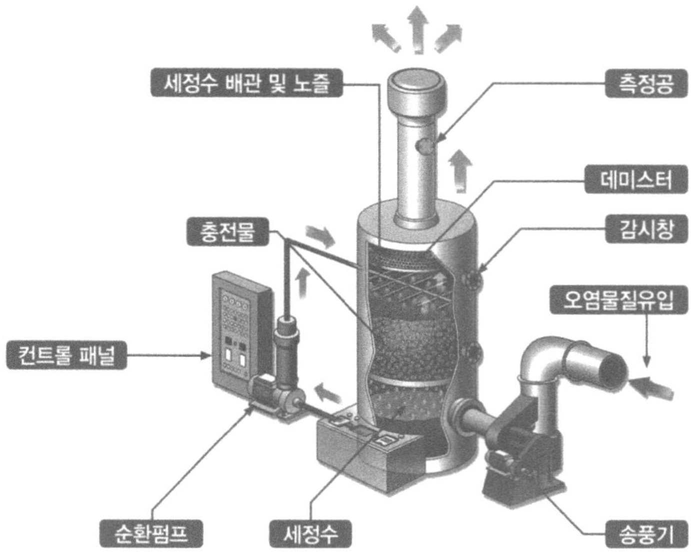

[그림 4.11] 흡수에 의한 시설 구조도

2) 흡착방식

- 흡착작용을 가진 흡착제를 유해가스가 함유된 공기를 통과시켜 유해가스가 흡착제에 흡착되어 제거되도록 하는 장치
- 활성탄, 제올라이트 등 입자 자체에 많은 기공이 있고 흡착능력이 강한 흡착제를 사용한다.
- 흡착제는 최대한 흡착 후 기공이 가스상 물질로 포화되면 성능이 저하하므로 교체하여야 하는데, 최근에는 상온에서 흡착한 흡착제가 100℃ 이상 고온이 되면 흡착한 오염물질을 발산하는 성질을 이용하여 가스상 오염물질을 농축하여 처리하는 농축장치가 개발되어 있다.
- 흡착제 가격이 저렴하고 효율이 좋다.
- 설치가 간단하고 운전이 용이하다.
- 흡착제의 잦은 교체로 운영비가 많이 소요된다.
- VOCs 등은 흡착농도가 높으면 폭발할 수 있다.
- 분진이 많은 가스는 흡착제 막힘을 발생할 수 있다.

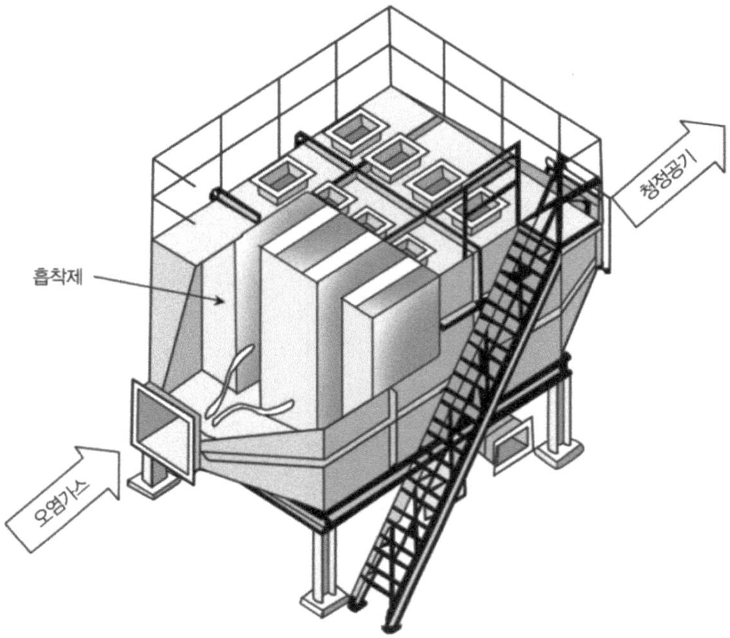

[그림 4.12] 흡착에 의한 시설

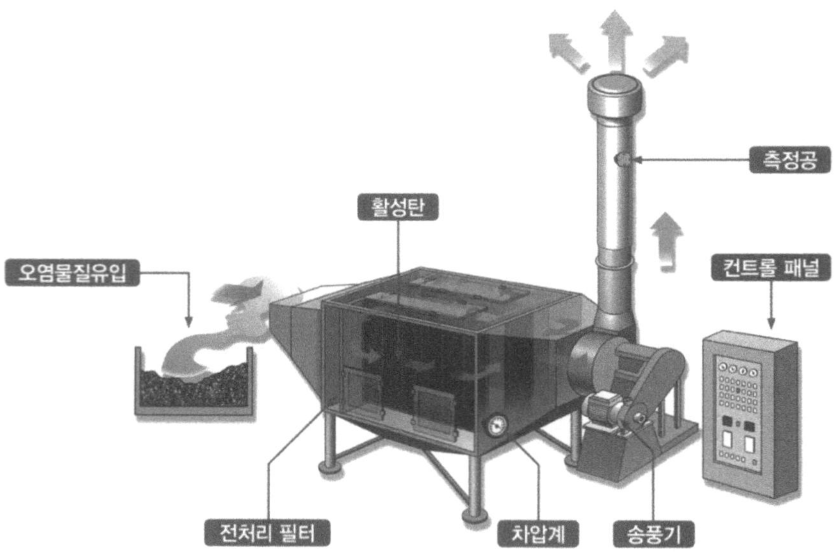

[그림 4.13] 흡착에 의한 시설(일반) 구조도

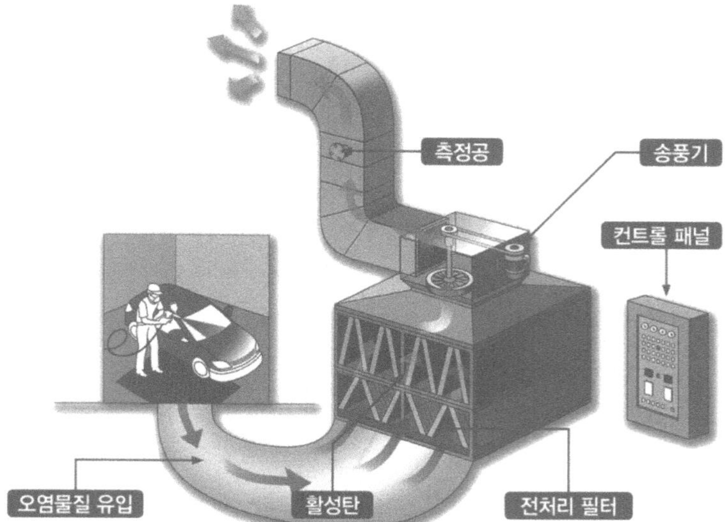

[그림 4.14] 흡착에 의한 시설(도장) 구조도

4.3.4 구성도면

후드, 송풍관 등의 형식, 크기, 설치위치가 결정되면 설계서에 필요한 국소배기장치의 배치도와 송풍관 계통선도를 만든다. 이 그림들은 필요송풍량과 압력손실을 정확히 계산하고 꼭 알맞은 능력의 송풍기를 선정하기 위한 기초자료가 되는 것으로, 이른바 후드와 송풍관의 제작도와는 전혀 다르다.

장치의 세부설계나 시공을 전문업체에게 맡길 경우에는 업체로부터 제출된 도면을 사용해도 물론 지장이 없으나 필요송풍량과 압력손실의 계산에 필요한 길이, 데이터가 전부 들어있지 않으면 곤란하다. 반대로 제작에 필요한 숫자는 이 그림 안에는 들어있지 않는 것이 혼란을 방지한다.

국소배기장치의 배치도와 계통선도는 국소배기장치 적요서의 일부로서 적요서에 기재되어 있는 송풍량과 압력손실, 사용하는 송풍기의 사양 등 산출근거를 설명하기 위한 도면이다.

배치도 쪽은 후드, 송풍관, 공기청정장치, 송풍기, 배기 송풍관, 배기구와 함께 입기구나 입기송풍관, 급기 송풍기 등을 설치하는 경우에는 그것도 포함해서 국소배기장치 전체의 형태, 길이, 배치를 알 수 있는 도면으로서 평면도와 측면도를 적당한 축척으로 그린다.

계통선도는 후드에서 배기구까지 포함한 송풍관 계의 연결방식을 알기 쉽게 선으로 표시한 그림으로 압력손실을 계산할 때 기본 데이터가 된다. 배치도는 CAD를 사용하여 정확히 그려야 하지만, 계통선도의 제작방법은 각 부분의 연결을 알 수 있으면 정확한 축척은 필요 없으므로 보기 쉽게 교정해서 그린다.

예를 들어 말하면, 배치도는 국토지리원 발행의 5만분의 1 지형도이고 계통선도는 지하철의 벽에 붙어있는 지하철선로와 같은 것이다.

[그림 4.15]는 국소배기장치 실체도의 예이다. 실체도라는 것은 눈으로 본 그대로를 그림으로 그린 것으로 이와 같이 간단한 장치인 경우에는 실체도에 길이 등을 기입해서 배치도로 할 수도 있다. 실체도는 특별한 제도지식이 없어도 그릴 수가 있지만 장치가 복잡하게 되면 손이 많이 간다.

[그림 4.16]은 CAD로 작성한 정식 배치도이다. 제도지식이 있는 사람은 실체도보다 이쪽이 그리기 쉽다. 복잡한 장치인 경우에는 실체도보다 투영도를 그리는 것이 편할 것이다. 계통선도를 그리는 방법에는 특별히 결정된 방법이 있는 것이 아니다.

[그림 4.17]은 계통선도와 같이 그리는 방법으로 보면 알기 쉬운 장점이 있으나 그리는 데 시간이 꽤 걸린다.

[그림 4.18]은 단순한 그림으로 이 방법은 간단하게 그릴 수 있다. 계통선도는 나중에 압력손실의 계산시에 편리함을 위해서 송풍관 계의 각 부분의 형태, 길이, 연결방법을 보기 쉽게 정리한 것으로 간단하게 그리는 것이 좋다. 계통선도는 곡관을 그 각도로 구부려서 그리기도 하고 수평송풍관을 횡선으로, 수직송풍관을 종선으로 그릴 필요도 없으므로 가능한 한 직선에 가깝게 [그림 4.19]와 같이 그려도 지장이 없다. 선도가 그어졌으면 후드의 테이크 오프(take off), 곡관, 합류, 확대, 축소관(taper관), 취합 등 송풍관의 단면적이나 형태가 변화하는 부분을 구획하여 번호를 붙인다. 번호는 계통의 밖을 0번으로 해서 송풍기로부터 가장 먼 후드의 테이크 오프를 1번, 거기에서 주송풍관(main duct)을 따라서 송풍기, 배기구 순으로 순서대로 매기고 배기구의 밖으로 나왔을 때부터 다시 0번으로 한다. 주송풍관 계통의 번호를 붙이는 것이 끝나면 마찬가지로 해서 가지송풍관의 계통에 번호를 붙인다.

번호와 번호 사이에는 그 부분의 명칭, 직경, 길이, 곡관의 곡률, 합류각도 등 나중에 그 부분의 압손계수를 구하기에 필요한 데이터를 함께 써넣어 둔다. 이러한 방법은 나중에 압력손실의 계산을 할 때에 혼란이나 잘못을 방지하기 위한 것이다.

4.3.5 굴뚝의 설치

옥외에 설치하는 배기구의 높이는 지붕으로부터 1.5 m 이상이거나 공장건물 높이의 0.3~1.0배 정도의 높이가 되도록 하여 배출된 유해 물질이 당해 작업장으로 재유입되거나 인근의 다른 작업장으로 확산되어 영향을 미치지 않는 구조로 하여야 한다.

배기구는 내부식성, 내마모성이 있는 재질로 하되, 빗물의 유입을 방지하기 위하여 비덮개를 설치하고, 배기구의 하단에 배수밸브를 설치하여야 한다. 또한, 굴뚝으로 배출되는 오염물질을 측정하기 위한 측정구를 설치하여야 한다.

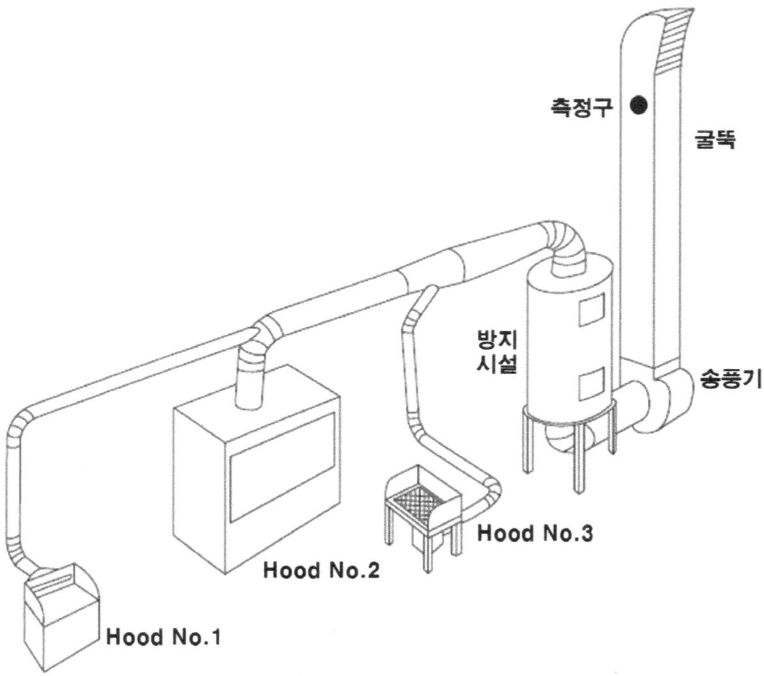

[그림 4.15] 국소배기장치의 실체도

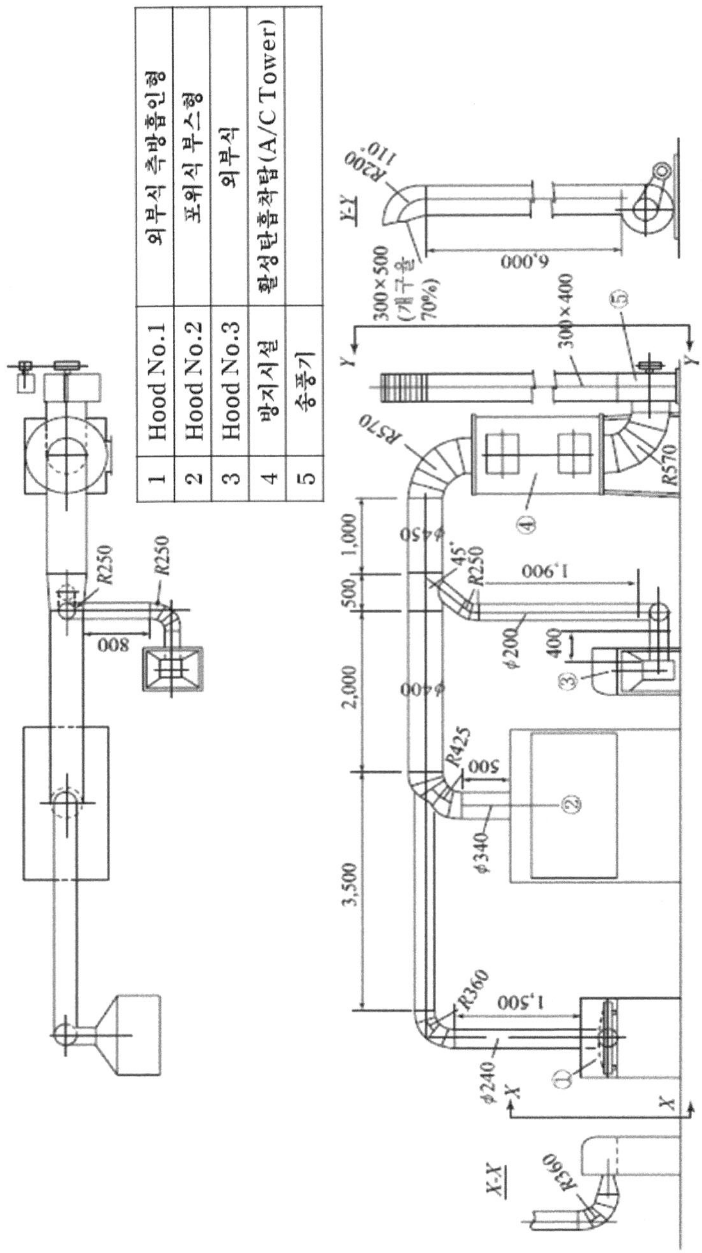

[그림 4.16] 국소배기장치의 배치도

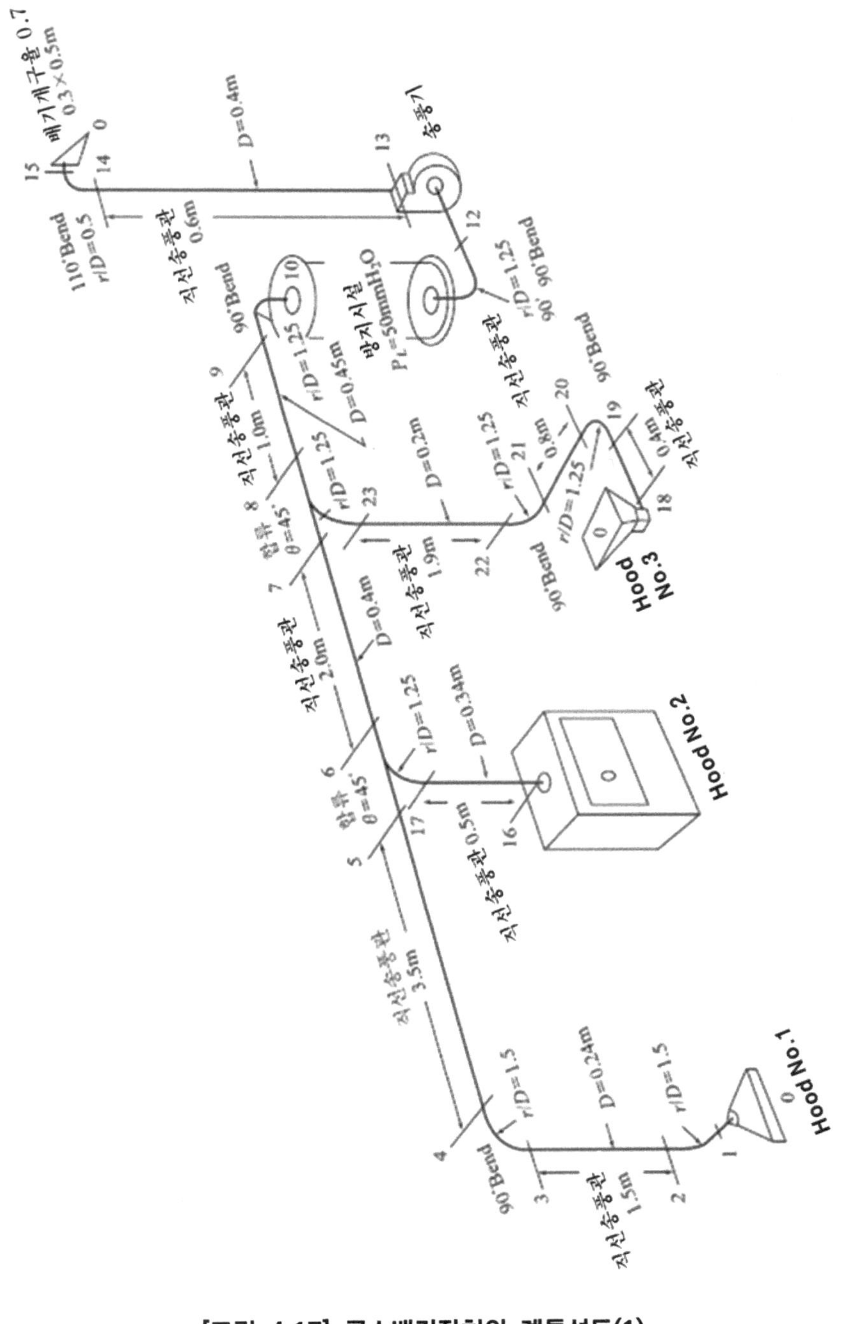

[그림 4.17] 국소배기장치의 계통선도(1)

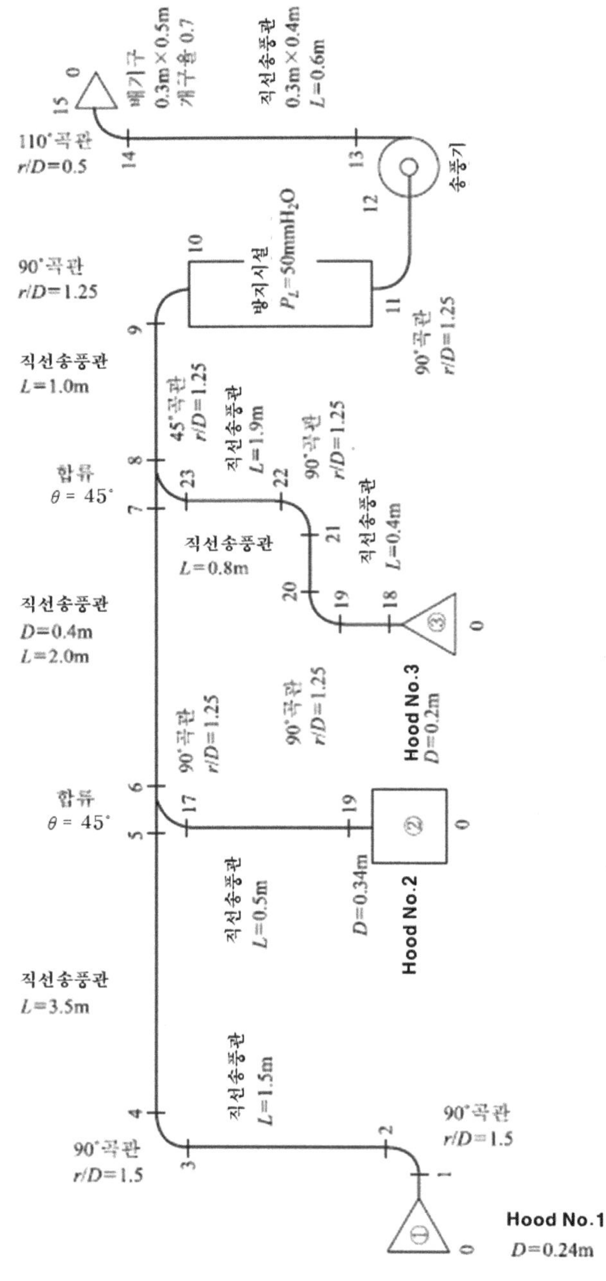

[그림 4.18] 국소배기장치의 계통선도(2)

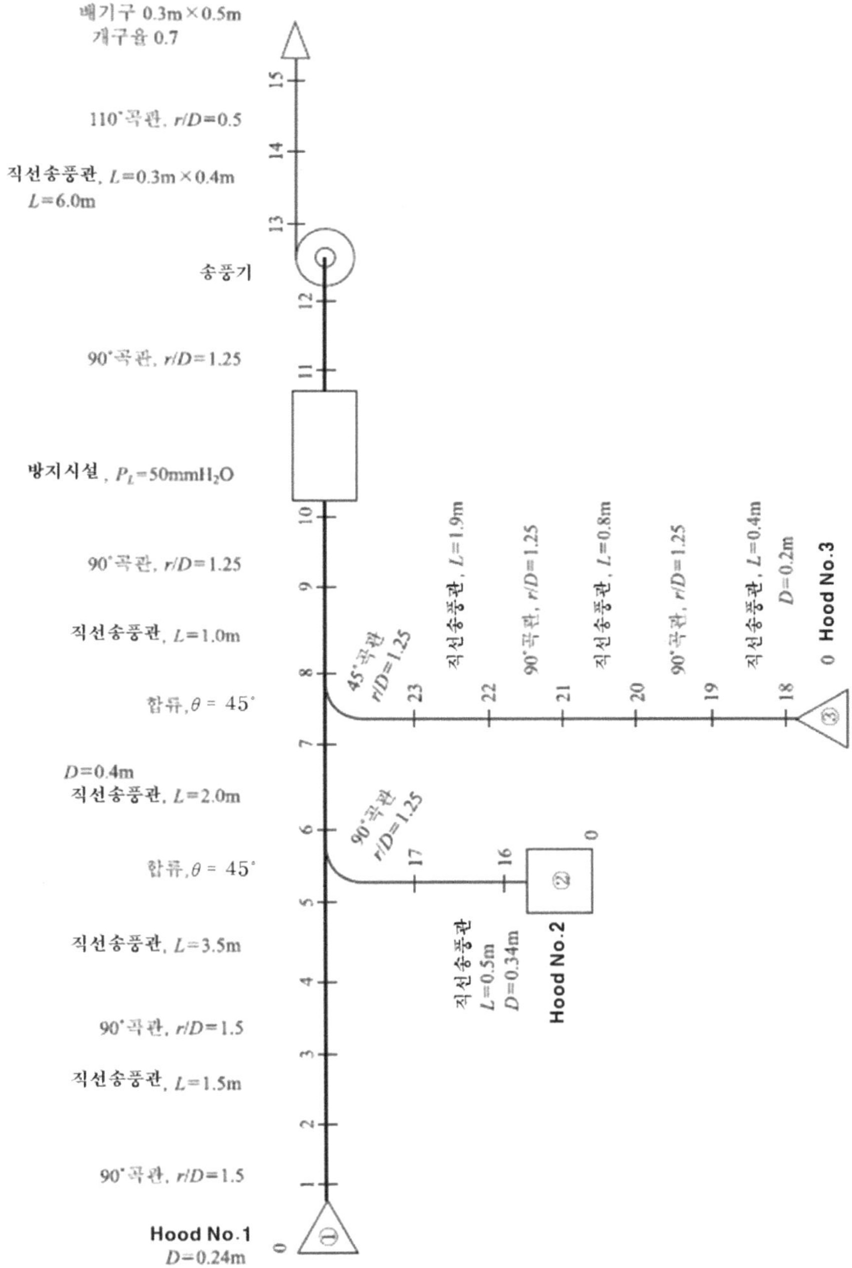

[그림 4.19] 국소배기장치의 계통선도(3)

5장. TMS 및 사물인터넷(IoT)

5.1 굴뚝자동측정기기(TMS)의 운영

5.2 사물인터넷(IoT)의 운영

5.1 굴뚝자동측정기기(TMS)의 운영

5.1.1 개요

대기오염물질 발생량이 연간 10톤 이상인 대형사업장(1~3종 사업장)은 굴뚝자동측정기기(TMS)를 부착하여 오염물질 배출농도를 실시간 관리하고 있다.

「대기환경보전법 시행령」[별표3]과 「대기관리권역의 대기환경개선에 관한 특별법 시행령」[별표3]에 의해서 부착대상 배출시설과 측정항목 그리고 측정기기의 종류, 설치 및 관리방법과 배출량의 산정방법 등을 검토할 수 있다.

★ 대기환경보전법 시행규칙 [별표 9](측정기기의 운영·관리기준)

2. 굴뚝 자동측정기기의 운영 · 관리기준
   가. 환경부장관, 시 · 도지사 및 사업자는 굴뚝 자동측정기기의 구조 및 성능이 「환경분야 시험 · 검사 등에 관한 법률」 제6조제1항에 따른 환경오염공정시험기준에 맞도록 유지하여야 한다.
   나. 환경부장관, 시 · 도지사 및 사업자는 「환경분야 시험 · 검사 등에 관한 법률」 제9조제1항에 따른 형식승인(같은 법 제9조의2에 따른 예비형식승인을 받은 측정기기를 포함한다. 이하 같다)을 받은 굴뚝 자동측정기기를 설치하고, 같은 법 제11조에 따른 정도검사를 받아야 하며, 정도검사 결과를 영 제19조제1항제1호의 굴뚝 원격감시체계 관제센터가 알 수 있도록 조치하여야 한다. 다만, 같은 법 제6조제1항제1호에 따른 환경오염공정시험기준에 맞는 자료수집기 및 중간자료수집기의 경우 형식승인 또는 정도검사를 받은 것으로 본다.
   다. 환경부장관, 시 · 도지사 및 사업자는 굴뚝 자동측정기기에 의한 측정자료를 영 제19조제1항제1호의 굴뚝 원격감시체계 관제센터에 상시 전송하여야 한다.
   라. 환경부장관, 시 · 도지사 및 사업자는 굴뚝배출가스 온도측정기를 새로 설치하거나 교체하는 경우에는 「국가표준기본법」에 따른 교정을 받아야 하며, 그 기록을 3년 이상 보관하여야 한다. 다만, 영 별표 3 제1호의 비고 제3호에 따른 온도측정기 중 최종연소실출구 온도를 측정하는 온도측정기의 경우에는 KS규격품을 사용하여 교정을 갈음할 수 있다.

5.1.2 굴뚝 자동측정기의 부착시기 및 부착유예

가. 굴뚝 자동측정기기는 법 제30조제1항에 따른 가동개시 신고일까지 부착하여야 한다. 다만, 같은 사업장에서 새로 굴뚝 자동측정기기를 부착하여야 하는 배출구가 10개 이상인 경우에는 가동개시일부터 6개월 이내에 모두 부착하여야 한다.

나. 가목에도 불구하고 4종이나 5종의 사업장을 1종부터 3종까지의 사업장으로 변경하려는 경우(이하 "사업장 종규모변경"이라 한다)에는 변경허가를 받거나 변경신고를 한 날(이하 "종규모 변경일"이라 한다)부터 9개월 이내에 굴뚝자동측정기기를 부착하여야 한다.

다. 가목과 나목에도 불구하고 별표 8 제2호에 따른 배출시설은 다음과 같이 굴뚝자동측정기기의 부착을 유예한다.

1) 기존 시설로서 사업장 종규모변경으로 새로 굴뚝 자동측정기기 부착대상 시설이 된 경우에는 종규모 변경일 이전 1년 동안 매월 1회 이상 오염물질 배출량을 측정한 결과 오염물질이 배출허용기준의 30퍼센트(이하 "기본부과기준"이라 한다) 미만으로 항상 배출되는 경우에는 오염물질이 기본부과기준 이상으로 배출될 때까지 부착을 유예한다. 이 경우 기본부과기준 이상으로 배출되는 날부터 6개월 이내에 굴뚝 자동측정기기를 부착하여야 한다.

2) 신규 시설은 오염물질이 기본부과기준 이상으로 배출될 때까지 굴뚝 자동측정기기의 부착을 유예한다. 이 경우 기본부과기준 이상으로 배출되는 날부터 6개월(가동개시일부터 6개월 내에 기본부과기준 이상으로 배출되는 경우에는 가동개시 후 1년) 이내에 굴뚝 자동측정기기를 부착하여야 한다.

5.1.3 굴뚝 자동측정기의 부착 면제

굴뚝 자동측정기기 부착대상 배출시설이 다음 각 목의 어느 하나에 해당하는 경우에는 굴뚝 자동측정기기의 부착을 면제한다.

가. 법 제26조제1항 단서에 따라 방지시설의 설치를 면제받은 경우(굴뚝 자동측정기기의 측정항목에 대한 방지시설의 설치를 면제받은 경우에만 해당한다)
나. 연소가스 또는 화염이 원료 또는 제품과 직접 접촉하지 아니하는 시설로서 제43조에 따른 청정연료를 사용하는 경우(발전시설은 제외한다)
다. 액체연료만을 사용하는 연소시설로서 황산화물을 제거하는 방지시설이 없는 경우(발전시설은 제외하며, 황산화물 측정기기에만 부착을 면제한다)
라. 보일러로서 사용연료를 6개월 이내에 청정연료로 변경할 계획이 있는 경우
마. 연간 가동일수가 30일 미만인 배출시설인 경우
바. 연간 가동일수가 30일 미만인 방지시설인 경우 해당 배출구. 다만, 대기오염물질배출시설 설치 허가증 또는 신고 증명서에 연간 가동일수가 30일 미만으로 적힌 방지시설에 한한다.
사. 부착대상시설이 된 날부터 6개월 이내에 배출시설을 폐쇄할 계획이 있는 경우

〈비고〉
각 목의 부착 면제 사유가 소멸된 경우에는 해당 면제 사유가 소멸된 날부터 6개월 이내에 굴뚝 자동측정기기를 부착하고, 제19조제1항제1호의 굴뚝 원격감시체계 관제센터에 측정결과를 정상적으로 전송하여야 한다.

5.2 사물인터넷(IoT)의 운영

대기환경보전법 시행령 [별표 1의3]에 따른 4종 및 5종 사업장에서는 해당 방지시설을 설치한 경우에는 배출시설과 그 배출시설에 연결된 방지시설에 정하는 바에 따라 사물인터넷 측정기기를 각각 부착해야 한다.

측정기기부착의무 미준수시 대기환경보전법 제 90조 제3호에 따라 5년이하의 징역이나 5천만원이하의 벌금에 처한다.

사물인터넷 측정기기 부착 의무화는 사업장 규모에 따라 단계적으로 적용되며, 세부사항은 대기환경보전법 시행규칙에서 규정했다.

종변경(1~3종→4~5종) 변경시 변경허가(신고)일로부터 3개월이내 부착해야 한다.

사물인터넷 측정기기는 사물인터넷 관리시스템(www.greenlink.or.kr)을 통해 사업장과 관계 기관 간 쌍방향 소통 게체로도 활용될 예정이라고 한다.

[표 5.1] 사물인터넷 부착기기

방지시설명	부착대상 사물인터넷 측정기기	
	배출시설	방지시설
1. 원심력집진시설(별표 4 제3호)	전류계	전류계
2. 세정집진시설(별표 4 제4호)	전류계	전류계
3. 여과집진시설(별표 4 제5호)	전류계	전류계, 차압계, 온도계
4. 전기집진시설(별표 4 제6호)	전류계	전류계
5. 흡수에 의한 시설(별표 4 제8호)	전류계	전류계, pH계
6. 흡착에 의한 시설(별표 4 제9호)	전류계	전류계, 차압계, 온도계

〈비고〉

제3호에 따른 여과집진시설 · 제6호에 따른 흡착에 의한 시설 중 방지시설에 부착해야 하는 온도계와 제5호에 따른 흡수에 의한 시설 중 방지시설에 부착해야 하는 pH계는 시설의 특성에 따라 환경부장관 또는 시 · 도지사가 부착이 필요하지 않다고 인정하는 경우에는 부착하지 않을 수 있다.

★ 대기환경보전법 시행규칙 [별표 9](측정기기의 운영·관리기준)

3. 사물인터넷 측정기기의 운영 · 관리기준
   가. 사물인터넷 측정기기는 측정결과를 임의로 조작할 수 없도록 봉인해야 한다.
   나. 환경부장관, 시 · 도지사 및 사업자는 사물인터넷 측정기기의 측정결과를 영 제19조제1항제2호의 사물인터넷 측정기기 관제센터에 상시 전송해야 한다.
   다. 환경부장관, 시 · 도지사 및 사업자는 사물인터넷 측정기기를 새로 설치하거나 교체하려는 경우에는 사전에 설치 · 교체 계획을 영 제19조제1항제2호의 사물인터넷 측정기기 관제센터에 알려야 한다.

[표 5.2] 사물인터넷 부착기한

대기 종별규모 대상과 가동개시 신고 기간에 따른 분류		사물인터넷 측정기기 부착기한
종별	가동개시 신고일	
대기 4종~5종의 기존 방지시설	2022.05.02.까지 신고한 사업장	2025.06.30.까지 부착
대기 4종	2022.05.03.~2023.06.30. 기간동안 신고한 사업장	2023.06.30.까지 부착
	2023.07.01. 이후 신고한 사업장	가동개시 신고일까지 부착
대기 5종	2022.05.03.~2024.06.30. 기간동안 신고한 사업장	2024.06.30.까지 부착
	2024.07.01. 이후 신고한 사업장	가동개시 신고일까지 부착

5.2.1 사물인터넷 부착기기

[그림 5.1] IoT 부착 네트워크

적용센서	외관	모델	사양
차압계		DPL(Sensys)	·3 1/2 digit LCD display ·2Wire 4~20mA analog output ·Measuring range 0~300Pa ... 100kPa diff. ·0.5%FS accuracy ·Piezoresistive silicon cell ·Use with non-corrosive, non-ionic media ·Input Source : AC100/220V±10% 50/60Hz
pH 미터		CRN-96PH(삼산)	·RANGE :0.0~14.0pH ·SA(감도) : 0.1~4.0pH(±2pH) ·SHIFT : ±2.0pH ·ACCURACY : ±0.1pH ± 1digit ·OUTPUT : DC4~20 mA (OPTION ISOLATION) ·Input Source : AC100/220V±10% 50/60Hz
온도센서		JK-1022(니플타입) JK-1031(플랜지타입)	·-200°C ~ 850°C ·100Ω - 0°C
CT(변류계)		16L	·직경 : 16mm ·~200A
		24L	·직경 : 24mm ·~ 400A
		36L	·직경 : 36mm ·~ 600A

[그림 5.2] IoT 부착기기 사양

5.2.2 사물인터넷 부착위치(예)

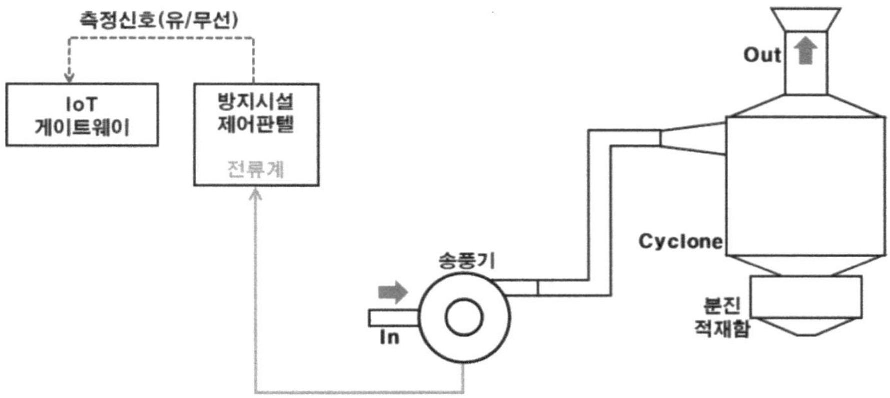

[그림 5.3] 원심력 집진시설 IoT 부착

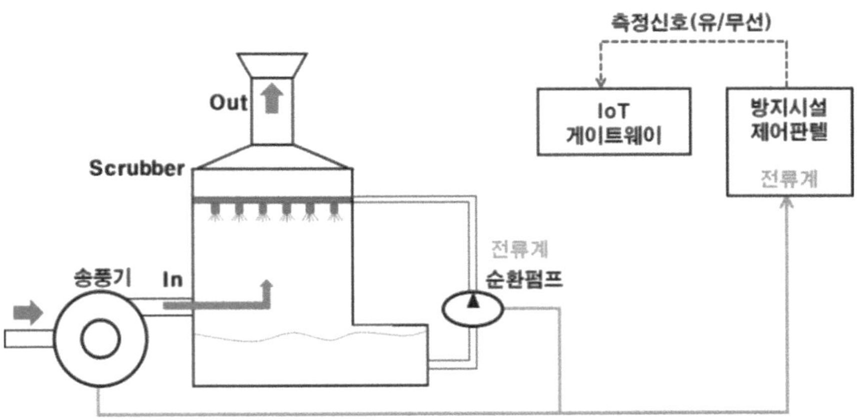

[그림 5.4] 세정 집진시설(Scrubber) IoT 부착

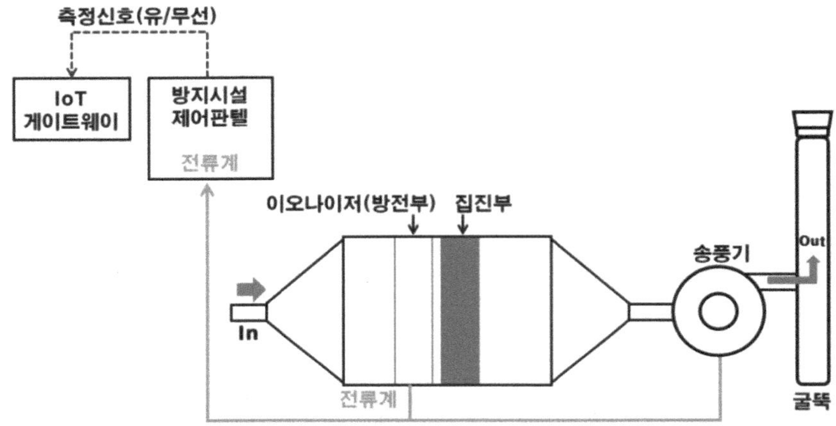

[그림 5.5] 전기 집진시설 IoT 부착

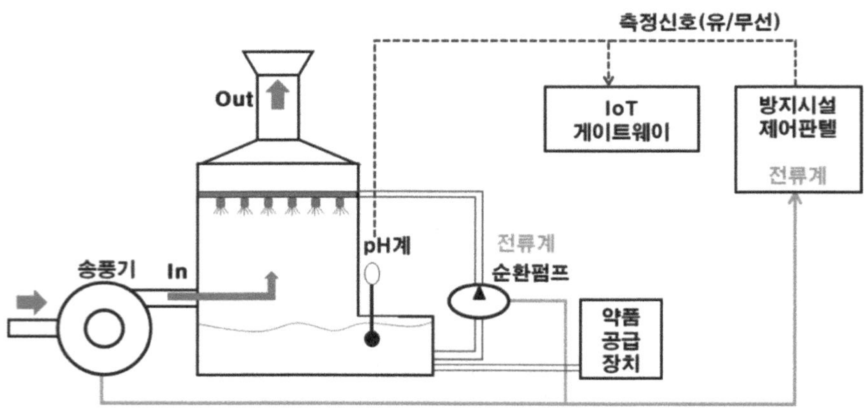

[그림 5.6] 흡수에 의한 시설 IoT 부착

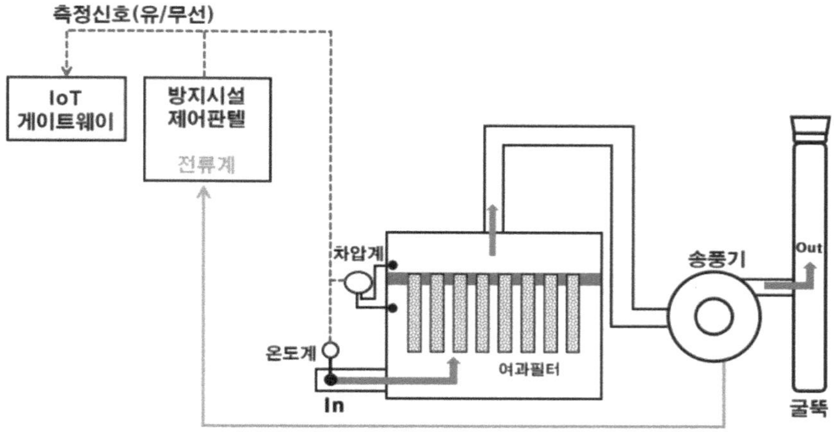

[그림 5.7] 여과 집진시설(Bagfilter) IoT 부착

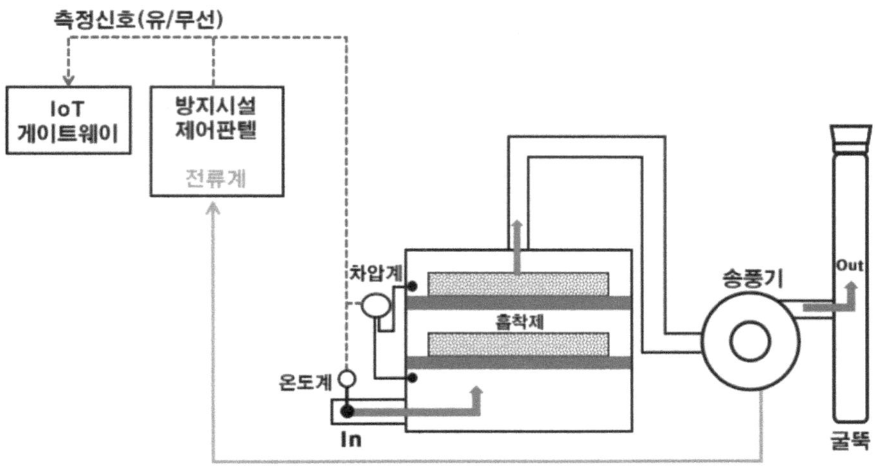

[그림 5.8] 흡착에 의한 시설 IoT 부착

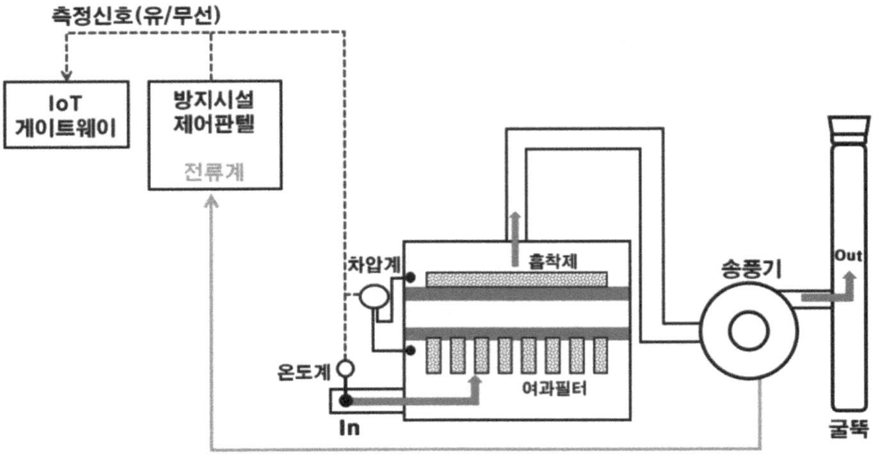

[그림 5.9] 여과 집진시설 및 흡착에 의한 시설(일체형) IoT 부착

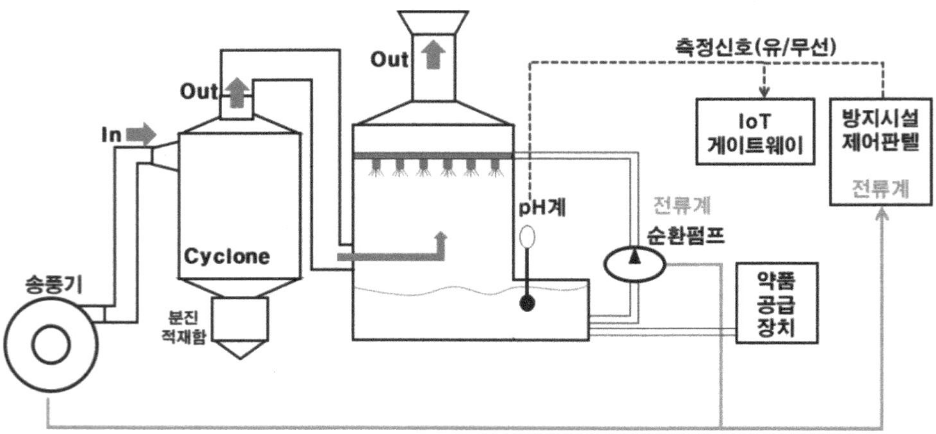

[그림 5.10] 원심력 집진시설 및 흡수에 의한 시설(직렬) IoT 부착

6장. 사례분석

6.1 사례분석-표면처리(도장)
6.2 사례분석-염색업

6.1 사례분석-표면처리(도장)

■ 대기환경보전법 시행규칙 [별지 제2호서식]

대기배출시설 [ ]허가신청서 [∨]신고서

(앞쪽)

접수번호	접수일	처리일	처리기간 10일

구분	항목	내용	항목	내용
신청인	상호(사업장 명칭)	(주)oooooo	사업자등록번호	000-00-00000
	성 명 (대 표 자)	대표이사	생 년 월 일	00000-0000000
	전 화 번 호	000-000-0000	휴대전화번호	010-0000-0000
	주 소	OOO도 00시 00구 000동 0000로 000번길 00-00		
	사 업 장 소 재 지	OOO도 00시 00구 000동 0000로 000번길 00-00 (전화번호 000-000-0000)		

신청내용(신고내용)								
	업종 0000000 제조업 (00000)				주생산품명 000000			
	설치예정일 20XX 년 XX 월 XX 일				가동개시예정일 20XX 년 XX 월 XX 일			
	대기오염물질 배출시설 및 방지시설							
	생산공정	배출시설	휘발성유기화합물 배출시설 중복 여부	용 량	수 량	방지시설명	용 량	수 량
			【별		첨1】			

배출시설의 조업(예정) 시간			대기오염물질 발생량(먼지,SO2,NO2)				대기오염물질 배출량		
생산공정	배출시설	일일조업(예정)시간(연간 가동일)	종류	연료 및 원료 사용량	배출계수	발생량	종류	배출량	처리방법
		【별		첨2】					

「대기환경보전법」 제23조제1항, 같은 법 시행규칙 제25조 및 제59조제1항에 따라 배출시설의 ([ ]설치허가를 신청, [∨] 설치를 신고) 합니다.

20XX 년 월 일

신청인 (주)0000000 대표이사 (서명 또는 인)

OOO시장 귀하

첨부서류	1. 원료(연료를 포함합니다)의 사용량 및 제품의 생산량과 대기오염물질 등의 배출량을 예측한 명세서(허가를 신청하는 경우에만 제출합니다) 1부 2. 배출시설 및 방지시설 설치내역서 1부 3. 방지시설의 일반도 1부 4. 방지시설의 연간 유지관리계획서 1부 5. 방지시설 설치면제 관련서류(방지시설 설치면제자만 제출합니다) 1부 6. 자가방지시설 설계시공 관련서류(자가방지시설 설계시공자만 제출합니다) 1부 7. 공동 방지시설 설치 관련서류(공동방지시설을 설치하려는 자만 제출합니다) 1부 8. 저황유 외 연료 사용 관련서류(저황유 외 연료를 사용하려는 경우에만 제출합니다) 1부 9. 고체연료 사용승인신청 관련서류(고체연료 사용승인을 얻으려는 경우에만 제출합니다) 1부 10. 휘발성유기화합물을 배출하는 시설 및 배출억제 · 방지시설 설치의 명세서(휘발성유기화합물 배출시설에 해당되는 경우에만 제출합니다) 각 1부 11. 대기오염물질 발생량 산정에 관한 자료 1부 12. 수질 및 소음 · 진동의 배출시설 설치허가 또는 신고 시의 첨부서류(수질 및 소음 · 진동의 배출시설에 해당하는 시설을 신설하는 경우에만 제출합니다) 13. 수질 및 소음 · 진동의 변경허가신청 또는 변경신고 시의 첨부서류(처리용량 또는 주요설비의 변경으로 수질 및 소음 · 진동의 변경허가 및 변경신고를 받아야 될 경우에만 제출합니다)	수수료 : 10,000원 (정보통신망을 이용하여 전자화폐 · 전자결제 등의 방법으로 수수료를 낼때에는 9,000원)

210mm× 297mm[백상지 80g/㎡]

❑ 20XX. . . 설치신고

○ 오염물질 등을 배출하는 시설물 및 방지시설

생산 공정	배출시설	휘발성유기화합물 배출시설 중복 여부	용량	수량	오염물질	방지시설명	용량 (㎥/분)	수량
25) 도장시설								
000000 가공 공정	**배-1 도장시설**		**1.80 ㎥**	**1(중)**	**먼지 알루미늄및그화합물 THC**	**방-1 흡착에의한시설 (A/C TOWER)**	**250**	**1(중)**
	배-2 도장시설		**3.38 ㎥**	**1(중)**				
	배-3 도장(샘플)시설		**1.85 ㎥**	**1(중)**				
	배-4 도장시설		**1.80 ㎥**	**1(중)**	**먼지 알루미늄및그화합물 THC**	**방-2 흡착에의한시설 (A/C TOWER)**	**200**	**1(중)**
	배-5 도장시설		**3.38 ㎥**	**1(중)**				
	배-6 도장시설		**1.80 ㎥**	**1(중)**	먼지 알루미늄및그화합물 THC	방-3 흡착에의한시설 (A/C TOWER)	250	1
	배-7 도장시설		**3.38 ㎥**	**1(중)**				
	배-8 건조시설		**56.70 ㎥**	**1(중)**	먼지 황산화물 질소산화물 THC	방-4 흡착에의한시설 (A/C TOWER)	250	1
	배-9~10 건조시설		**44.37 ㎥**	**2(중)**				

○ 오염물질 발생량(5종 사업장)

배출구	오 염 물 질 발 생 량							
	배출오염 물 질	연료 및 원료 사용량	배출계수 or 이론치			발생량(ton/년)		
			먼 지 (Dust)	황산화물 (SOx)	질소산화물 (NOx)	먼 지	황산화물	질소산화물
1	먼 지		29.65 mg/S㎥ 25.28 mg/S㎥ 31.90 mg/S㎥	-	-	0.48	-	-
2	먼 지		26.98 mg/S㎥	-	-	0.47	-	-
3	먼 지		26.98 mg/S㎥	-	-	0.47	-	-
4	먼 지 황산화물 질소산화물		0.12 mg/S㎥	0.006 ppm	1.86 ppm	0.00	0.00	0.08
소 계(ton/년)						**1.42**	**0.00**	**0.08**
합 계(ton/년)						**1.50**		

※ 연간 오염물질 발생량이 2 톤 미만이므로 당 사업장은 5종 사업장에 해당.

* 오염물질발생량 산정 세부내용 : "별첨3"

【별첨 1】 대기오염물질 배출시설 및 방지시설

생산 공정	배출시설	휘발성유 기화합물 배출시설 중복 여부	용량	수량	오염물질	방지시설명	용량 (㎥/분)	수량
25) 도장시설								
000000 가공 공정	**배-1 도장시설**	**X**	**1.80 ㎥**	**1(종)**	**먼지 알루미늄및그화합물 THC**	**방-1 흡착에의한시설 (A/C TOWER)**	**250**	**1(종)**
	배-2 도장시설		**3.38 ㎥**	**1(종)**				
	배-3 도장(샘플)시설		**1.85 ㎥**	**1(종)**				
	배-4 도장시설		**1.80 ㎥**	**1(종)**	**먼지 알루미늄및그화합물 THC**	**방-2 흡착에의한시설 (A/C TOWER)**	**200**	**1(종)**
	배-5 도장시설		**3.38 ㎥**	**1(종)**				
	배-6 도장시설		**1.80 ㎥**	**1(종)**	먼지 알루미늄및그화합물 THC	방-3 흡착에의한시설 (A/C TOWER)	250	1
	배-7 도장시설		**3.38 ㎥**	**1(종)**				
	배-8 건조시설		**56.70 ㎥**	**1(종)**	먼지 황산화물 질소산화물 THC	방-4 흡착에의한시설 (A/C TOWER)	250	1
	배-9~10 건조시설		**44.37 ㎥**	**2(종)**				

【별첨 2】 배출시설의 조업(예정)시간, 대기오염물질 배출량

배출시설의 조업(예정)시간			대기오염물질 배출량		
생산공정	배출시설	일일조업(예정)시간(연간가동일)	종 류	배출량	처리방법
000000 가공공정	도장시설 1.80 ㎥ x 1 3.38 ㎥ x 1 1.85 ㎥ x 1	8시간(300일) 8시간(300일) 1시간(300일)	가 스 량 온 도 먼 지 알루미늄및그화합물 T H C	160.44 ㎥/min 146.98 S㎥/min 25℃ 16.67 mg/S㎥ 6.60 mg/S㎥ 2.22 ppm	**방-1** 흡착에의한시설 250 ㎥/분
	도장시설 1.80 ㎥ x 1 3.38 ㎥ x 1	8시간(300일) 8시간(300일)	가 스 량 온 도 먼 지 알루미늄및그화합물 T H C	134.21 ㎥/min 122.95 S㎥/min 25℃ 16.19 mg/S㎥ 6.43 mg/S㎥ 2.16 ppm	**방-2** 흡착에의한시설 200 ㎥/분
	도장시설 1.80 ㎥ x 1 3.38 ㎥ x 1	8시간(300일) 8시간(300일)	가 스 량 온 도 먼 지 알루미늄및그화합물 T H C	134.21 ㎥/min 122.95 S㎥/min 25℃ 16.19 mg/S㎥ 6.43 mg/S㎥ 2.16 ppm	**방-3** 흡착에의한시설 250 ㎥/분
	건조시설 56.70 ㎥ x 1 44.37 ㎥ x 2	8시간(300일) 8시간(300일)	가 스 량 온 도 먼 지 황산화물 질소산화물 T H C	208.83 ㎥/min 161.51 S㎥/min 25℃ 0.072 mg/S㎥ 0.003 ppm 1.86 ppm 2.47 ppm	**방-4** 흡착에의한시설 250 ㎥/분

【별첨 3】 오염물질 발생량 산정 세부내용(5종 사업장)

배출구	오 염 물 질 발 생 량							
	배출오염 물 질	연료 및 원료 사용량	배출계수 or 이론치			발생량(ton/년)		
			먼 지 (Dust)	황산화물 (SOx)	질소산화물 (NOx)	먼 지	황산화물	질소산화물
1	먼 지		29.65 mg/S㎥ 25.28 mg/S㎥ 31.90 mg/S㎥	-	-	0.48	-	-
2	먼 지		26.98 mg/S㎥	-	-	0.47	-	-
3	먼 지		26.98 mg/S㎥	-	-	0.47	-	-
4	먼 지 황산화물 질소산화물		0.12 mg/S㎥	0.006 ppm	1.86 ppm	0.00	0.00	0.08
소 계(ton/년)						**1.42**	**0.00**	**0.08**
합 계(ton/년)							**1.50**	

※ 연간 오염물질 발생량이 2 톤 미만이므로 당 사업장은 5종 사업장에 해당.

□ 배출구-1 ⇒ 흡착에의한시설 250 ㎥/min x 1

① 도장시설 1.80 ㎥ × 1 [가동시간 8 hr/일]

- 먼지 발생량

: 29.65 ㎎/S㎥ × 47.78S ㎥/min × 60 min/hr × 8 hr/일 × 300일/년 × 10^{-9} 톤/㎎

= **0.20 톤/년**

② 도장시설 3.38 ㎥ × 1 [가동시간 8 hr/일]

- 먼지 발생량

: 25.28 ㎎/S㎥ × 75.17S ㎥/min × 60 min/hr × 8 hr/일 × 300일/년 × 10^{-9} 톤/㎎

= 0.27 톤/년

③ 도장시설 1.85 ㎥ × 1 [가동시간 1 hr/일]

- 먼지 발생량

: 31.90 ㎎/S㎥ × 24.03S ㎥/min × 60 min/hr × 1 hr/일 × 300일/년 × 10^{-9} 톤/㎎

= 0.01 톤/년

□ 배출구-2 ⇒ 흡착에의한시설 200 ㎥/min x 1

① **도장시설** 1.80 ㎥ × 1 외 1기

- 먼지 발생량

: 26.98 ㎎/S㎥ × 122.95 S㎥/min × 60 min/hr × 8 hr/일 × 300일/년 × 10^{-9} 톤/㎎

= 0.47 톤/년

□ 배출구-3 ⇒ 흡착에의한시설 250 ㎥/min x 1

① **도장시설** 1.80 ㎥ × 1 외 1기

- 먼지 발생량

: 26.98 ㎎/S㎥ × 122.95 S㎥/min × 60 min/hr × 8 hr/일 × 300일/년 × 10^{-9} 톤/㎎

= 0.47 톤/년

□ 배출구-4 ⇒ 흡착에의한시설 250 ㎥/min x 1

① **건조시설** 56.70 ㎥ × 1 외 2기

- 먼지 발생량

: 0.12 ㎎/S㎥ × 161.51S ㎥/min × 60 min/hr × 8 hr/일 × 300일/년 × 10^{-9} 톤/㎎

= 0.00 톤/년

- 황산화물 발생량 : 0.006 ppm × 64/22.4 = 0.017 ㎎/S㎥

: 0.017 ㎎/㎥ × 161.51S ㎥/min × 60 min/hr × 8 hr/일 × 300일/년 × 10^{-9} 톤/㎎

= 0.00 톤/년

- 질소산화물 발생량 : 1.86 ppm × 46/22.4 = 3.82 ㎎/S㎥

: 3.82 ㎎/㎥ × 161.51S ㎥/min × 60 min/hr × 8 hr/일 × 300일/년 × 10^{-9} 톤/㎎

= 0.08 톤/년

〈 대기배출시설 신고 개요 〉

○ 사업장명 : (주)oooooo

○ 소 재 지 : OOO도 00시 00구 000동 0000로 000번길 00-00

○ 신고사유

당사는 OOO도 00시 00구 000동 0000로 000번길 00-00에 위치하여 000000을 생산하려는 "~~~~~(25992)"의 업체입니다.

당사는 000000 반제품을 표면처리한 후 코팅작업을 통해서 완제품을 생산하는 일련의 과정에 따라 생산성 향상 및 작업자의 근로여건을 개선하고자 제품 생산시설의 일부를 변경하고자 합니다.

제품 생산시설 중 대기배출시설에 해당하는 "도장시설 및 건조시설"의 변경으로 인하여 『대기배출시설신고서』를 제출하오니 검토 후 처리해 주시기 바랍니다.

○ 기타 변경사항 : 한국표준산업분류 개정으로 인한 분류코드 정정

구 분	변경전(KSIC-9)	변경후(KSIC-10)
업 종	~~~~~ (25993)	~~~~~ (25992)

○ 현장 사진 :

〈대상시설의 현장사진을 추가하여 현황파악을 용이하게 해줌〉

6.1.1 대기오염물질 배출시설 및 방지시설

생산공정	배출시설	휘발성유기화합물배출시설 중복여부	용량	수량	오염물질	방지시설명	용량(㎥/분)	수량
25) 도장시설								
000000 가공공정	배-1 도장시설	X	1.80 ㎥	1(중)	먼지 알루미늄및그화합물 THC	방-1 흡착에의한시설 (A/C TOWER)	250	1(중)
	배-2 도장시설		3.38 ㎥	1(중)				
	배-3 도장(샘플)시설		1.85 ㎥	1(중)				
	배-4 도장시설		1.80 ㎥	1(중)	먼지 알루미늄및그화합물 THC	방-2 흡착에의한시설 (A/C TOWER)	200	1(중)
	배-5 도장시설		3.38 ㎥	1(중)				
	배-6 도장시설		1.80 ㎥	1(중)	먼지 알루미늄및그화합물 THC	방-3 흡착에의한시설 (A/C TOWER)	250	1
	배-7 도장시설		3.38 ㎥	1(중)				
	배-8 건조시설		56.70 ㎥	1(중)	먼지 황산화물 질소산화물 THC	방-4 흡착에의한시설 (A/C TOWER)	250	1
	배-9~10 건조시설		44.37 ㎥	2(중)				

6.1.2 공정도

□ 000000 가공공정[변경 전]

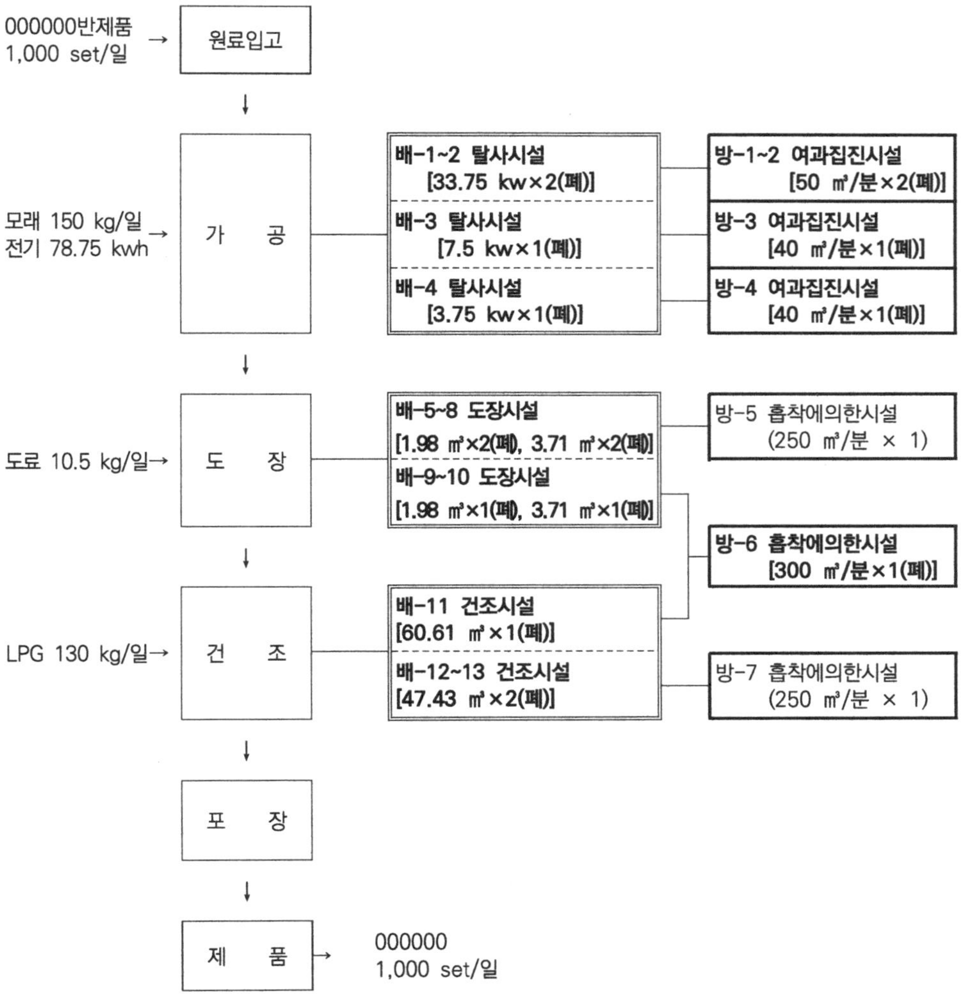

□ 000000 가공공정[변경 후]

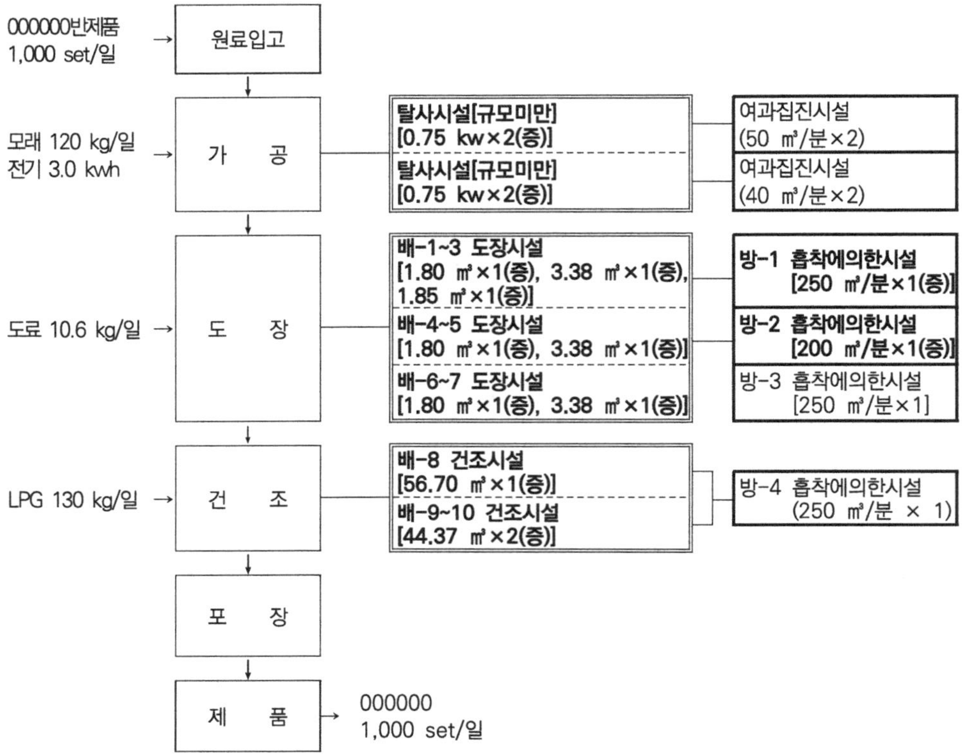

□ 공정설명

공 정	공 정 설 명
원료입고	000000 반제품을 입고.
가공(탈사)	탈사시설에 투입하여 표면처리.
도 장	000000 표면을 코팅.
건 조	코팅 된 000000을 건조.
포 장	일정한 규격으로 제품 포장.
출 하	손잡이, 뚜껑을 조립하여 제품으로 출고.

6.1.3 원료 사용량 및 제품 생산량

1) 원료 사용량

[변경 전]

구 분	원 료 명	단위	일간 사용량		연간 사용량		비 고
			최 대	평 균	최 대	평 균	
000000 가공공정	000000 반제품	set	1,000	800	300,000	240,000	
	모래	kg	150	120	45,000	36,000	
	도료	kg	10.5	8.4	3,150	2,520	
	LPG	kg	130	104	39,000	31,200	
	전기	kw	630	504	189,000	151,200	

[변경 후]

구 분	원 료 명	단위	일간 사용량		연간 사용량		비 고
			최 대	평 균	최 대	평 균	
000000 가공공정	000000 반제품	set	1,000	800	300,000	240,000	
	모래	kg	120	96	36,000	28,800	
	도료	kg	10.6	8.48	3,180	2,544	
	LPG	kg	130	104	39,000	31,200	
	전기	kw	24	19.2	7,200	5,760	

2) 제품생산량[변경없음]

구 분	원 료 명	단위	일간 사용량		연간 사용량		비 고
			최 대	평 균	최 대	평 균	
000000 가공공정	000000	set	1,000	800	300,000	240,000	

3) 조업시간[변경없음]

8시간/일, 25일/월, 300일/년

※ 사용원료의 구성성분 및 조성표

제품명	구성성분의 명칭	CAS 번호 및 식별번호	분자량	화학식	성상	배출예상 오염물질	함유량(%)	
							범위	적용
도료 (MS-6871)	Silicon Resin (실루산 및 실리콘)	68957-04-0	-	-	고상	먼지	50-55	55
	Aluminum (알루미늄)	7429-90-5	26.98	Al	고상	먼지 알루미늄및그화합물	33-36	36
	Butyl Acetate (초산부틸)	123-86-4	116.16	$C_6H_{12}O_2$	액상	THC	2-3	3
	Xylene (자일렌)	1330-20-7	106.16	C_8H_{10}	액상	THC	2-3	3
	ISO 뷰틸알코올 (Isobutanol)	78-83-1	74.12	$C_4H_{10}O$	액상	THC	2-3	3

※ 탄화수소의 경우 도장시설에서 50%, 건조시설에서 50% 발생될 것으로 예상하여 산정함.

6.1.4 대기오염물질 등의 배출량을 예측한 내역서

1) 도장시설 (배-1) ⇒ [방-1] 흡착에의한시설 250 ㎥/분(증설)에 연결

① 시 설 명 : 도장시설

② 규　　격 : 1,500 W × 1,200 L × 1,000 H

③ 용　　량 : 1.80 ㎥

④ 수　　량 : 1EA

⑤ 연료 및 동력 : 도료 1.5 kg/일

⑥ 용　　도 : 000000반제품을 자동스프레이건을 이용하여 도장 함.

⑦ 배출가스 포집기구 설계 : BOOTH HOOD

⑧ 배출가스량 및 산출방법(대기오염방지시설 설계실무편람 p.47 참고)

- 개구면적 : 0.54 mW × 0.5 mH × 2EA = 0.54 ㎡(측면)
  1.17 mW × 1.0 mH × 1EA = 1.17 ㎡(정면)
- 풍　량 (Q) = A·V(V : 본 시설에서는　30.5 m/min 적용)
  = 1.71 ㎡(0.54+1.17) × 30.5 m/min × 1set = 52.16 ㎥/min

⑨ 배출예상 오염물질의 종류 및 농도

배 출 가 스 량	배출오염물질의 종류	배출오염물질의농도	특 성(상태)
배 출 가 스 량 : 52.16 ㎥/min 온　　　도 : 25℃ 표준상태가스량 : 47.78 S㎥/min	먼지 알루미늄 및 그화합물 THC	29.65 ㎎/S㎥ 11.86 ㎎/S㎥ 7.92 ppm	입자상 입자상 가스상

⑩ 배출오염물질 농도 산출 근거

〈표 1-10〉 분사방식 및 분무표면에 따른 과잉분무 백분율

분 무 방 식	평 표 면	책상다리 표면	새 장 표 면
Air atomization	**50**	85	90
Air	20 to 50	90	90
Electrostatic	5	-	-
Disk	5	5 to 10	5 to 10
Airless	20	30	30
Air-atomized	25	35	35

(참조 : 대기오염방지시설 설계실무편람, P.48)

ⓐ **먼 지**

- 산출 근거 : 대기오염방지시설 설계실무편람 p.48
  〈표 1-10〉 air atomization의 평표면 적용
- 산출 방법 : BOOTH에서 도료의 OVER SPRAY 량으로 산정
- 원료 사용량 : 페인트 1.5 kg/일
- 오염물질 발생량 = 1.5 kg/일 × 1일/8 hr × 0.5 × 0.91 = 0.085 kg/hr
- 농도산출방법

· 먼지 $= \dfrac{0.085\ \text{kg/hr} \times 10^6\ \text{mg/kg}}{47.78\text{S}\ \text{m}^3\text{/min} \times 60\ \text{min/hr}} = 29.65\ \text{mg/Sm}^3$

ⓑ **알루미늄 및 그 화합물**

- 산출 근거 : 대기오염방지시설 설계실무편람 p.48
  〈표 1-10〉 air atomization의 평표면 적용
- 산출 방법 : BOOTH에서 도료의 OVER SPRAY 량으로 산정
- 원료 사용량 : 페인트 1.5 kg/일
- 오염물질 발생량 = 1.5 kg/일 × 1일/8 hr × 0.5 × 0.36 = 0.034 kg/hr
- 농도산출방법

· 알루미늄 및 그 화합물 $= \dfrac{0.034\ \text{kg/hr} \times 10^6\ \text{mg/kg}}{47.78\ \text{Sm}^3\text{/min} \times 60\ \text{min/hr}} = 11.86\ \text{mg/Sm}^3$

ⓒ THC

- Butyl Acetate [$C_6H_{12}O_2$]

· 오염물질 발생량 = 1.5×0.03 kg/일 × 10^6 mg/kg × 1일/8 hr × 1 hr/60 min
= 93.75 mg/min

· 오염물질 농도 $= \dfrac{93.75\ \text{mg/min} \times 22.4}{47.78\ \text{Sm}^3\text{/min} \times 116.16} = 0.38 \times 6$(탄소수)=2.28 ppm

- 자일렌(크실렌) [C_8H_{10}]

· 오염물질 발생량 = 1.5×0.03 kg/일 × 10^6 mg/kg × 1일/8 hr × 1 hr/60 min
= 93.75 mg/min

· 오염물질 농도 $= \dfrac{93.75\ \text{mg/min} \times 22.4}{47.78\ \text{Sm}^3\text{/min} \times 106.16} = 0.41 \times 8$(탄소수)=3.28 ppm

- ISO 뷰틸알코올 [$C_4H_{10}O$]

· 오염물질 발생량 = 1.5×0.03 kg/일 × 10^6 mg/kg × 1일/8 hr × 1 hr/60 min
= 93.75 mg/min

· 오염물질 농도 $= \frac{93.75 \text{ mg/min} \times 22.4}{47.78\text{S m}^3\text{/min} \times 74.12} = 0.59 \times 4$(탄소수)=2.36 ppm

> *** 각 탄화수소(THC) 농도**
> : 상기 계산의 탄화수소 물질별 농도에 탄소등가교정계수로 탄화수소의 농도를 환산함.
>
> **Cc = C × K [단위 : ppmv(탄소)]**
>
> 여기서, K는 탄소등가교정계수
>
> (메탄=1, 에탄=2, 프로판=3, 부탄=4 ⇒ 탄소수에 비례)

◈ 도장시설에서 THC 총발생량 : 2.28 + 3.28 + 2.36 = 7.92 ppm
[활성탄 교체주기 산정(탄소수 제외)] : 0.38 + 0.41 + 0.59 = 1.38 ppm]

2) 도장시설(배-2) ⇒ [방-1] 흡착에의한시설 250 ㎥/분(증설)에 연결

① 시 설 명 : 도장시설

② 규 격 : 1,500 W × 2,250 L × 1,000 H

③ 용 량 : 3.38 ㎥

④ 수 량 : 1EA

⑤ 연료 및 동력 : 도료 2.0 kg/일

⑥ 용 도 : 000000반제품을 자동스프레이건을 이용하여 도장 함.

⑦ 배출가스 포집기구 설계 : BOOTH HOOD

⑧ 배출가스량 및 산출방법(대기오염방지시설 설계실무편람 p.47 참고)

- 개구면적 : 0.54 mW × 0.5 mH × 2EA = 0.54 ㎡(측면)
2.15 mW × 1.0 mH × 1EA = 2.15 ㎡(정면)

- 풍　량 (Q) = A·V(V : 본 시설에서는 30.5 m/min 적용)
  = 2.69 ㎡(0.54+2.15) × 30.5 m/min × 1set = 82.05 ㎥/min

⑨ 배출예상 오염물질의 종류 및 농도

배 출 가 스 량	배출오염물질의 종류	배출오염물질의농도	특 성(상태)
배 출 가 스 량 : 82.05 ㎥/min 온　도 : 25℃ 표준상태가스량 : 75.17 S㎥/min	먼지 알루미늄 및 그화합물 THC	25.28 ㎎/S㎥ 9.98 ㎎/S㎥ 6.72 ppm	입자상 입자상 가스상

⑩ 배출오염물질 농도 산출 근거

〈표 1-10〉 분사방식 및 분무표면에 따른 과잉분무 백분율

분 무 방 식	평 표 면	책상다리 표면	새 장 표 면
Air atomization	**50**	85	90
Air	20 to 50	90	90
Electrostatic	5	-	-
Disk	5	5 to 10	5 to 10
Airless	20	30	30
Air-atomized	25	35	35

(참조 : 대기오염방지시설 설계실무편람,P.48)

ⓐ 먼 지

- 산출 근거 : 대기오염방지시설 설계실무편람 p.48
  〈표 1-10〉 air atomization의 평표면 적용
- 산출 방법 : BOOTH에서 도료의 OVER SPRAY 량으로 산정
- 원료 사용량 : 페인트 2.0 kg/일
- 오염물질 발생량 = 2.0 kg/일 × 1일/8hr × 0.5 × 0.91 = 0.114 kg/hr
- 농도산출방법

$$\cdot\ \text{먼지} = \frac{0.114\ \text{kg/hr} \times 10^6\ \text{mg/kg}}{75.17\ \text{Sm}^3\text{/min} \times 60\ \text{min/hr}} = 25.28\ \text{mg/Sm}^3$$

ⓑ 알루미늄 및 그 화합물

- 산출 근거 : 대기오염방지시설 설계실무편람 p.48
  〈표 1-10〉 air atomization의 평표면 적용

- 산출 방법 : BOOTH에서 도료의 OVER SPRAY 량으로 산정
- 원료 사용량 : 페인트 2.0 kg/일
- 오염물질 발생량 = 2.0 kg/일 × 1일/8 hr × 0.5 × 0.36 = 0.045 kg/hr
- 농도산출방법

· 알루미늄 및 그 화합물 $= \dfrac{0.045\ \text{kg/hr} \times 10^6\ \text{mg/kg}}{75.17\ \text{Sm}^3\text{/min} \times 60\ \text{min/hr}} = 9.98\ \text{mg/Sm}^3$

ⓒ THC

- Butyl Acetate[$C_6H_{12}O_2$]
- 오염물질 발생량 = 2.0×0.03 kg/일 × 10^6 mg/kg × 1일/8 hr × 1 hr/60 min
  = 125 mg/min

· 오염물질 농도 $= \dfrac{125\ \text{mg/min} \times 22.4}{75.17\ \text{Sm}^3\text{/min} \times 116.16}$ = 0.32 × 6(탄소수)=1.92 ppm

- 자일렌(크실렌)[C_8H_{10}]
- 오염물질 발생량 = 2.0×0.03 kg/일 × 10^6 mg/kg × 1일/8hr × 1hr/60 min
  = 125 mg/min

· 오염물질 농도 $= \dfrac{125\ \text{mg/min} \times 22.4}{75.17\ \text{Sm}^3\text{/min} \times 106.16}$ = 0.35 × 8(탄소수)=2.8 ppm

- ISO 뷰틸알코올 [$C_4H_{10}O$]
- 오염물질 발생량 = 2.0×0.03 kg/일 × 10^6 mg/kg × 1일/8 hr × 1hr/60 min
  = 125 mg/min

· 오염물질 농도 $= \dfrac{125\ \text{mg/min} \times 22.4}{75.17\ \text{Sm}^3\text{/min} \times 74.12}$ = 0.50 × 4(탄소수)=2.0 ppm

*** 각 탄화수소(THC) 농도**

: 상기 계산의 탄화수소 물질별 농도에 탄소등가교정계수로 탄화수소의 농도를 환산함.

Cc = C × K [단위 : ppmv(탄소)]

여기서, K는 탄소등가교정계수

(메탄=1, 에탄=2, 프로판=3, 부탄=4 ⇒ 탄소수에 비례)

◈ **도장시설에서 THC 총발생량 : 1.92 + 2.8 + 2.0 = 6.72 ppm**
[활성탄 교체주기 산정(탄소수 제외)] : 0.32 + 0.35 + 0.50 = 1.17 ppm]

3) 도장(샘플)시설 (배-3) ⇒ [방-1] 흡착에의한시설 250 ㎥/분(증설)에 연결

① 시 설 명 : 도장(샘플)시설

② 규 격 : 1,220 W × 1,240 L × 1,220 H

③ 용 량 : 1.85 ㎥

④ 수 량 : 1EA

⑤ 연료 및 동력 : 도료 0.1 kg/일

⑥ 용 도 : 샘플용 000000반제품을 수동스프레이건을 이용하여 도장 테스트 함(1hr/일)

⑦ 배출가스 포집기구 설계 : BOOTH HOOD

⑧ 배출가스량 및 산출방법(대기오염방지시설 설계실무편람 p.47 참고)

- 개구면적 : 1.14 mW × 0.75 mH × 1EA = 0.86 ㎡(정면)
- 풍 량 (Q) = A·V(V : 본 시설에서는 30.5 m/min 적용)
  = 0.86 ㎡ × 30.5 m/min × 1set = 26.23 ㎥/min

⑨ 배출예상 오염물질의 종류 및 농도

배 출 가 스 량	배출오염물질의 종류	배출오염물질의농도	특 성 (상태)
배 출 가 스 량 : 26.23 ㎥/min 온 도 : 25℃ 표준상태가스량 : 24.03 S㎥/min	먼지 알루미늄 및 그화합물 THC	31.90 ㎎/S㎥ 12.48 ㎎/S㎥ 8.44 ppm	입자상 입자상 가스상

⑩ 배출오염물질 농도 산출 근거

〈표 1-10〉 분사방식 및 분무표면에 따른 과잉분무 백분율

분 무 방 식	평 표 면	책상다리 표면	새 장 표 면
Air atomization	**50**	85	90
Air	20 to 50	90	90
Electrostatic	5	-	-
Disk	5	5 to 10	5 to 10
Airless	20	30	30
Air-atomized	25	35	35

(참조 : 대기오염방지시설 설계실무편람,P.48)

ⓐ 먼 지

- 산출 근거 : 대기오염방지시설 설계실무편람 p.48
  〈표1-10〉 air atomization의 평표면 적용
- 산출 방법 : BOOTH에서 도료의 OVER SPRAY 량으로 산정
- 원료 사용량 : 페인트 0.1 kg/일
- 오염물질 발생량 = 0.1 kg/일 × 1일/1 hr × 0.5 × 0.91 = 0.046 kg/hr
- 농도산출방법

$$\cdot \text{먼지} = \frac{0.046\ \text{kg/hr} \times 10^6\ \text{mg/kg}}{24.03\ \text{Sm}^3\text{/min} \times 60\ \text{min/hr}} = 31.90\ \text{mg/Sm}^3$$

ⓑ 알루미늄 및 그 화합물

- 산출 근거 : 대기오염방지시설 설계실무편람 p.48
  〈표1-10〉 air atomization의 평표면 적용
- 산출 방법 : BOOTH에서 도료의 OVER SPRAY 량으로 산정
- 원료 사용량 : 페인트 0.1 kg/일
- 오염물질 발생량 = 0.1 kg/일 × 1일/1 hr × 0.5 × 0.36 = 0.018 kg/hr
- 농도산출방법

$$\cdot \text{알루미늄 및 그 화합물} = \frac{0.018\ \text{kg/hr} \times 10^6\ \text{mg/kg}}{24.03\ \text{Sm}^3\text{/min} \times 60\ \text{min/hr}} = 12.48\ \text{mg/Sm}^3$$

© THC

- Butyl Acetate[$C_6H_{12}O_2$]

· 오염물질 발생량 = 0.1×0.03 kg/일 × 10^6 mg/kg × 1일/1 hr × 1hr/60 min
= 50 mg/min

$$\cdot \text{ 오염물질 농도 } = \frac{50 \text{ mg/min} \times 22.4}{24.03 \text{ Sm}^3\text{/min} \times 116.16} = 0.40 \times 6(\text{탄소수}) = 2.40 \text{ ppm}$$

- 자일렌(크실렌) [C_8H_{10}]

· 오염물질 발생량 = 0.1×0.03kg/일 × 10^6mg/kg × 1일/1 hr × 1 hr/60 min
= 50 mg/min

$$\cdot \text{ 오염물질 농도 } = \frac{50 \text{ mg/min} \times 22.4}{24.03 \text{ Sm}^3\text{/min} \times 106.16} = 0.44 \times 8(\text{탄소수}) = 3.52 \text{ ppm}$$

- ISO 뷰틸알코올[$C_4H_{10}O$]

· 오염물질 발생량 = 0.1×0.03 kg/일 × 10^6 mg/kg × 1일/1 hr × 1hr/60 min
= 50 mg/min

$$\cdot \text{ 오염물질 농도 } = \frac{50 \text{ mg/min} \times 22.4}{24.03 \text{ Sm}^3\text{/min} \times 74.12} = 0.63 \times 4(\text{탄소수}) = 2.52 \text{ ppm}$$

*** 각 탄화수소(THC) 농도**

: 상기 계산의 탄화수소 물질별 농도에 탄소등가교정계수로 탄화수소의 농도를 환산함.

Cc = C × K [단위 : ppmv(탄소)]

여기서, K는 탄소등가교정계수

(메탄=1, 에탄=2, 프로판=3, 부탄=4 ⇒ 탄소수에 비례)

◈ **도장시설에서 THC 총발생량 : 2.40 + 3.52 + 2.52 = 8.44 ppm**

[활성탄 교체주기 산정(탄소수 제외)] : 0.40 + 0.44 + 0.63 = 1.47 ppm]

4) 도장시설(배-4) ⇒ [방-2] 흡착에의한시설 200 ㎥/분(증설)에 연결

① 시 설 명 : 도장시설

② 규 격 : 1,500 W × 1,200 L × 1,000 H

③ 용 량 : 1.80 ㎥

④ 수 량 : 1EA

⑤ 연료 및 동력 : 도료 1.5 kg/일

⑥ 용 도 : 000000반제품을 자동스프레이건을 이용하여 도장 함.

⑦ 배출가스 포집기구 설계 : BOOTH HOOD

⑧ 배출가스량 및 산출방법(대기오염방지시설 설계실무편람 p.47 참고)

- 개구면적 : 0.54 mW × 0.5 mH × 2EA = 0.54 ㎡(측면)
  1.17 mW × 1.0 mH × 1EA = 1.17 ㎡(정면)
- 풍 량 (Q) = A·V(V : 본 시설에서는 30.5 m/min 적용)
  = 1.71 ㎡(0.54+1.17) × 30.5 m/min × 1set = 52.16 ㎥/min

⑨ 배출예상 오염물질의 종류 및 농도

배 출 가 스 량	배출오염물질의 종류	배출오염물질의농도	특 성 (상태)
배 출 가 스 량 : 52.16 ㎥/min 온 도 : 25℃ 표준상태가스량 : 47.78 S㎥/min	먼지 알루미늄 및 그화합물 THC	29.65 ㎎/S㎥ 11.86 ㎎/S㎥ 7.92 ppm	입자상 입자상 가스상

⑩ 배출오염물질 농도 산출 근거

〈표 1-10〉 분사방식 및 분무표면에 따른 과잉분무 백분율

분 무 방 식	평 표 면	책상다리 표면	새 장 표 면
Air atomization	**50**	85	90
Air	20 to 50	90	90
Electrostatic	5	-	-
Disk	5	5 to 10	5 to 10
Airless	20	30	30
Air-atomized	25	35	35

(참조 : 대기오염방지시설 설계실무편람,P.48)

ⓐ **먼 지**

- 산출 근거 : 대기오염방지시설 설계실무편람 p.48
  〈표1-10〉 air atomization의 평표면 적용
- 산출 방법 : BOOTH에서 도료의 OVER SPRAY 량으로 산정
- 원료 사용량 : 페인트 1.5 kg/일
- 오염물질 발생량 = 1.5 kg/일 × 1일/8 hr × 0.5 × 0.91 = 0.085 kg/hr
- 농도산출방법

$$\cdot \text{먼지} = \frac{0.085\ \text{kg/hr} \times 10^6\ \text{mg/kg}}{47.78\ \text{Sm}^3\text{/min} \times 60\ \text{min/hr}} = 29.65\ \text{mg/Sm}^3$$

ⓑ **알루미늄 및 그 화합물**

- 산출 근거 : 대기오염방지시설 설계실무편람 p.48
  〈표1-10〉 air atomization의 평표면 적용
- 산출 방법 : BOOTH에서 도료의 OVER SPRAY 량으로 산정
- 원료 사용량 : 페인트 1.5 kg/일
- 오염물질 발생량 = 1.5 kg/일 × 1일/8hr × 0.5 × 0.36 = 0.034 kg/hr
- 농도산출방법

$$\cdot \text{알루미늄 및 그 화합물} = \frac{0.034\ \text{kg/hr} \times 10^6\ \text{mg/kg}}{47.78\ \text{Sm}^3\text{/min} \times 60\ \text{min/hr}} = 11.86\ \text{mg/Sm}^3$$

ⓒ THC

- Butyl Acetate[$C_6H_{12}O_2$]
- · 오염물질 발생량 = 1.5×0.03 kg/일 × 10^6 mg/kg × 1일/8 hr × 1 hr/60 min
  = 93.75 mg/min

$$\cdot \text{오염물질 농도} = \frac{93.75\ \text{mg/min} \times 22.4}{47.78\ \text{Sm}^3\text{/min} \times 116.16} = 0.38 \times 6(\text{탄소수}) = 2.28\ \text{ppm}$$

- 자일렌(크실렌)[C_8H_{10}]
- · 오염물질 발생량 = 1.5×0.03 kg/일 × 10^6 mg/kg × 1일/8 hr × 1 hr/60 min
  = 93.75 mg/min

· 오염물질 농도 $= \dfrac{93.75\ \text{mg/min} \times 22.4}{47.78\text{S}\ \text{m}^3\text{/min} \times 106.16} = 0.41 \times 8$(탄소수)=3.28 ppm

- ISO 뷰틸알코올[$C_4H_{10}O$]
- · 오염물질 발생량 = 1.5×0.03 kg/일 × 10^6 mg/kg × 1일/8 hr × 1hr/60 min
  = 93.75 mg/min

· 오염물질 농도 $= \dfrac{93.75\ \text{mg/min} \times 22.4}{47.78\ \text{Sm}^3\text{/min} \times 74.12} = 0.59 \times 4$(탄소수)=2.36 ppm

*** 각 탄화수소(THC) 농도**

: 상기 계산의 탄화수소 물질별 농도에 탄소등가교정계수로 탄화수소의 농도를 환산함.

Cc = C × K [단위 : ppmv(탄소)]

여기서, K는 탄소등가교정계수

(메탄=1, 에탄=2, 프로판=3, 부탄=4 ⇒ 탄소수에 비례)

◈ 도장시설에서 THC 총발생량 : 2.28 + 3.28 + 2.36 = 7.92 ppm

[활성탄 교체주기 산정(탄소수 제외)] : 0.38 + 0.41 + 0.59 = 1.38 ppm]

5) 도장시설 (배-5) ⇒ [방-2] 흡착에의한시설 200 ㎥/분(증설)에 연결

① 시 설 명 : 도장시설

② 규　　격 : 1,500 W × 2,250 L × 1,000 H

③ 용　　량 : 3.38 ㎥

④ 수　　량 : 1 EA

⑤ 연료 및 동력 : 도료 2.0 kg/일

⑥ 용　　도 : 000000반제품을 자동스프레이건을 이용하여 도장 함.

⑦ 배출가스 포집기구 설계 : BOOTH HOOD

⑧ 배출가스량 및 산출방법(대기오염방지시설 설계실무편람 p.47 참고)

- 개구면적 : 0.54 mW × 0.5 mH × 2EA = 0.54 ㎡(측면)
  2.15 mW × 1.0 mH × 1EA = 2.15 ㎡(정면)
- 풍 량 (Q) = A·V(V : 본 시설에서는 30.5 m/min 적용)
  = 2.69 ㎡(0.54+2.15) × 30.5 m/min × 1set = 82.05 ㎥/min

⑨ 배출예상 오염물질의 종류 및 농도

배 출 가 스 량	배출오염물질의 종류	배출오염물질의농도	특 성(상태)
배 출 가 스 량 : 82.05 ㎥/min 온 도 : 25℃ 표준상태가스량 : 75.17 S㎥/min	먼지 알루미늄 및 그화합물 THC	25.28 ㎎/S㎥ 9.98 ㎎/S㎥ 6.72 ppm	입자상 입자상 가스상

⑩ 배출오염물질 농도 산출 근거

〈표 1-10〉 분사방식 및 분무표면에 따른 과잉분무 백분율

분 무 방 식	평 표 면	책상다리 표면	새 장 표 면
Air atomization	**50**	85	90
Air	20 to 50	90	90
Electrostatic	5	-	-
Disk	5	5 to 10	5 to 10
Airless	20	30	30
Air-atomized	25	35	35

(참조 : 대기오염방지시설 설계실무편람,P.48)

ⓐ 먼 지

- 산출 근거 : 대기오염방지시설 설계실무편람 p.48
  〈표 1-10〉 air atomization의 평표면 적용
- 산출 방법 : BOOTH에서 도료의 OVER SPRAY 량으로 산정
- 원료 사용량 : 페인트 2.0 kg/일
- 오염물질 발생량 = 2.0 kg/일 × 1일/8 hr × 0.5 × 0.91 = 0.114 kg/hr
- 농도산출방법

$$\cdot \text{먼지} = \frac{0.114\ \text{kg/hr} \times 10^6\ \text{mg/kg}}{75.17\ \text{Sm}^3\text{/min} \times 60\ \text{min/hr}} = 25.28\ \text{mg/Sm}^3$$

ⓑ **알루미늄 및 그 화합물**

- 산출 근거 : 대기오염방지시설 설계실무편람 p.48
  〈표 1-10〉 air atomization의 평표면 적용
- 산출 방법 : BOOTH에서 도료의 OVER SPRAY 량으로 산정
- 원료 사용량 : 페인트 2.0 kg/일
- 오염물질 발생량 = 2.0 kg/일 × 1일/8 hr × 0.5 × 0.36 = 0.045 kg/hr
- 농도산출방법

$$\cdot\ \text{알루미늄 및 그 화합물} = \frac{0.045\ \text{kg/hr} \times 10^6\ \text{mg/kg}}{75.17\ \text{Sm}^3/\text{min} \times 60\ \text{min/hr}} = 9.98\ \text{mg/Sm}^3$$

ⓒ THC

- Butyl Acetate[$C_6H_{12}O_2$]

· 오염물질 발생량 = 2.0×0.03 kg/일 × 10^6 mg/kg × 1일/8 hr × 1 hr/60 min
= 125 mg/min

$$\cdot\ \text{오염물질 농도} = \frac{125\ \text{mg/min} \times 22.4}{75.17\ \text{Sm}^3/\text{min} \times 116.16} = 0.32 \times 6(\text{탄소수}) = 1.92\ \text{ppm}$$

- 자일렌(크실렌)[C_8H_{10}]

· 오염물질 발생량 = 2.0×0.03 kg/일 × 10^6 mg/kg × 1일/8 hr × 1 hr/60 min
= 125 mg/min

$$\cdot\ \text{오염물질 농도} = \frac{125\ \text{mg/min} \times 22.4}{75.17\ \text{Sm}^3/\text{min} \times 106.16} = 0.35 \times 8(\text{탄소수}) = 2.8\ \text{ppm}$$

- ISO 뷰틸알코올[$C_4H_{10}O$]

· 오염물질 발생량 = 2.0×0.03 kg/일 × 10^6 mg/kg × 1일/8 hr × 1 hr/60 min
= 125 mg/min

$$\cdot\ \text{오염물질 농도} = \frac{125\ \text{mg/min} \times 22.4}{75.17\ \text{Sm}^3/\text{min} \times 74.12} = 0.50 \times 4(\text{탄소수}) = 2.0\ \text{ppm}$$

*** 각 탄화수소(THC) 농도**

: 상기 계산의 탄화수소 물질별 농도에 탄소등가교정계수로 탄화수소의 농도를 환산함.

Cc = C × K [단위 : ppmv(탄소)]

여기서, K는 탄소등가교정계수

(메탄=1, 에탄=2, 프로판=3, 부탄=4 ⇒ 탄소수에 비례)

◈ 도장시설에서 THC 총발생량 : 1.92 + 2.8 + 2.0 = 6.72 ppm

[활성탄 교체주기 산정(탄소수 제외)] : 0.32 + 0.35 + 0.50 = 1.17 ppm]

6) 도장시설 (배-6) ⇒ [방-3] 흡착에의한시설 250 ㎥/분(기존)에 연결

① 시 설 명 : 도장시설

② 규 격 : 1,500 W × 1,200 L × 1,000 H

③ 용 량 : 1.80 ㎥

④ 수 량 : 1EA

⑤ 연료 및 동력 : 도료 1.5 kg/일

⑥ 용 도 : 000000반제품을 자동스프레이건을 이용하여 도장 함.

⑦ 배출가스 포집기구 설계 : BOOTH HOOD

⑧ 배출가스량 및 산출방법(대기오염방지시설 설계실무편람 p.47 참고)

- 개구면적 : 0.54 mW × 0.5 mH × 2EA = 0.54 ㎡(측면)
  1.17 mW × 1.0 mH × 1EA = 1.17 ㎡(정면)
- 풍 량 (Q) = A·V(V : 본 시설에서는 30.5 m/min 적용)
  = 1.71 ㎡(0.54+1.17) × 30.5 m/min × 1set = 52.16 ㎥/min

⑨ 배출예상 오염물질의 종류 및 농도

배 출 가 스 량	배출오염물질의 종류	배출오염물질의농도	특 성(상태)
배 출 가 스 량 : 52.16 ㎥/min 온 도 : 25℃ 표준상태가스량 : 47.78 S㎥/min	먼지 알루미늄 및 그화합물 THC	29.65 ㎎/S㎥ 11.86 ㎎/S㎥ 7.92 ppm	입자상 입자상 가스상

⑩ 배출오염물질 농도 산출 근거

〈표 1-10〉 분사방식 및 분무표면에 따른 과잉분무 백분율

분 무 방 식	평 표 면	책상다리 표면	새 장 표 면
Air atomization	**50**	85	90
Air	20 to 50	90	90
Electrostatic	5	-	-
Disk	5	5 to 10	5 to 10
Airless	20	30	30
Air-atomized	25	35	35

(참조 : 대기오염방지시설 설계실무편람,P.48)

ⓐ 먼 지

- 산출 근거 : 대기오염방지시설 설계실무편람 p.48
  〈표1-10〉 air atomization의 평표면 적용
- 산출 방법 : BOOTH에서 도료의 OVER SPRAY 량으로 산정
- 원료 사용량 : 페인트 1.5 kg/일
- 오염물질 발생량 = 1.5 kg/일 × 1일/8hr × 0.5 × 0.91 = 0.085 kg/hr
- 농도산출방법

$$\cdot \text{먼지} = \frac{0.085\ \text{kg/hr} \times 10^6\ \text{mg/kg}}{47.78\ \text{Sm}^3/\text{min} \times 60\ \text{min/hr}} = 29.65\ \text{mg/Sm}^3$$

ⓑ 알루미늄 및 그 화합물

- 산출 근거 : 대기오염방지시설 설계실무편람 p.48
  〈표1-10〉 air atomization의 평표면 적용
- 산출 방법 : BOOTH에서 도료의 OVER SPRAY 량으로 산정
- 원료 사용량 : 페인트 1.5 kg/일
- 오염물질 발생량 = 1.5 kg/일 × 1일/8 hr × 0.5 × 0.36 = 0.034 kg/hr

- 농도산출방법

· 알루미늄 및 그 화합물 $= \dfrac{0.034\ kg/hr \times 10^6\ mg/kg}{47.78\ Sm^3/min \times 60\ min/hr} = 11.86\ mg/Sm^3$

ⓒ THC

- Butyl Acetate[$C_6H_{12}O_2$]

· 오염물질 발생량 = 1.5×0.03 kg/일 × 10^6 mg/kg × 1일/8 hr × 1hr/60 min
= 93.75 mg/min

· 오염물질 농도 $= \dfrac{93.75\ mg/min \times 22.4}{47.78\ Sm^3/min \times 116.16}$ = 0.38 × 6(탄소수)=2.28 ppm

- 자일렌(크실렌)[C_8H_{10}]

· 오염물질 발생량 = 1.5×0.03 kg/일 × 10^6 mg/kg × 1일/8 hr × 1 hr/60 min
= 93.75 mg/min

· 오염물질 농도 $= \dfrac{93.75\ mg/min \times 22.4}{47.78S\ m^3/min \times 106.16}$ = 0.41 × 8(탄소수)=3.28 ppm

- ISO 뷰틸알코올 [$C_4H_{10}O$]

· 오염물질 발생량 = 1.5×0.03 kg/일 × 10^6 mg/kg × 1일/8 hr × 1 hr/60 min
= 93.75 mg/min

· 오염물질 농도 $= \dfrac{93.75\ mg/min \times 22.4}{47.78\ Sm^3/min \times 74.12}$ = 0.59 × 4(탄소수)=2.36 ppm

*** 각 탄화수소(THC) 농도**

: 상기 계산의 탄화수소 물질별 농도에 탄소등가교정계수로 탄화수소의 농도를 환산함.

Cc = C × K [단위 : ppmv(탄소)]

여기서, K는 탄소등가교정계수

(메탄=1, 에탄=2, 프로판=3, 부탄=4 ⇒ 탄소수에 비례)

◈ 도장시설에서 THC 총발생량 : 2.28 + 3.28 + 2.36 = 7.92 ppm

[활성탄 교체주기 산정(탄소수 제외)] : 0.38 + 0.41 + 0.59 = 1.38 ppm]

7) 도장시설 (배-7) ⇒ [방-3] 흡착에의한시설 250 ㎥/분(기존)에 연결

① 시 설 명 : 도장시설

② 규　　격 : 1,500 W × 2,250 L × 1,000 H

③ 용　　량 : 3.38 ㎥

④ 수　　량 : 1EA

⑤ 연료 및 동력 : 도료 2.0 kg/일

⑥ 용　　도 : 000000반제품을 자동스프레이건을 이용하여 도장 함.

⑦ 배출가스 포집기구 설계 : BOOTH HOOD

⑧ 배출가스량 및 산출방법(대기오염방지시설 설계실무편람 p.47 참고)

- 개구면적 : 0.54 mW × 0.5 mH × 2EA = 0.54 ㎡(측면)
  2.15 mW × 1.0 mH × 1EA = 2.15 ㎡(정면)
- 풍　량 (Q) = A·V(V : 본 시설에서는 30.5 m/min 적용)
  = 2.69 ㎡(0.54+2.15) × 30.5 m/min × 1set = 82.05 ㎥/min

⑨ 배출예상 오염물질의 종류 및 농도

배 출 가 스 량	배출오염물질의 종류	배출오염물질의농도	특 성(상태)
배 출 가 스 량 : 82.05 ㎥/min 온　　　도 : 25℃ 표준상태가스량 : 75.17 S㎥/min	먼지 알루미늄 및 그화합물 THC	25.28 ㎎/S㎥ 9.98 ㎎/S㎥ 6.72 ppm	입자상 입자상 가스상

⑩ 배출오염물질 농도 산출 근거

〈표 1-10〉 분사방식 및 분무표면에 따른 과잉분무 백분율

분 무 방 식	평 표 면	책상다리 표면	새 장 표 면
Air atomization	**50**	85	90
Air	20 to 50	90	90
Electrostatic	5	-	-
Disk	5	5 to 10	5 to 10
Airless	20	30	30
Air-atomized	25	35	35

(참조 : 대기오염방지시설 설계실무편람,P.48)

ⓐ 먼 지

- 산출 근거 : 대기오염방지시설 설계실무편람 p.48
  〈표1-10〉 air atomization의 평균면 적용
- 산출 방법 : BOOTH에서 도료의 OVER SPRAY 량으로 산정
- 원료 사용량 : 페인트 2.0 kg/일
- 오염물질 발생량 = 2.0 kg/일 × 1일/8 hr × 0.5 × 0.91 = 0.114 kg/hr
- 농도산출방법

· 먼지 $= \dfrac{0.114\ \text{kg/hr} \times 10^6\ \text{mg/kg}}{75.17\text{S m}^3/\text{min} \times 60\ \text{min/hr}} = 25.28\ \text{mg/Sm}^3$

ⓑ 알루미늄 및 그 화합물

- 산출 근거 : 대기오염방지시설 설계실무편람 p.48
  〈표1-10〉 air atomization의 평균면 적용
- 산출 방법 : BOOTH에서 도료의 OVER SPRAY 량으로 산정
- 원료 사용량 : 페인트 2.0 kg/일
- 오염물질 발생량 = 2.0 kg/일 × 1일/8 hr × 0.5 × 0.36 = 0.045 kg/hr
- 농도산출방법

· 알루미늄 및 그 화합물 $= \dfrac{0.045\ \text{kg/hr} \times 10^6\ \text{mg/kg}}{75.17\ \text{Sm}^3/\text{min} \times 60\ \text{min/hr}} = 9.98\ \text{mg/Sm}^3$

ⓒ THC

- Butyl Acetate[$C_6H_{12}O_2$]

· 오염물질 발생량 = 2.0×0.03 kg/일 × 10^6 mg/kg × 1일/8 hr × 1 hr/60 min
  = 125mg/min

· 오염물질 농도 $= \dfrac{125\ \text{mg/min} \times 22.4}{75.17\ \text{Sm}^3/\text{min} \times 116.16} = 0.32 \times 6$(탄소수)=1.92 ppm

- 자일렌(크실렌)[C_8H_{10}]

· 오염물질 발생량 = 2.0×0.03 kg/일 × 10^6 mg/kg × 1일/8 hr × 1 hr/60 min
  = 125 mg/min

· 오염물질 농도 $= \dfrac{125\ \text{mg/min} \times 22.4}{75.17\ \text{Sm}^3/\text{min} \times 106.16} = 0.35 \times 8$(탄소수)=2.8 ppm

- ISO 뷰틸알코올 [$C_4H_{10}O$]

· 오염물질 발생량 = 2.0×0.03 kg/일 × 10^6 mg/kg × 1일/8 hr × 1 hr/60 min
= 125 mg/min

· 오염물질 농도 $= \dfrac{125\ \text{mg/min} \times 22.4}{75.17\ \text{Sm}^3/\text{min} \times 74.12}$ = 0.50 × 4(탄소수)=2.0 ppm

*** 각 탄화수소(THC) 농도**

: 상기 계산의 탄화수소 물질별 농도에 탄소등가교정계수로 탄화수소의 농도를 환산함.

Cc = C × K [단위 : ppmv(탄소)]

여기서, K는 탄소등가교정계수

(메탄=1, 에탄=2, 프로판=3, 부탄=4 ⇒ 탄소수에 비례)

◈ 도장시설에서 THC 총발생량 : 1.92 + 2.8 + 2.0 = 6.72 ppm

[활성탄 교체주기 산정(탄소수 제외)] : 0.32 + 0.35 + 0.50 = 1.17 ppm]

8) 건조시설 (배-8) ⇒ [방-4] 흡착에의한시설 250 ㎥/분에 연결

① 시 설 명 : 터널 건조시설

② 규 격 : 1,700 W × 23,000 L × 1,450 H

③ 용 량 : 56.70 ㎥

④ 수 량 : 1EA

⑤ 연료 및 동력 : LPG 50 kg/일

⑥ 용 도 : 도장 된 후라이팬 반제품을 80℃에서 건조 함.

⑦ 배출가스 포집기구 설계 : SLOT HOOD + DIRECT DUCT

⑧ 배출가스량 및 산출방법

㉠ SLOT HOOD(환경·산업환기기술 p.1-130 참고)

- 개구면적(A) : 1.30 mL × 0.22 mH × 2EA = 0.57 ㎡
- 풍　량 (Q) = A × 30 ㎥/min + 1/2
= (0.57 ㎡ × 30 ㎥/min + 8.55 ㎥/min) × 1set = 25.65 ㎥/min

㉡ DIRECT DUCT(대기오염방지시설 설계실무편람 p.57 참고)

- 덕트면적 : $\pi/4 \times 0.202$ = 0.0314 ㎡ × 3EA = 0.0942 ㎡
- 풍　량 (Q) = A·V(V : 본 시설에서는 10 m/sec 적용)
= 0.0942 ㎡ × 10 m/sec × 60 sec/min × 1set = 56.52 ㎥/min

∴ ㉠ + ㉡ = 25.65 ㎥/min + 56.52 ㎥/min = 82.17 ㎥/min

⑨ 배출예상 오염물질의 종류 및 농도

배 출 가 스 량	배출오염물질의 종류	배출오염물질의농도	특 성(상태)
배 출 가 스 량 : 82.17 ㎥/min 온　　도 : 80℃ 표준상태가스량 : 63.55 S㎥/min	먼지 황산화물 질소산화물 THC	0.11 ㎎/S㎥ 0.006 ppm 1.82 ppm 6.94 ppm	입자상 가스상 가스상 가스상

⑩ 배출오염물질 농도 산출 근거

i) 연료 사용에 따른 오염물질 배출량 : LPG

ⓐ 먼지 발생량

- 연료사용량 : LPG 50 kg/일(0.00625 ton/hr)
- 배출계수 : 0.07 kg/ton

$$= \frac{0.07 \text{ kg/ton} \times 0.00625 \text{ ton/hr} \times 10^6 \text{ mg/kg}}{63.55 \text{ Sm}^3\text{/min} \times 60 \text{ min/hr}} = 0.11 \text{ mg/Sm}^3$$

ⓑ 황산화물 발생량

- 연료사용량 : LPG 50 kg/일(0.00625 ton/hr)
- 배출계수 : 0.01 kg/ton

$$= \frac{0.01\ kg/ton \times 0.00625\ ton/hr \times 10^6\ mg/kg \times (22.4/64)}{63.55\ Sm^3/min \times 60\ min/hr} = 0.006\ ppm$$

ⓒ 질소산화물 발생량

- 연료사용량 : LPG 50 kg/일(0.00625 ton/hr)
- 배출계수 : 2.28 kg/ton

$$= \frac{2.28\ kg/ton \times 0.00625\ ton/hr \times 10^6\ mg/kg \times (22.4/46)}{63.55\ Sm^3/min \times 60\ min/hr} = 1.82\ ppm$$

ii) 원료 사용에 따른 오염물질 배출량 : 도료

ⓐ THC

- Butyl Acetate[$C_6H_{12}O_2$]

· 오염물질 발생량 = 3.5×0.03 kg/일×10^6 mg/kg×1일/8 hr×1 hr/60 min×0.5
= 109 mg/min

$$\cdot\ 오염물질\ 농도 = \frac{109\ mg/min \times 22.4}{63.55\ Sm^3/min \times 116.16} = 0.33 \times 6(탄소수) = 1.98\ ppm$$

- 자일렌(크실렌)[C_8H_{10}]

· 오염물질 발생량 = 3.5×0.03 kg/일×10^6 mg/kg×1일/8 hr×1 hr/60 min×0.5
= 109 mg/min

$$\cdot\ 오염물질\ 농도 = \frac{109\ mg/min \times 22.4}{63.55\ Sm^3/min \times 106.16} = 0.36 \times 8(탄소수) = 2.88\ ppm$$

- ISO 뷰틸알코올 [$C_4H_{10}O$]

· 오염물질 발생량 = 3.5×0.03 kg/일×10^6 mg/kg×1일/8 hr×1 hr/60 min×0.5
= 109 mg/min

$$\cdot\ 오염물질\ 농도 = \frac{109\ mg/min \times 22.4}{63.55\ Sm^3/min \times 74.12} = 0.52 \times 4(탄소수) = 2.08\ ppm$$

*** 각 탄화수소(THC) 농도**

: 상기 계산의 탄화수소 물질별 농도에 탄소등가교정계수로 탄화수소의 농도를 환산함.

$$Cc = C \times K \text{ [단위 : ppmv(탄소)]}$$

여기서, K는 탄소등가교정계수

(메탄=1, 에탄=2, 프로판=3, 부탄=4 ⇒ 탄소수에 비례)

◈ 도장시설에서 THC 총발생량 : 1.98 + 2.88 + 2.08 = 6.94 ppm
[활성탄 교체주기 산정(탄소수 제외)] : 0.33 + 0.36 + 0.52 = 1.21 ppm]

9) 건조시설 (배-9~10) ⇒ [방-7] 흡착에의한시설 250 ㎥/분에 연결

① 시 설 명 : 터널 건조시설

② 규 격 : 1,700 W × 18,000 L × 1,450 H

③ 용 량 : 44.37 ㎥

④ 수 량 : 2 EA

⑤ 연료 및 동력 : LPG 80 kg/일

⑥ 용 도 : 도장 된 후라이팬 반제품을 80℃에서 건조 함.

⑦ 배출가스 포집기구 설계 : SLOT HOOD + DIRECT DUCT

⑧ 배출가스량 및 산출방법

㉠ SLOT HOOD (환경·산업환기기술 p.1-130 참고)

- 개구면적(A) : 1.30 mL × 0.22 mH × 2EA = 0.57 ㎡
- 풍 량 (Q) = A × 30 ㎥/min + 1/2
  = (0.57 ㎡ × 30 ㎥/min + 8.55 ㎥/min) × 2set = 51.30 ㎥/min

㉡ DIRECT DUCT(대기오염방지시설 설계실무편람 p.57 참고)

- 덕트면적 : π/4 × 0.202 = 0.0314 ㎡ × 2EA = 0.0628 ㎡

- 풍　량 (Q) = A·V(V : 본 시설에서는 10 m/sec 적용)
  = 0.0628 ㎡ × 10 m/sec × 60 sec/min × 2set = 75.36 ㎥/min

∴ ㉠ + ㉡ = 51.30 ㎥/min + 75.36 ㎥/min = 126.66 ㎥/min

⑨ 배출예상 오염물질의 종류 및 농도

배 출 가 스 량	배출오염물질의 종류	배출오염물질의농도	특 성(상태)
배 출 가 스 량 : 126.66 ㎥/min 온　　　도 : 80℃ 표준상태가스량 : 97.96 S㎥/min	먼지 황산화물 질소산화물 THC	0.12 ㎎/S㎥ 0.006 ppm 1.89 ppm 9.06 ppm	입자상 가스상 가스상 가스상

⑩ 배출오염물질 농도 산출 근거

i) 연료 사용에 따른 오염물질 배출량 : LPG

ⓐ 먼지 발생량

- 연료사용량 : LPG 80 kg/일(0.01 ton/hr)
- 배출계수 : 0.07 kg/ton

$$= \frac{0.07\ \text{kg/ton} \times 0.01\text{ton/hr} \times 10^6\ \text{mg/kg}}{97.96\ \text{Sm}^3\text{/min} \times 60\ \text{min/hr}} = 0.12\ \text{mg/Sm}^3$$

ⓑ 황산화물 발생량

- 연료사용량 : LPG 80 kg/일(0.01 ton/hr)
- 배출계수 : 0.01 kg/ton

$$= \frac{0.01\ \text{kg/ton} \times 0.01\ \text{ton/hr} \times 10^6\ \text{mg/kg} \times (22.4/64)}{97.96\ \text{Sm}^3\text{/min} \times 60\ \text{min/hr}} = 0.006\ \text{ppm}$$

ⓒ 질소산화물 발생량

- 연료사용량 : LPG 80 kg/일(0.01 ton/hr)
- 배출계수 : 2.28 kg/ton

$$= \frac{2.28\ \text{kg/ton} \times 0.01\ \text{ton/hr} \times 10^6\ \text{mg/kg} \times (22.4/46)}{97.96\ \text{Sm}^3\text{/min} \times 60\ \text{min/hr}} = 1.89\ \text{ppm}$$

ii) **원료 사용에 따른 오염물질 배출량 : 도료**

ⓐ THC

- Butyl Acetate[$C_6H_{12}O_2$]

· 오염물질 발생량=7.0×0.03 kg/일×10^6 mg/kg×1일/8 hr×1hr/60 min×0.5
= 219 mg/min

· 오염물질 농도 $= \dfrac{219\ mg/min \times 22.4}{97.96\ Sm^3/min \times 116.16}$ = 0.43 × 6(탄소수)=2.58 ppm

- 자일렌(크실렌)[C_8H_{10}]

· 오염물질 발생량 = 7.0×0.03 kg/일×10^6 mg/kg×1일/8 hr×1 hr/60 min×0.5
= 219 mg/min

· 오염물질 농도 $= \dfrac{219\ mg/min \times 22.4}{97.96\ Sm^3/min \times 106.16}$ = 0.47 × 8(탄소수)=3.76 ppm

- ISO 뷰틸알코올 [$C_4H_{10}O$]

· 오염물질 발생량 = 7.0×0.03 kg/일×10^6 mg/kg×1일/8 hr×1 hr/60 min×0.5
= 219 mg/min

· 오염물질 농도 $= \dfrac{219\ mg/min \times 22.4}{97.96\ Sm^3/min \times 74.12}$ = 0.68 × 4(탄소수)=2.72 ppm

*** 각 탄화수소(THC) 농도**

: 상기 계산의 탄화수소 물질별 농도에 탄소등가교정계수로 탄화수소의 농도를 환산함.

Cc = C × K [단위 : ppmv(탄소)]

여기서, K는 탄소등가교정계수

(메탄=1, 에탄=2, 프로판=3, 부탄=4 ⇒ 탄소수에 비례)

◈ 도장시설에서 THC 총발생량 : 2.58 + 3.76 + 2.72 = 9.06 ppm

[활성탄 교체주기 산정(탄소수 제외)] : 0.43 + 0.47 + 0.68 = 1.58 ppm]

6.1.5 배출시설별 혼합가스 특성표

1) 방-1 흡착에의한시설 250 ㎥/분(증설)

구분	배출시설명	시설별 배출예상 오염물질		혼합시 배출예상 오염물질의 종류, 농도	
		오염물질 종류	가스량 및 농도	종류, 가스량	농도
배-1	도장시설 1.80 ㎥ × 1	가 스 량 S. T. P 온 도 먼 지 알루미늄및그화합물 T H C	52.16 ㎥/min 47.78 S㎥/min 25℃ 29.65 mg/S㎥ 11.86 mg/S㎥ 7.92 ppm(1.38 ppm)	배출시설 가스량	160.44 ㎥/min 146.98 S㎥/min [방지시설 여유율 36%]
배-2	도장시설 3.38 ㎥ × 1	가 스 량 S. T. P 온 도 먼 지 알루미늄및그화합물 T H C	82.05 ㎥/min 75.17 S㎥/min 25℃ 25.28 mg/S㎥ 9.98 mg/S㎥ 6.72 ppm (1.17 ppm)	온 도 먼 지 알루미늄및그화합물 THC	25℃ 27.78 mg/S㎥ 11.00 mg/S㎥ 7.39 ppm (1.29 ppm)
배-3	도장시설 1.85 ㎥ × 1	가 스 량 S. T. P 온 도 먼 지 알루미늄및그화합물 T H C	26.23 ㎥/min 24.03 S㎥/min 25℃ 31.90 mg/S㎥ 12.48 mg/S㎥ 8.44 ppm (1.47 ppm)		

※ 혼합시 가스 특성 계산

$$\text{혼합시 농도}\ C_t = \frac{(C_1Q_1 + C_2Q_2 \cdots\cdots\cdots C_nQ_n)}{Q_t}$$

- 가스량(Q_t) : 52.16 + 82.05 + 26.23 = 160.44 ㎥/min
- 표준가스량(Q_s) : 47.78 + 75.17 + 24.03 = 146.98 S㎥/min

· 먼지 $= \dfrac{47.78\times29.65 + 75.17\times25.28 + 24.03\times31.90}{146.98\ \text{S㎥/min}} = 27.78$ mg/S㎥

· 알루미늄 및 그 화합물 $= \dfrac{47.78\times11.86 + 75.17\times9.98 + 24.03\times12.48}{146.98\ \text{S㎥/min}} = 11.00$ mg/S㎥

· THC $= \dfrac{47.78\times7.92 + 75.17\times6.72 + 24.03\times8.44}{146.98\ Sm^3/min} = 7.39$ ppm

· THC $= \dfrac{47.78\times1.38 + 75.17\times1.17 + 24.03\times1.47}{146.98\ Sm^3/min} = 1.29$ ppm(교체주기 산정농도)

2) 방-2 흡착에의한시설 200 ㎥/분(증설)

구분	배출시설명	시설별 배출예상 오염물질		혼합시 배출예상 오염물질의 종류, 농도	
		오염물질 종류	가스량 및 농도	종류, 가스량	농도
배-4	도장시설 1.80 ㎥ × 1	가 스 량 S. T. P 온 도 먼 지 알루미늄및그화합물 T H C	52.16 ㎥/min 47.78 S㎥/min 25℃ 29.65 mg/S㎥ 11.86 mg/S㎥ 7.92 ppm(1.38 ppm)	**배출시설 가스량**	134.21 ㎥/min 122.95S ㎥/min [방지시설 여유율 33%]
배-5	도장시설 3.38 ㎥ × 1	가 스 량 S. T. P 온 도 먼 지 알루미늄및그화합물 T H C	82.05 ㎥/min 75.17 S㎥/min 25℃ 25.28 mg/S㎥ 9.98 mg/S㎥ 6.72 ppm(1.17 ppm)	온 도 먼 지 알루미늄및그화합물 THC	25℃ 26.98 mg/S㎥ 10.71 mg/S㎥ 7.19 ppm (1.25 ppm)

※ 혼합시 가스 특성 계산

혼합시 농도 $C_t = \dfrac{(C_1Q_1 + C_2Q_2 \cdots\cdots\cdots C_nQ_n)}{Q_t}$

- 가스량(Q_t) : 52.16 + 82.05 = 134.21 ㎥/min
- 표준가스량(Q_s) : 47.78 + 75.17 = 122.95 S㎥/min

· 먼지 $= \dfrac{47.78\times29.65 + 75.17\times25.28}{122.95\ Sm^3/min} = 26.98$ mg/S㎥

· 알루미늄 및 그 화합물 $= \dfrac{47.78 \times 11.86 + 75.17 \times 9.98}{122.95\ \text{Sm}^3/\text{min}} = 10.71\ \text{mg/Sm}^3$

· THC $= \dfrac{47.78 \times 7.92 + 75.17 \times 6.72}{122.95\ \text{Sm}^3/\text{min}} = 7.19\ \text{ppm}$

· THC $= \dfrac{47.78 \times 1.38 + 75.17 \times 1.17}{122.95\ \text{Sm}^3/\text{min}} =$ 1.25 ppm(교체주기 산정농도)

3) 방-3 흡착에의한시설 250 ㎥/분(기존)

구분	배출시설명	시설별 배출예상 오염물질		혼합시 배출예상 오염물질의 종류, 농도	
		오염물질 종류	가스량 및 농도	종류, 가스량	농도
배-6	도장시설 1.80 ㎥ × 1	가스량 S. T. P 온도 먼지 알루미늄및그화합물 THC	52.16 ㎥/min 47.78 S㎥/min 25℃ 29.65 mg/S㎥ 11.86 mg/S㎥ 7.92 ppm(1.38 ppm)	**배출시설 가스량**	134.21 ㎥/min 122.95 S㎥/min [방지시설 여유율 46%]
배-7	도장시설 3.38 ㎥ × 1	가스량 S. T. P 온도 먼지 알루미늄및그화합물 THC	82.05 ㎥/min 75.17 S㎥/min 25℃ 25.28 mg/S㎥ 9.98 mg/S㎥ 6.72 ppm(1.17 ppm)	온도 먼지 알루미늄및그화합물 THC	25℃ 26.98 mg/S㎥ 10.71 mg/S㎥ 7.19 ppm (1.25 ppm)

※ 혼합시 가스 특성 계산

$$\text{혼합시 농도}\ C_t = \frac{(C_1 Q_1 + C_2 Q_2 \cdots\cdots\cdots C_n Q_n)}{Q_t}$$

- 가스량(Q_t) : 52.16 + 82.05 = 134.21 ㎥/min
- 표준가스량(Q_s) : 47.78 + 75.17 = 122.95 S㎥/min

· 먼지 $= \dfrac{47.78 \times 29.65 + 75.17 \times 25.28}{122.95\ Sm^3/min} = 26.98\ mg/Sm^3$

· 알루미늄 및 그 화합물 $= \dfrac{47.78 \times 11.86 + 75.17 \times 9.98}{122.95\ Sm^3/min} = 10.71\ mg/Sm^3$

· THC $= \dfrac{47.78 \times 7.92 + 75.17 \times 6.72}{122.95\ Sm^3/min} = 7.19\ ppm$

· THC $= \dfrac{47.78 \times 1.38 + 75.17 \times 1.17}{122.95\ Sm^3/min} =$ 1.25 ppm(교체주기 산정농도)

4) 방-4 흡착에의한시설 250 ㎥/분(기존)

구분	배출시설명	시설별 배출예상 오염물질		혼합시 배출예상 오염물질의 종류, 농도	
		오염물질 종류	가스량 및 농도	종류, 가스량	농도
배-8	건조시설 56.70 ㎥ × 1	가 스 량 S. T. P 온 도 먼 지 황산화물 질소산화물 T H C	82.17 ㎥/min 63.55 S㎥/min 80℃ 0.11 mg/S㎥ 0.006 ppm 1.82 ppm 6.94 ppm (1.21 ppm)	**배출시설 가스량**	208.83 ㎥/min 161.51 S㎥/min [방지시설 여유율 16%]
배-9~10	건조시설 44.37 ㎥ × 2	가 스 량 S. T. P 온 도 먼 지 황산화물 질소산화물 T H C	126.66 ㎥/min 97.96 S㎥/min 80℃ 0.12 mg/S㎥ 0.006 ppm 1.89 ppm 9.06 ppm (1.58 ppm)	온 도 먼 지 황산화물 질소산화물 THC	80℃ 0.12 mg/S㎥ 0.006 ppm 1.86 ppm 8.23 ppm (1.43 ppm)

※ 혼합시 가스 특성 계산

$$\text{혼합시 농도 } C_t = \frac{(C_1 Q_1 + C_2 Q_2 \cdots\cdots\cdots C_n Q_n)}{Q_t}$$

- 가스량(Q_t) : 82.17 + 126.66 = 208.83 ㎥/min
- 표준가스량(Q_s) : 63.55 + 97.96 = 161.51 S㎥/min

· 먼지 $= \dfrac{63.55 \times 0.11 + 97.96 \times 0.12}{161.51\ Sm^3/min} = 0.12\ mg/Sm^3$

· 황산화물 $= \dfrac{63.55 \times 0.006 + 97.96 \times 0.006}{161.51\ Sm^3/min} = 0.006\ ppm$

· 질소산화물 $= \dfrac{63.55 \times 1.82 + 97.96 \times 1.89}{161.51\ Sm^3/min} = 1.86\ ppm$

· THC $= \dfrac{63.55 \times 6.94 + 97.96 \times 9.06}{161.51\ Sm^3/min} = 8.23\ ppm$

THC $= \dfrac{63.55 \times 1.21 + 97.96 \times 1.58}{161.51\ Sm^3/min} = 1.43$ ppm(교체주기 산정농도)

6.1.6 방지시설의 설치내역서

1) 방-1 흡착에의한시설 250 ㎥/분(증설)

A. 방지시설 효율

구 분	연결 배출시설	오염물질 종 류	인입가스 농 도	방지효율	최종배출 예상농도	배출 허용기준	비 고
흡착에 의한 시설	도장시설 1.80 ㎥ × 1 3.38 ㎥ × 1 1.85 ㎥ × 1	배출가스량	160.44 ㎥/min				
		S.T.P	146.98 S㎥/min				
		온 도	25℃				
		먼 지	27.78 mg/S㎥	40%	16.67 mg/S㎥	50 mg/S㎥	
		알루미늄 및 그화합물	11.00 mg/S㎥	40%	6.60 mg/S㎥	-	
		T H C	7.39 ppm	70%	2.22 ppm	40 ppm	

B. 방지시설 설계사양(흡착에의한시설 250 CMM)

① 명칭 및 형식 : 활성탄 흡착탑

구 분	제 작 규 격	재 질	비 고
본 체	2,400 W×3,800 L×2,250 H	SS400	
STACK	Φ600	SS400	
INLET	Φ600	Spiral	
OUTLET	Φ600	SS400	
흡착제(Cabon)	4~8 mesh	ACTIVATED CARBON	
측정공	Φ150	SS400	
송풍기(TURBO FAN)	250 CMM×250 mmAq×18.75 kw	SS400	

【방지시설의 설계 계산 및 근거】

- 처리가스량 : 250 ㎥/min
- 덕트 유입온도 : 25℃
- 공탑속도 : 0.3 m/sec

② **충진층단면적**

$$\cdot A = \frac{Q}{V} = \frac{250\ m^3/min}{0.3\ m/sec \times 60\ sec/min} = 13.89\ m^2$$

- 실제통과면적 : 2.4 m × 2.9 m × 2EA = 13.92 ㎡ 〉 13.89 ㎡
- 실제공탑속도

$$\cdot V = \frac{Q}{A} = \frac{250\ m^3/min}{13.92\ m^2 \times 60\ sec/min} = 0.30\ m/sec$$

③ **충진층 두께(D)**

- 가스량 = 250 ㎥/분 = 4.17 ㎥/sec
- 접촉시간 = 1sec 이상
- 체 적 = 4.17 ㎥/sec × 1sec = 4.17 ㎥
- H(충진층 높이)

$$\cdot H = \frac{4.17\ m^3}{13.92\ m^2} = 0.29\ m\ (300\ mm \times 2단으로\ 설계)$$

④ **충진층 규격**

2,400 W × 2,900 L × 300 D × 2EA = 4.18 ㎥

⑤ **활성탄**

- 소요량

  4.18 ㎥ × 500 kg/㎥ = 2,090 kg

- 평균 분자량 = 98.81

구성성분의 명칭	CAS 번호 및 식별번호	분자량	화학식
Butyl Acetate (초산부틸)	123-86-4	116.16	$C_6H_{12}O_2$
Xylene (자일렌)	1330-20-7	106.16	C_8H_{10}
ISO 뷰틸알코올 (Isobutanol)	78-83-1	74.12	$C_4H_{10}O$
평균 분자량		98.81	

- 활성탄 교체주기

$$T = \frac{3.74 \times 10^5 \times S \times W}{e \times Q \times M \times G}$$

여기서, T : 재생(교체)시간(hr)

e : 흡착효율(70 %)

Q : 처리가스량(250 ㎥/min)

M : 피흡착성분의 분자량(98.81 g/mol)

G : 피흡착성분의 농도(1.29 ppm)

S : 활성탄단의 중량당의 흡착량(0.25 g/g-흡착제)

W : 활성탄의 총중량(2,090 kg)

$$T = \frac{3.74 \times 10^5 \times S \times W}{e \times Q \times M \times G} = \frac{3.74 \times 10^5 \times 0.25 \times 2{,}090}{0.7 \times 250 \times 98.81 \times 1.29} = 8{,}761\,hr$$

∴ 여유율을 고려하여 활성탄 교체 주기는 1,200 hr/회
(8시간/일 × 25일 = 200시간, 6개월마다 교체)

- 발생폐기물(폐활성탄) 대책
  : 교체시 발생되는 폐활성탄은 폐기물 위탁처리업자에게 전량 위탁처리

⑥ 압력손실

i) 설계기본
- Duct Velocity(Vd) : 15 m/sec
- 20℃에서의 공기비중량 (r) = 1.2 kg/㎥

ii) TOTAL 압력손실($\triangle P_T$) = 95.0 mmAq
∴ 여유율을 고려하여 $\triangle P = 250\ mmAq$로 산정

- DUCT 에 의한 압력손실($\triangle P_D$)
  - 직관에 의한 압력손실 ($\triangle P_S$) : 8.6 mmAq
  - 곡관에 의한 압력손실 ($\triangle P_E$) : 37.6 mmAq
- A/C TOWER 의한 압력손실$\triangle P_A$) : 48.8 mmAq

【압력손실 산출근거】

ⓐ DUCT에 의한 압력손실($\triangle P_D$)

ⓐ-1. 직관에 의한 압력손실

$$\triangle P_S = \lambda \times \frac{L}{D} \times \frac{\gamma \cdot V^2}{2 \cdot g}$$

$$\triangle P_S = 0.025 \times \frac{10}{0.60} \times \frac{1.2 \times 15^2}{2 \times 9.8} = 8.6\ mmAq$$

ⓐ-2. 곡관에 의한 압력손실 (90° ELBOW, 7EA)

$$\triangle P_E = \xi \times \frac{\gamma \cdot V^2}{2 \cdot g}$$

(R/D 1.5일 때, ξ = 0.39)

Where, ξ : 압력손실(mmAq)
V : 반송속도(m/sec)
r : 공기의 밀도(kg/㎥)
g : 중력가속도(m/sec^2)

$$\triangle P_E = 0.39 \times \frac{1.2 \times 15^2}{2 \times 9.8} \times 7 = 37.6\ mmAq$$

ⓑ 활성탄에의한 압력손실($\triangle P_A$)

$$\triangle P_A = 0.37 \times D \times \left(\frac{V}{30.5}\right)^{1.56}$$

Where, $\triangle P_A$: 활성탄에 의한 압력손실(mmAq)
D : 활성탄의 두께(mm)
V : 흡착속도(0.3 m/sec×60 sec/min=18 m/min)

$$\triangle P_A = 0.37 \times 300 \times \left(\frac{18}{30.5}\right)^{1.56} = 48.8\ mmAq$$

※ **TOTAL 압력손실($\triangle P_T$)**
= $\triangle P_D$ + $\triangle P_A$ = 8.6 + 37.6 + 48.8 = 95.0 mmAq

⑦ 송풍기 선정

- 형　　식 : TURBO FAN
- 풍　　량 : 250 ㎥/min
- 압력손실 : 250 mmAq
- 수　　량 : 1SET
- 소요동력 :

$$kW = \frac{Q \times \triangle P}{102 \times 60 \times \eta} \times \alpha \qquad HP = \frac{Q \times \triangle P}{75 \times 60 \times \eta} \times \alpha$$

where, Q : 풍량(㎥/min)

$\triangle P$: 압력손실(mmAq)

η : 송풍기 효율(70%)

α : 안전인자(여유율)(20%)

$$kW = \frac{Q \times \triangle P}{102 \times 60 \times \eta} \times \alpha = \frac{250 \times 250}{102 \times 60 \times 0.7} \times 1.2 = 17.5$$

$$HP = \frac{Q \times \triangle P}{75 \times 60 \times \eta} \times \alpha = \frac{250 \times 250}{75 \times 60 \times 0.7} \times 1.2 = 23.8$$

∴ **여유율을 고려하여** 20 kw(27 HP)**으로 선정한다.**

2) 방-2 흡착에 의한 시설 200 ㎥/분(증설)

A. 방지시설 효율

구 분	연결 배출시설	오염물질 종 류	인입가스 농 도	방지효율	최종배출 예상농도	배출 허용기준	비 고
흡착에 의한 시설	도장시설 1.80 ㎥ × 1 3.38 ㎥ × 1	배출가스량	134.21 ㎥/min				
		S.T.P	122.95 S㎥/min				
		온 도	25℃				
		먼 지	26.98 mg/S㎥	40%	16.19 mg/S㎥	50 mg/S㎥	
		알루미늄 및 그화합물	10.71 mg/S㎥	40%	6.43 mg/S㎥	-	
		T H C	7.19 ppm	70%	2.16 ppm	40 ppm	

B. 방지시설 설계사양(흡착에 의한 시설 200 CMM)

① 명칭 및 형식 : 활성탄 흡착탑

구 분	제 작 규 격	재 질	비 고
본 체	2,400 W×3,800 L×2,250 H	SS400	
STACK	Φ550	SS400	
INLET	Φ550	Spiral	
OUTLET	Φ550	SS400	
흡착제(Cabon)	4~8 mesh	ACTIVATED CARBON	
측정공	Φ150	SS400	
송풍기(TURBO FAN)	250 CMM×250 mmAq×18.75 kw	SS400	

【방지시설의 설계 계산 및 근거】

- 처리가스량 : 200 ㎥/min
- 덕트 유입온도 : 25℃
- 공탑속도 : 0.3 m/sec

② 충진층단면적

$$\cdot A = \frac{Q}{V} = \frac{200\ ㎥/min}{0.3\ m/sec \times 60\ sec/min} = 11.11\ ㎡$$

- 실제통과면적 : 2.4 m × 2.9 m × 2EA = 13.92 ㎡ 〉 11.11 ㎡

- 실제공탑속도

$$\cdot V = \frac{Q}{A} = \frac{200\ m^3/min}{11.11\ m^2 \times 60\ sec/min} = 0.30\ m/sec$$

③ **충진층 두께(D)**

- 가스량 = 200 ㎥/분 = 3.33 ㎥/sec
- 접촉시간 = 1 sec 이상
- 체 적 = 3.3 ㎥/sec × 1 sec = 3.33 ㎥
- H(충진층 높이)

$$\cdot H = \frac{3.33\ m^3}{11.11\ m^2} = 0.29\ m(300\ mm \times 2단으로\ 설계)$$

④ **충진층 규격**

2,400 W × 2,900 L × 300 D × 2EA = 4.18 ㎥

⑤ **활성탄**

- 소요량

4.18 ㎥ × 500 kg/㎥ = 2,090 kg

- 평균 분자량 = 98.81

구성성분의 명칭	CAS 번호 및 식별번호	분자량	화학식
Butyl Acetate (초산부틸)	123-86-4	116.16	$C_6H_{12}O_2$
Xylene (자일렌)	1330-20-7	106.16	C_8H_{10}
ISO 뷰틸알코올 (Isobutanol)	78-83-1	74.12	$C_4H_{10}O$
평균 분자량		98.81	

- 활성탄 교체주기

$$T = \frac{3.74 \times 10^5 \times S \times W}{e \times Q \times M \times G}$$

여기서, T : 재생(교체)시간(hr)

e : 흡착효율(70 %)
Q : 처리가스량(250 ㎥/min)
M : 피흡착성분의 분자량(98.81 g/mol)
G : 피흡착성분의 농도(1.25 ppm)
S : 활성탄단의 중량당의 흡착량(0.25 g/g-흡착제)
W : 활성탄의 총중량(2,090 kg)

$$T = \frac{3.74 \times 10^5 \times S \times W}{e \times Q \times M \times G} = \frac{3.74 \times 10^5 \times 0.25 \times 2,090}{0.7 \times 250 \times 98.81 \times 1.25} = 9,041\ hr$$

∴ 여유율을 고려하여 활성탄 교체 주기는 1,200 hr/회
(8시간/일 × 25일 = 200시간, 6개월마다 교체)

- 발생폐기물(폐활성탄) 대책

: 교체시 발생되는 폐활성탄은 폐기물 위탁처리업자에게 전량 위탁처리

⑥ 압력손실

i) 설계기본
  - Duct Velocity(Vd) : 15 m/sec
  - 20℃에서의 공기비중량 (r) = 1.2 kg/㎥

ii) TOTAL 압력손실($\triangle P_T$) = 82.0 mmAq
  ∴ 여유율을 고려하여 $\triangle P = 200\ mmAq$로 산정

  - DUCT 에 의한 압력손실($\triangle P_D$)
    · 직관에 의한 압력손실 ($\triangle P_S$) : 6.3 mmAq
    · 곡관에 의한 압력손실 ($\triangle P_E$) : 26.9 mmAq
  - A/C TOWER 의한 압력손실$\triangle P_A$) : 48.8 mmAq

【압력손실 산출근거】

ⓐ DUCT에 의한 압력손실($\triangle P_D$)

ⓐ-1 직관에 의한 압력손실

$$\triangle P_S = \lambda \times \frac{L}{D} \times \frac{\gamma \cdot V^2}{2 \cdot g}$$

$$\triangle P_S = 0.025 \times \frac{10}{0.55} \times \frac{1.2 \times 15^2}{2 \times 9.8} = 6.3\ mmAq$$

ⓐ-2 곡관에 의한 압력손실 (90˚ ELBOW, 5EA)

$$\triangle P_E = \xi \times \frac{\gamma \cdot V^2}{2 \cdot g}$$

(R/D 1.5일 때, ξ = 0.39)

Where, ξ : 압력손실(mmAq)
V : 반송속도(m/sec)
r : 공기의 밀도(kg/㎥)
g : 중력가속도(m/sec^2)

$$\triangle P_E = 0.39 \times \frac{1.2 \times 15^2}{2 \times 9.8} \times 5 = 26.9\ mmAq$$

ⓑ 활성탄에의한 압력손실($\triangle P_A$)

$$\triangle P_A = 0.37 \times D \times \left(\frac{V}{30.5}\right)^{1.56}$$

Where, $\triangle P_A$: 활성탄에 의한 압력손실(mmAq)
D : 활성탄의 두께(mm)
V : 흡착속도(0.3 m/sec×60 sec/min=18 m/min)

$$\triangle P_A = 0.37 \times 300 \times \left(\frac{18}{30.5}\right)^{1.56} = 48.8\ mmAq$$

※ **TOTAL 압력손실($\triangle P_T$)**
= $\triangle P_D$ + $\triangle P_A$ = 6.3 + 26.9 + 48.8 = 82.0 mmAq

⑦ 송풍기 선정

- 형 식 : TURBO FAN
- 풍 량 : 200 ㎥/min
- 압력손실 : 200 mmAq
- 수 량 : 1SET
- 소요동력 :

$$kW = \frac{Q \times \Delta P}{102 \times 60 \times \eta} \times \alpha \qquad HP = \frac{Q \times \Delta P}{75 \times 60 \times \eta} \times \alpha$$

where, Q : 풍량(㎥/min)

$\triangle P$: 압력손실(mmAq)

η : 효율(70%)

α : 여유율(20%)

$$kW = \frac{Q \times \Delta P}{102 \times 60 \times \eta} \times \alpha = \frac{200 \times 200}{102 \times 60 \times 0.7} \times 1.2 = 11.2$$

$$HP = \frac{Q \times \Delta P}{75 \times 60 \times \eta} \times \alpha = \frac{200 \times 200}{75 \times 60 \times 0.7} \times 1.2 = 15.2$$

∴여유율을 고려하여 15 kw(20 HP)으로 선정한다.

3) 방-3 흡착에의한시설 250 ㎥/분(기존)

A. 방지시설 효율

구 분	연결 배출시설	오염물질 종 류	인입가스 농 도	방지효율	최종배출 예상농도	배출 허용기준	비 고
흡착에의한시설	도장시설 1.80 ㎥ × 1 3.38 ㎥ × 1	배출가스량	134.21 ㎥/min				
		S.T.P	122.95 S㎥/min				
		온 도	25℃				
		먼 지	26.98 mg/S㎥	40%	16.19 mg/S㎥	50 mg/S㎥	
		알루미늄 및 그화합물	10.71 mg/S㎥	40%	6.43 mg/S㎥	-	
		T H C	7.19 ppm	70%	2.16 ppm	40 ppm	

B. 활성탄

- 소요량 : 4.18 ㎥ × 500 kg/㎥ = 2,090 kg
- 평균 분자량 = 98.81

구성성분의 명칭	CAS 번호 및 식별번호	분자량	화학식
Butyl Acetate (초산부틸)	123-86-4	116.16	$C_6H_{12}O_2$
Xylene (자일렌)	1330-20-7	106.16	C_8H_{10}
ISO 뷰틸알코올 (Isobutanol)	78-83-1	74.12	$C_4H_{10}O$
평균 분자량		98.81	

- 활성탄 교체주기

$$T=\frac{3.74\times 10^5\times S\times W}{e\times Q\times M\times G}$$

여기서, T : 재생(교체)시간 (hr)

e : 흡착효율 (70 %)

Q : 처리가스량 (250 ㎥/min)

M : 피흡착성분의 분자량 (98.81 g/mol)

G : 피흡착성분의 농도(1.25 ppm)
S : 활성탄단의 중량당의 흡착량 (0.25 g/g-흡착제)
W : 활성탄의 총중량 (2,090 kg)

$$T = \frac{3.74 \times 10^5 \times S \times W}{e \times Q \times M \times G} = \frac{3.74 \times 10^5 \times 0.25 \times 2,090}{0.7 \times 250 \times 98.81 \times 1.25} = 9,041\ hr$$

∴ 여유율을 고려하여 활성탄 교체 주기는 1,200 hr/회
(8시간/일 × 25일 = 200시간, 6개월마다 교체)

4) 방-4 흡착에의한시설 250 ㎥/분(기존)

A. 방지시설 효율

구 분	연결 배출시설	오염물질 종 류	인입가스 농 도	방지효율	최종배출 예상농도	배출 허용기준	비 고
흡착에 의한 시설	건조시설 56.70 ㎥ × 1 44.37 ㎥ × 2	배출가스량	208.83 ㎥/min				
		S.T.P	161.51 S㎥/min				
		온 도	80℃				
		먼 지	0.12 mg/S㎥	40%	0.072 mg/S㎥	50 mg/S㎥	
		황산화물	0.006 ppm	50%	0.003 ppm	400 ppm	
		질소산화물	1.86 ppm	-	1.86 ppm	200 ppm	
		T H C	8.23 ppm	70%	2.47 ppm	40 ppm	

B. 활성탄

- 소요량 : 4.18 ㎥ × 500 kg/㎥ = 2,090 kg
- 평균 분자량 = 98.81

구성성분의 명칭	CAS 번호 및 식별번호	분자량	화학식
Butyl Acetate (초산부틸)	123-86-4	116.16	$C_6H_{12}O_2$
Xylene (자일렌)	1330-20-7	106.16	C_8H_{10}
ISO 뷰틸알코올 (Isobutanol)	78-83-1	74.12	$C_4H_{10}O$
평균 분자량		98.81	

- 활성탄 교체주기

$$T = \frac{3.74 \times 10^5 \times S \times W}{e \times Q \times M \times G}$$

여기서, T : 재생(교체)시간(hr)

e : 흡착효율(70%)

Q : 처리가스량(250 ㎥/min)

M : 피흡착성분의 분자량(98.81 g/mol)

G : 피흡착성분의 농도(1.43 ppm)

S : 활성탄단의 중량당의 흡착량(0.25 g/g-흡착제)

W : 활성탄의 총중량(2,090 kg)

$$T = \frac{3.74 \times 10^5 \times S \times W}{e \times Q \times M \times G} = \frac{3.74 \times 10^5 \times 0.25 \times 2{,}090}{0.7 \times 250 \times 98.81 \times 1.43} = 7{,}903\ hr$$

∴ 여유율을 고려하여 활성탄 교체 주기는 1,200 hr/회
(8시간/일 × 25일 = 200시간, 6개월마다 교체)

6.1.7 방지시설 도면

1) 배출시설 및 방지시설 배치도

〈부지경계내 배출시설 및 방지시설의 배치도면 작성〉

2) 배출시설 및 방지시설 배치에 따른 ISO도면

〈배출시설 및 방지시설의 ISO 도면〉 배출시설, 후드, 덕트 등 설치 세부내역

3) 방지시설 관련 도면 일체

〈방지시설 관련 도면 일체〉 - 방지시설 레이아웃 - 평면도, 정면도, 측면도 - 송풍기 도면(평면도, 정면도, 측면도) - 전기 배선도

6.1.8 연간 유지관리 계획서

1) 방지시설 운영비

A. 흡착에의한시설 250 ㎥/분 × 1

내 역	연간운영비(원)	비 고
전 력 비	4,050,000	18.75 ㎾×90원/㎾×8 hr×300일 = 4,050,000원
활성탄교체비	8,360,000	활성탄 : 2회/년x2,090 kg = 4,180 kg/년 4,180 kg/년×2000원/kg = 8,360,000원/년
유지보수비	1,000,000	MOTOR 및 FAN 벨트·베어링 유지·보수비
기타	2,000,000	자가측정 및 폐기물 처리비, 기타 비용
합 계	**15,410,000**	

B. 흡착에의한시설 200 ㎥/분 × 1

내 역	연간운영비(원)	비 고
전 력 비	3,240,000	15 ㎾×90원/㎾×8 hr×300일 = 3,240,000원
활성탄교체비	8,360,000	활성탄 : 2회/년x2,090 kg = 4,180 kg/년 4,180 kg/년×2000원/kg = 8,360,000원/년
유지보수비	1,000,000	MOTOR 및 FAN 벨트·베어링 유지·보수비
기타	2,000,000	자가측정 및 폐기물 처리비, 기타 비용
합 계	**14,600,000**	

2) 방지시설의 운전과 유지관리 체계

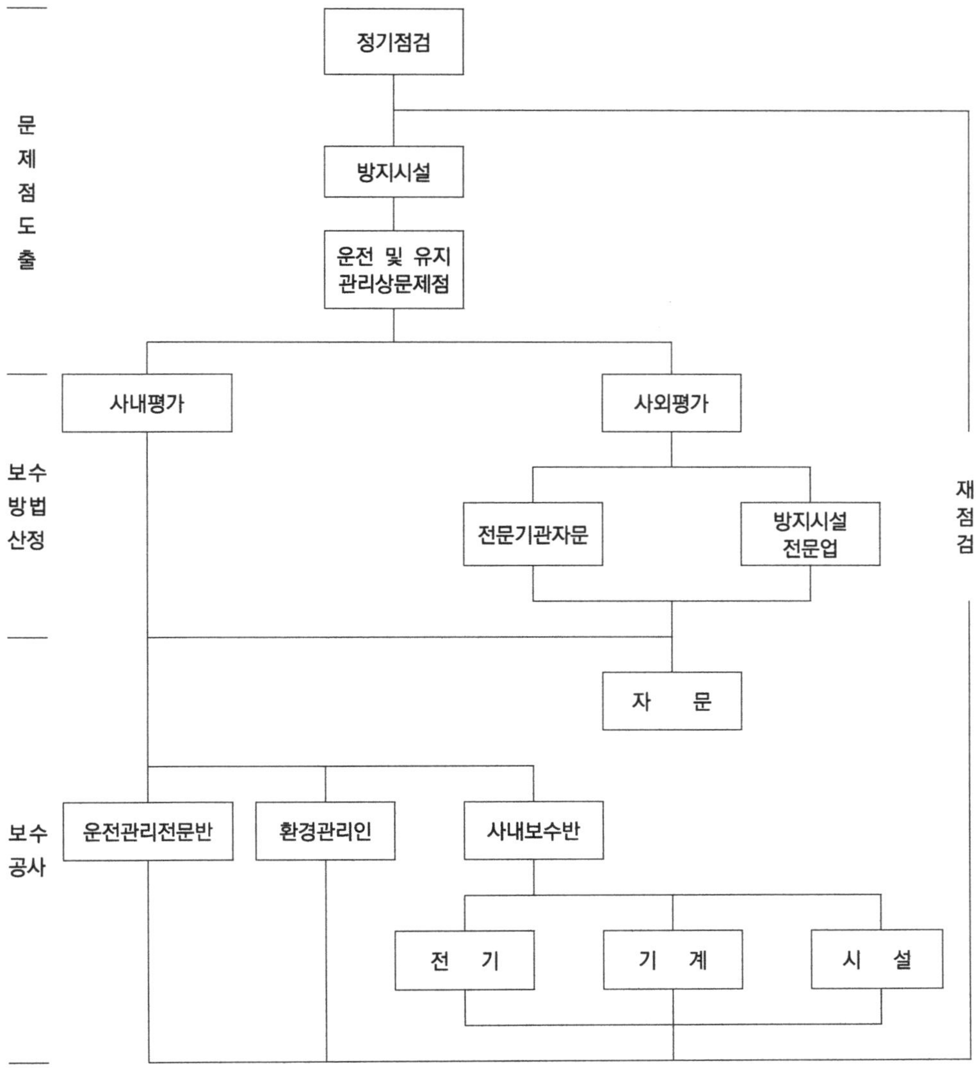

3) 유지관리요령

(1) 운전방법

① 운전 전 점검

항 목	점 검 사 항
CONTROR PANEL	- MAIN 전환 LAMP가 점등되어 있는지 확인 - 전압에 맞추어 TRANS의 단자 접속이 맞는지 여부
송 풍 기	- 전원 결선 상태의 확인 - 송풍기 회전 상태의 확인
기계적인 사항	- 각 주유부의 주유 상태 확인 - 각 덕트 라인의 DAMPER OPEN확인 - 각 구동부 주위에 위험물의 적재, 협잡물이 끼어있나 확인 - 각 덕트 및 후드에 LEAK 확인
SCUBBER	- 압력 손실 점검 - 장치의 파손 및 공기누출 점검 - 송풍기의 지지대 및 주유 상태 점검과 비정상적인 소음 확인
기타 사항	- 각 시설의 외관에 이상이 있는지 확인

② 부하 운전

- 송풍기를 가동(ON)시킨다.
- MAIN DAMPER를 서서히 OPEN한다.
- 전체 상태를 확인후 정상 가동한다.
- 문제점이 발견되면 즉시 정지시키고 책임자에게 보고하여 보완조치후 재가동한다.
- 송풍기의 지지대 및 주유상태 점검과 비정상적인 소음확인.

③ 정 지

- 송풍기 전원 스위치를 OFF한다.
- DAMPER를 닫는다.
- 배기가스 중에는 부식가스가 공존할 수가 있으므로 정지한 때에는 적어도 신선한 공기로 10분이상 가동하여 배가스를 완전히 차단시킨다.

④ **전기판넬 조작**

- 송풍기 (FAN)조작 : 송풍기를 가동시키고자 할 때에는 전원스위치를 ON한다.
- 과부하시 판넬조작 : 가동중인 모터가 과부하 발생으로 MOTER TRRIP이 발생할 경우에는 다음의 조치를 취한다.
  a. 과부하로 MOTER TRIP이 되면 OVER LOAD LAMP가 점등된다.
  b. 과부하 발생원인을 확인하여 제거시키고 PANELSOAUS의 문을 RESET 하면 OVER LAMP가 소등된다.
  c. 정상운전 : 모터의 과부하 발생시 송풍기의 상태, 전압의 이상유무를 확인하여 원인을 완전히 제거시킨 후 재운전한다.

(2) 유지 및 관리

① **점검**

- 송풍기 전동 모니터의 벨트 마모 상태를 확인.
- 각 구동부 베어링의 급유상태를 점검.
- DUCT 연결부의 FLANGE 부분의 가관상태를 점검.
- 점검부의 PACKING 상태를 점검.
- DUCT 내부의 부식 및 전체 상태를 점검.

② **정비 사항**

항목	장비주기	점검사항
FAN BEARING FAN BELT	3개월 매월	- BEARING 소손 여부 및 OIL 주입 - BELT 마모 여부 및 TENSION 조절

③ 성능 저하시 대책 및 조치 사항

상 태	확 인	조 치
가스흡입불량	- 송풍기 정지 - 송풍기 밸트 이완 - 댐퍼 궤도 불량 - 닥트의 막힘 - 외기 흡입	- 휴즈,마그네틱 점검 - 점검 및 교체 - 점검 조치 - 청소하여 이물질 제거 - 후드, 닥트의 부설부 보완
이상 전류	- V-BELT가 늘어났을 때 - IMPELLER내부에 이물질이 있을 때 - 송풍기 자체의 이상 - 송풍기 흡입구 기류의 배관상태가 나빠 난류될 때	- V-BELT 점검 및 교체 - 이물질 제거 - 송풍기 점검 조치 - 배관 상태 조정
진동 발생	- IMPELLER 불균형 - 기초가 약하거나 기초 BOLT가 풀렸을 때 - IMPELLER에 이물질이 부착될 경우 - BEARING에 이상이 있거나 축심이 불일치 - CASING에 물이 들어갔을 경우	- BLANCE 점검 및 조절 - 기초를 강화 또는 BOLT조절 - 청소하여 이물질 제거 - BEARING 및 축심점검 - 청소하여 습기 제거
BEARING의 파열	- V-BELT의 장력이 과다 - 윤활유가 과다하거나 적을시 - BEARING HOUSING과의 압박 - 베어링의 이상	- V-BELT 장력 조절, 교체 - 윤활유 조절 - BEARING HOUSING 조절 - BEARING 점검 및 교체
급.배수가 불량	- 배관 LINE 누수 - NOZZLE 폐쇄	- 누수되면 보수, 교체 - NOZZLE 분무상태 확인, 보수
MIST 배출	- NOZZLE 분무압 - 액가스 분리기	- 적정 분무압 유지 - 설치여부, 파손여부 확인
GAS 흡인 불량	- 송풍기 용량 저하 - DUST 폐쇄 - 송풍기 정지	- BELT 장력 점검, 이완시 교체 - 송풍기부식 상태, IMPELLER등 점검 노후시 보수, 교체 - DUST내 분진 퇴적현상 점검 보수 - 휴즈, 전동기 점검 및 보수

6.2 사례분석-염색업

■ 대기환경보전법 시행규칙 [별지 제4호서식] 〈개정 2019.7.16〉

대기배출시설 [ ] 변경허가 [√] 변경신고 신청서

(앞쪽)

접수번호	접수일	처리일	처리기간	변경허가는 7일, 변경신고는 5일 (사업장 명칭변경, 대표자 변경, 시설의 전부 폐쇄는 즉시)

허가(신고)번호 제 공단 호

신청인	상호(사업장 명칭) (주)oooooo	
	성명(대표자) 대표이사	생년월일 0000.00.00
	전화번호 000-000-0000	휴대전화번호 000.0000.0000
	주 소 경기도 00시 00구 000동 0000로 000번길 00-00	
	사업장 소재지 경기도 00시 00구 000동 0000로 000번길 00-00 (전화번호 000-000-0000)	

설치 예정일	가동 개시 예정일
변경사유	

변경내용		기존사항				변경사항			
	시설변경	시설명	연료 및 원료 사용량	용량	수량	시설명	연료 및 원료 사용량	용량	수량
				"별		첨"			
	대기오염물질 발생량	대기오염 물질 종류	연료 및 원료 사용량	배출계수	발생량	대기오염 물질 종류	연료 및 원료 사용량	배출계수	발생량
				"별		첨:			
	그 밖의 변경								

「대기환경보전법」 제23조제2항 또는 제3항과 같은 법 시행규칙 제26조 및 제27조에 따라 배출시설의 (변경허가 신청, **변경신고**)를 합니다.

20xx년 xx월 일

신청인 (주)0000000 대표이사 (서명 또는 인)

경기도지사 귀하

210 mm×297 mm[백상지 80 g/㎡]

※ 별첨 : 변경내역

변경 전

배출시설명	용량(㎥)	수량	방지시설명	용량(㎥/min)	수량
1) 신고대상(염색공정)-섬유제품 제조시설					
다림질시설	160	1	[방1] 흡수에 의한 시설	320	1
2) 허가대상(날염공정)-섬유제품 제조시설					
건조시설(증열시설)	6.48	1	[방2] 흡수에 의한 시설	200	1
건조시설	3.84	1			
혼합시설	0.55	1			

변경 내용

배출시설명	용량(㎥)	수량	방지시설명	용량(㎥/min)	수량
			• 이하 방지시설 폐쇄		
			[방1] 흡수에 의한 시설	320	1
			• 이하 방지시설 증설		
			흡수에 의한 시설 (멀티스크러버) (수평형스크러버, 오일필터)	320	1

변경 후 합계

배출시설명	용량(㎥)	수량	방지시설명	용량(㎥/min)	수량	비고
1) 신고대상(염색공정)-섬유제품 제조시설						
다림질시설	160	1	[방3] 흡수에 의한 시설 (멀티스크러버) (수평형스크러버, 오일필터)	320	(증)1	
2) 허가대상(날염공정)-섬유제품 제조시설						
건조시설(증열시설)	6.48	1	→ [방2] 흡수에 의한 시설	200	1	
건조시설	3.84	1				
혼합시설	0.55	1				

6.2.1 사업장개요

1) 신고개요

당사는 경기도 00시 00구 000동 0000로 000번길 00-00에 위치한 직물 및 편조원단 염색가공 및 날염가공 제조업체(분류번호:13402,13403)로서 염색공정 다림질시설에서 배출되는 유증기가 함유되어 있는 백연을 효율적으로 제거하기 위하여 대기방지시설인 기존의 흡수에 의한 시설(320 ㎥/min×1)을 폐쇄하고 신규방지시설인 흡수에 의한 시설로 전단부 "수평형스크러버(Cross Flow Scrubber)", 후단부 "오일필터(Oil Filter)"를 결합한 연속처리시설로서 작업환경에 미치는 영향을 최소화함과 동시에 주위환경에 미치는 영향을 최대한 줄여 더불어 함께 살아가는 쾌적한 작업환경 및 환경보전을 위한 정부방침에 부응하고자 합니다.

이에 근거서류를 갖춰서 대기배출시설 변경신고 신청서를 제출합니다.

1. 방지시설 내역 - 폐쇄 : 흡수에 의한 시설(320 ㎥/min×1)

증설 : 흡수에 의한 시설(320 ㎥/min×1)

[멀티스크러버/전단부:수평형 스크러버, 후단부:오일필터(Oil Filter)]

2) 변경내용

구분	배출시설	오염물질 발생량 (ton/년)	방지시설	오염 물질	배출허용 기 준	처리전농도	배출농도
방지시설 증설	[기존] 다림질시설 (160 ㎥×1)	0.72	[방3] 흡수에 의한 시설 (320 ㎥/min×1) [전단부:수평형 스크러버, 후단부:오일필터(Oil Filter)]	가스량 먼 지	- 100 ㎎/S㎥	250 ㎥/min 15.86 ㎎/S㎥	[방3] 250 ㎥/min 2.38 ㎎/S㎥
방지시설 폐쇄	[기존] 다림질시설 (160 ㎥×1)	-	[방1] 흡수에 의한 시설 (320 ㎥/min×1)	-	-	-	-

3) 변경후 대기배출시설 및 방지시설 설치내역서

배출시설		용량(㎥)	수량	방지시설	용량(㎥/min)	수량	비고
염색공정(신고대상)	다림질(텐트)시설	160	1	[방3] 흡수에 의한 시설 [전단부:수평형 스크러버, 후단부:오일필터]	320	1	증설
날염공정(허가대상)	건조시설(증열시설)	6.48	1	[방2] 흡수에의한시설	200	1	기존
	건조시설	3.84	1				
	혼합시설	0.55	1				

4) 대기오염물질 발생량

(대기 5종 : 변경없음)

⇨ 금회 방지시설에 증설에 따른 사항으로 추가되는 오염물질 및 사업장 종산정에 관련된 오염물질이 아니며, 종산정에는 영향을 주지 아니함.

오염물질종류 (먼지, SO_2, NO_2)	연료 및 원료사용량	배출계수	발생량(톤/년)
먼 지	**염색공정** 가성소다 : 50 kg, 정련제 : 50 kg, 염료 : 10 kg, 빙초산 : 20 kg, 유연제 : 70 kg **날염공정** 염료 : 24 kg, 균염제 : 32 kg, 유연제 : 24 kg, TCE : 0.1 kg, 오염방지제 : 24 kg	-	0.76
SO_2		-	-
NO_2		-	-
합 계			0.76

6.2.2 제품생산 공정도

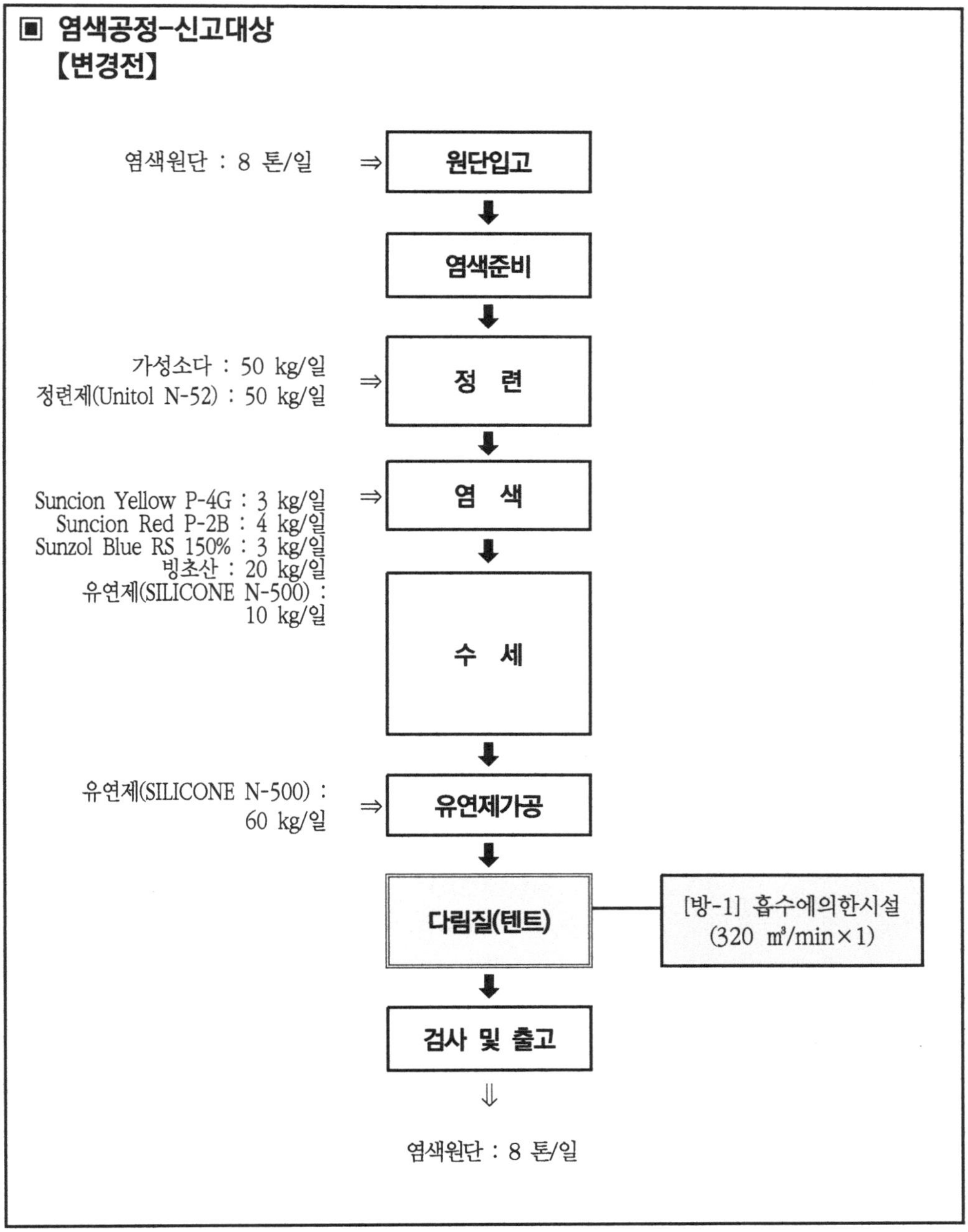
▣ 염색공정-신고대상
【변경전】
염색원단 : 8 톤/일
원단입고
염색준비
가성소다 : 50 kg/일
정련제(Unitol N-52) : 50 kg/일
정 련
Suncion Yellow P-4G : 3 kg/일
Suncion Red P-2B : 4 kg/일
Sunzol Blue RS 150% : 3 kg/일
빙초산 : 20 kg/일
유연제(SILICONE N-500) : 10 kg/일
염 색
수 세
유연제(SILICONE N-500) : 60 kg/일
유연제가공
다림질(텐트)
[방-1] 흡수에의한시설 (320 ㎥/min×1)
검사 및 출고
염색원단 : 8 톤/일

▣ 염색공정-신고대상
【변경후】

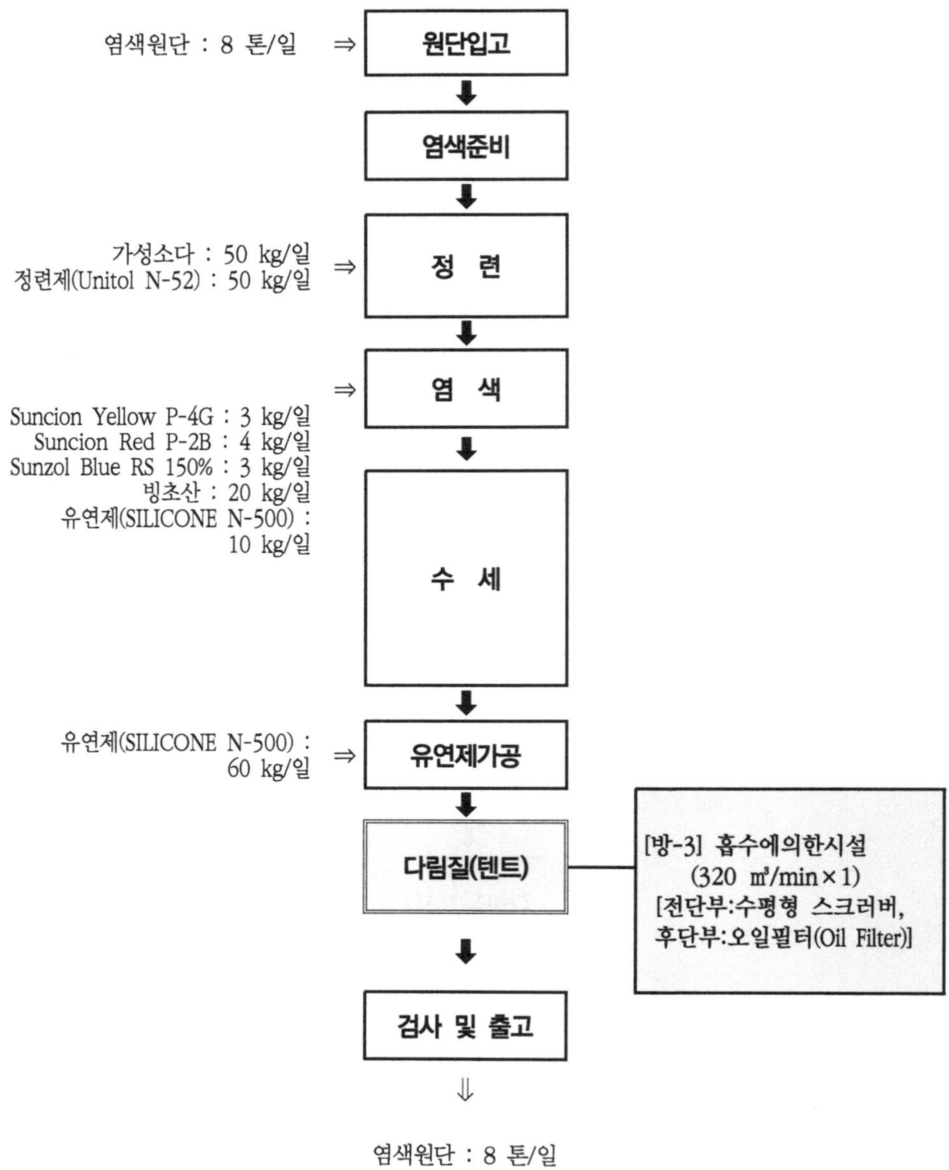

▣ 날염공정-허가대상
【변경없음】

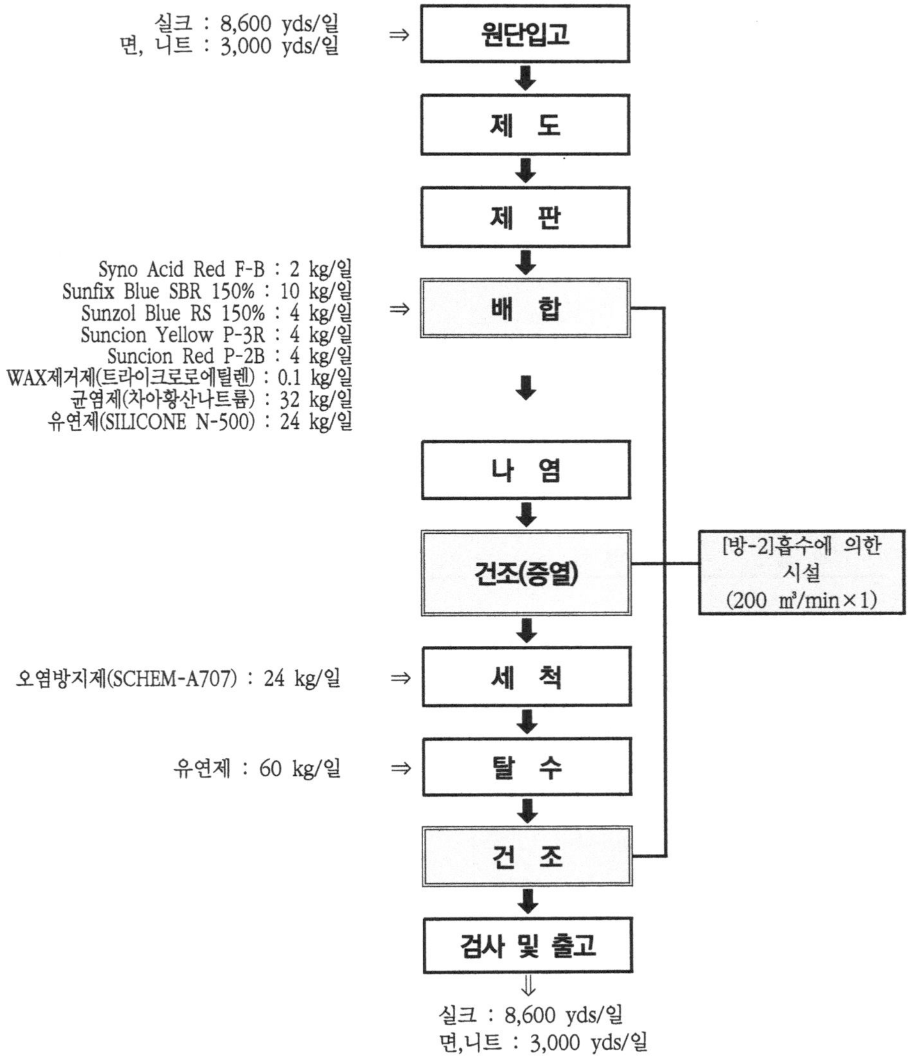

※ WAX 제거제는 벨트위에 날염을 위한 원단의 접지력을 높이기 위해 발라준 WAX가 수회 사용시 WAX의 효능이 저하되어 원단의 접지력이 떨어져 원단의 접지력을 높이고자 WAX를 제거하여 주는 것으로 벨트에서 제거시 100% 휘발되어 건조(증열)시설에서는 발생되지 아니함.

6.2.3 원료사용량 및 제품생산량

1) 원료사용량

[변경없음]

(1) 염색공정-신고대상

구 분	원 료 명		일 사용량(kg)		연간 사용량(kg)	
			최 대	평 균	최 대	평 균
원 재 료	염색원단		8	7.5	2,400	2,250
염 색	염료	Suncion Yellow P-4G	3	2.4	900	240
		Suncion Red P-2B	4	3.2	1,200	960
		Sunzol Blue RS 150%	3	2.4	900	240
	빙 초 산		20	18	6,000	5,400
	가성소다		50	42	15,000	12,600
	정련제(Unitol N-52)		50	42	15,000	12,600
유연제가공	유 연 제		70	50	21,000	15,000

(2) 날염공정-허가대상

구분	원 료 명		일 사용량(kg)		연간 사용량(kg)	
			최 대	평 균	최 대	평 균
배합	염 료	Syno Acid Red F-B	2	1.6	600	480
		Sunfix Blue SBR 150%	10	8	3,000	2,400
		Sunwol Blue RS 150%	4	3.2	1,200	960
		Suncion Yellow P-3R	4	3.2	1,200	960
		Suncion Red P-2B	4	3.2	1,200	960
	유 연 제(SILICONE N-500)		24	20	7,200	6,000
	균 염 제(차아황산나트륨)		32	30	9,600	9,000
나염	WAX제거제(트라이클로로에틸렌)		0.1	0.09	30	27
세척	오염방지제(SCHEM-A707)		24	20	7,200	6,000

2) 제품생산량

[변경없음]

제품명		단위	일일 생산량		연간 생산량		비 고
			최 대	평 균	최 대	평 균	
신고대상 (염색공정)	염색원단	TON	8	7.5	21,000	15,000	
허가대상 (날염공정)	실크나염	yds	8,600	8,000	2,580,000	2,400,000	
	면, 니트나염	yds	3,000	2,600	900,000	780,000	

3) 일일조업시간 및 연간가동일수

일일 조업시간	월 조업시간	연간 조업시간	비 고
16시간/일	25일/월	300일/년	

6.2.4 배출시설별 배출가스량 및 오염물질의 종류, 농도 내역

1) 배출시설별 오염물질 산정내역

(1) 다림질(텐트)시설

① 명칭 : 다림질(텐트)시설

② 형식 : Tunnel Type

③ 규격 및 수량 : 3,700 W×2,400 L×1,800 H=160 ㎥

④ 연결 방지시설 : [방-3] 흡수에 의한 시설 (320 ㎥/min×1)
[전단부 : 수평형 스크러버, 후단부 : 오일필터(Oil Filter)]

⑤ 연료 및 동력사용방법 : 열매체에 의한 간접가열

⑥ 용 도 : 다림질

⑦ 운전 및 가동방법 : 유연제 처리된 염색 가공 원단을 약160℃의 텐트시설 내를 약 1분간 통과시켜 건조와 동시에 구김을 펴줌

⑧ 배출가스 포집기구(후드) 설계 : 직결배기 FAN용량으로 산정

⑨ 배출가스량 산정내역[기신고서류 참조]

<u>배출가스량 Q(㎥/min) 산정</u>

송풍기 풍량

Q(㎥/min) = 직결배기 FAN용량(50 ㎥/min, at 100 ℃)× 직결FAN수량

= 50 ㎥/min×5 = 250 ㎥/min

※ 표준상태가스량 = 250 ㎥/min × $\frac{273}{(273 + 160)}$ = 158 S㎥/min(at 160℃)

⑩ 배출예상오염물질의 종류 및 농도

배출가스량 및 특성	오염물질 종류	농 도	비 고	배출 허용기준	연계 방지시설
250 ㎥/min =158 S㎥/min 온도 : 160℃	먼 지	15.86 ㎎/S㎥	입자상	100 ㎎/㎥	[방-3] 흡수에 의한 시설 (320 ㎥/min×1) [전단부 : 수평형 스크러버, 후단부 : 오일필터(Oil Filter)]

▶ **먼지 산정내역**[기신고 서류 참조]

: 먼지-섬유잔털의 일부가 먼지로 배출됨.

- 원단 사용량(일일 가공원단 건조량) : 8,000 kg/day
- 먼지 비산율 : 300 ㎎/㎏(최대 배출 예측치)
- 다림질시설 가동시간 : 16시간/일
- 먼지 발생량(mg/hr)

$$8{,}000\ \text{kg} \times 300\ \text{mg/kg} \times 1\text{일}/16\ \text{hr} = 150{,}000\ \text{mg/hr}$$

$$\text{먼지농도} = \frac{150{,}000\ \text{mg/hr}}{158\ \text{S㎥/min} \times 60} = 15.86\ \text{㎎/S㎥}$$

※ 염색된 원단을 수세 후 텐트시설로 유입되므로 정련 및 염색공정에서 사용되는 원료에 의한 오염물질은 텐트시설에서 배출되지 아니함.

[표 6.8] 사용원료 특성

물 질 명		분자식	분자량	CAS No.	함유량(%)		비중	성상
					범위	적용		
Sunzol Blue RS 150%	Cl. Rdactive Blue 19	$C_{22}H_{15}N_2O_{11}S_3$		2580-78-1	70~80			분말
	Sodium sulfate	Na_2SO_4	142.044	7757-82-6	20~30		2.761	고체
Suncion Yellow P-4G	Cl. Reactive Yellow 18	$C_{25}H_{16}ClN_9O_{13}S_4$.4Na	148.12	12226-48-1	50~60			분말
	Sodium sulfate	Na_2SO_4	142.044	7757-82-6	40~50		2.761	고체
Suncion Red P-2B	Cl. Reactive Red 24	$C_{27}H_{22}ClN_7O_{10}S_3$.3Na	74.12	71-36-3	50~60			분말
	Sodium sulfate	Na_2SO_4	142.044	7757-82-6	40~50		2.761	고체
	정 련 제	-						
Unitol N-52	Poly(ethyleneoxide)tridecylether	$CH_3H_{28}O$	200.36	112-70-9	10~15		0.82	고체
	Polyoxyethylene Lauryl ether	$C_{58}H_{118}O_{24}$	1199.55	9002-92-0	10~15		0.99	액체
	D.I Water	H_2O	18	7732-18-5	70~80		1	액체
유연제 ACE -M Cone	실리콘계고분자	-		71750-79-3	〉20			액체
	특수비이온계면활성제	$C_5H_{10}O_2$		9003-11-6	〉5		1.02	
	방부제	-		-	〈0.5			

2) 혼합 후 배출가스량 및 오염물질농도

▣ [방-3] 흡수에 의한 시설(멀티스크러버) 320 ㎥/min × 1 (전단부:수평형스크러버, 후단부:오일필터)(증설)

구분	배출시설	시설별 배출가스		1차 대기방지시설 유입혼합가스 [방-3]흡수에 의한 시설(멀티스크러버) 320 ㎥/min× 1			
		종류	농도	종류	농도	종류	농도
				〈전단부:수평형스크러버〉		〈후단부:오일필터〉	
기존 시설	다림질 (텐트) 시설 160 ㎥×1	가 스 량 (표준가스량) 온 도 먼 지	250 ㎥/min (158 S㎥/min) 160℃ 15.86 ㎎/S㎥	가스량 (표준가스량) 온 도 먼 지	250 ㎥/min (158 S㎥/min) 160℃ 15.86 ㎎/㎥	가스량 (표준가스량) 온 도 먼 지	250 ㎥/min (158 S㎥/min) 60℃ 7.93 ㎎/S㎥

6.2.5 방지시설의 설치내역서

1) [방3]흡수에 의한 시설(멀티스크러버) 320 ㎥/min × 1 - 증설

(1) 명칭 : 흡수에 의한 시설(멀티스크러버) - 320 ㎥/min

(2) 형식 : 멀티스크러버/전단부-수평형스크러버,
후단부-오일필터(Oil Filter)

(3) 방지시설의 효율

<table>
<tr><th rowspan="3">연결 배출 시설</th><th rowspan="3">오염 물질 종류</th><th rowspan="3">처리 전</th><th colspan="4">처리 후</th><th rowspan="3">배출허용 기준</th></tr>
<tr><th colspan="2">전단부</th><th colspan="2">후단부</th></tr>
<tr><th>방지 효율</th><th>종류</th><th>방지 효율</th><th>종류</th></tr>
<tr><td rowspan="4">다림질 시설
160㎥× 1</td><td>가스량</td><td>250 ㎥/min</td><td></td><td>250 ㎥/min</td><td></td><td>250 ㎥/min</td><td></td></tr>
<tr><td>온 도</td><td>160℃</td><td></td><td>60℃</td><td></td><td>60℃</td><td></td></tr>
<tr><td>표준가스량</td><td>158 S㎥/min</td><td></td><td>158 S㎥/min</td><td></td><td>158 S㎥/min</td><td></td></tr>
<tr><td>먼 지</td><td>15.86 ㎎/S㎥</td><td>50%</td><td>7.93 ㎎/S㎥</td><td>70%</td><td>2.38 ㎎/S㎥</td><td>100 ㎎/S㎥</td></tr>
</table>

【방지시설처리효율 참고문헌】

- 환경부, “대기오염물질 배출 사업장 종 산정방법 변경에 따른 업무처리지침”, 2004.02.
- Kimre, "Clear Solutions" 6~7 page 1 ㎛입자를 99%이상 제거하고, 오일필터의 유속에 따른 효율을 그래프로 나타냄.

⇒ “대기오염물질 배출 사업장 종 산정방법 변경에 따른 업무처리지침”에는 세정집진시설의 대기오염물질(먼지) 제거효율이 70%이며, Kimre, "Clear Solutions"에서는 99%의 제거효율을 나타내고 있다.

본 설비는 멀티스크러버로 수평형스크러버(전단)와 오일필터(후단)로 인해 처리효율이 기존의 세정집진시설보다는 우수하며, 설비 보증성능을 감안하여 전체 처리효율을 85%로 산정함.

2) 멀티스크러버 전단부(수평형스크러버) 설계

: Cross-Flow Scrubber

(1) 설계 및 근거

- 외형규격 : 1,700 W × 3,200 H × 2,800 L
- 본체 재질 : SS 400
- Packing Media : P.P

(2) 본체 설계계산 및 사양

◑ 설계조건

- ○ 설계용량(Q) : 320 ㎥/min
- ○ 처리가스량(Q) : 250 ㎥/min(158 S㎥/min)
- ○ 처리가스온도 : 100℃
- ○ 오염물질의 종류 : 먼지

◑ 본체의 설계 사양

○ 탑경(G)의 계산

$$\frac{L'}{V'}\times\left(\frac{\rho G}{\rho L}\right)^{0.5}=\frac{38,400}{23,040}\times\left(\frac{1.2}{1,000}\right)^{0.5}=\underline{\mathbf{0.06}}$$

- L' (세정액유량) : $\frac{320\ m^3}{\min}\times\frac{2\ l}{m^3}\times\frac{60\ \min}{hr}\times\frac{1\ m^3}{1,000\ l}\times\frac{1,000\ kg}{m^3}=38,400\ kg/hr$
- V' (가스유량) : $\frac{320\ m^3}{\min}\times\frac{60\ \min}{hr}\times\frac{1.2\ kg}{m^3}=23,040\ kg/hr$
- ρG (가스밀도) : $1.2\ kg/m^3$
- ρL (세정액밀도) : $1,000\ kg/m^3$

○ G'값의 결정

: 탑직경에서 구해진 값(0.06)을 x축에 의하여 그래프에 의해 y축값(k)을 구하고, 다음 식에 의해 G'값을 구한다.

$$G' = \left(\frac{K \times g \times \rho G \times \rho L}{F(\mu)^{0.2}} \right)^{0.5}$$

$$G' = \left(\frac{0.2 \times 9.8 \times 1.2 \times 1,000}{82\,(0.8904)^{0.2}} \right)^{0.5} = \underline{5.42\ kg/m^2 \cdot \mathrm{sec}}$$

- G': 탑 단면적의 배출 가스량(kg/m^2 • sec)
- F: 충전재 계수($\alpha\epsilon^3$)(m^{-1}) - 아래표(표 2)참조
- μ: 세정액 점도(centipoise) - 아래표(표 3)참조

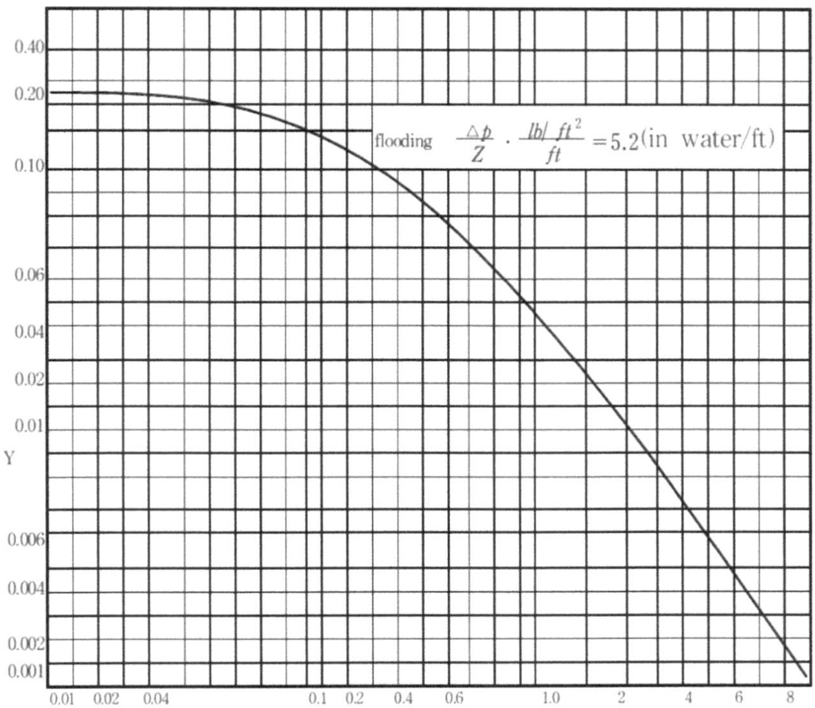

Y축: $\frac{(G')^2\,(\mu_L)^{0.2}}{G_C\,P_G\,P_L} \cdot \frac{\rho W}{\rho L}$ X축: $\frac{L'}{V'}\sqrt{\frac{P_G}{P_L}}$

[그림 6-1] 각종 충전재에 따른 기체부하율 압력손실 비교.

[표 6.9] 충진재 계수$[F,\ (\alpha\epsilon^3)(m^{-1})]$

충진재	호칭치수(inch)		
	1	1 1/2	2
Raschig ring ceramic	509	312	213
metal 1/32 - in wall	377	-	-
metal 1/16 - in wall	450	269	187
Pall ring(plastic)	171	105	82주1)
Pall ring(metal)	157	92	66
Intalox saddles	223	171	131
Beal saddles	361	213	148

주1) Kimre Kon-Tane Structural Packing은 Pall ring(플라스틱) 2 inch의 충진재 계수에 준하여 설계함. 공극률(Void fraction) : 약 97%

○ G'f 값의 결정

: G값에 익류점(Flooding Point)의 40~80%를 곱하여 G'f 를 결정한다. 익류점의 40~80%를 곱해주는 이유는 익류점에서 탑을 운전할 경우 세정액의 배출가스에 의하여 익류하기 때문에 이것을 방지하기 위한 것임.

$$G'f = G' \times f = 5.42\ kg/m^2 \cdot \sec \times 0.4(40\%) = 2.2\ kg/m^2 \cdot \sec$$

$\because f$: 익류점의 40%

○ 탑단면적의 결정

$$A = \frac{V'}{G'f} = \frac{23{,}040\ kg/hr}{2.2\ kg/m^2 \cdot \sec \times 3{,}600\ \sec/hr} = \underline{\mathbf{2.91\ m^2}}$$

∴ 여유율을 고려하여 3.5 ㎡(1.4×2.5)으로 설계

[표 6.10] 물의 점도(centipoise, 0℃~100℃)

℃	η(CP)	℃	η(CP)	℃	η(CP)	℃	η(CP)
0	1.787	**26**	0.8705	**52**	0.5290	**78**	0.3638
1	1.728	**27**	0.8513	**53**	0.5204	**79**	0.3592
2	1.671	**28**	0.8327	**54**	0.5121	**80**	0.3547
3	1.618	**29**	0.8148	**55**	0.5040	**81**	0.3503
4	1.567	**30**	0.7975	**56**	0.4961	**82**	0.3460
5	1.519	**31**	0.7808	**57**	0.4884	**83**	0.3418
6	1.472	**32**	0.7647	**58**	0.4809	**84**	0.3377
7	1.428	**33**	0.7491	**59**	0.4736	**85**	0.3337
8	1.380	**34**	0.7340	**60**	0.4665	**86**	0.3297
9	1.346	**35**	0.7194	**61**	0.4596	**87**	0.3259
10	1.307	**36**	0.7052	**62**	0.4528	**88**	0.3221
11	1.271	**37**	0.6915	**63**	0.4462	**89**	0.3184
12	1.235	**38**	0.6783	**64**	0.4398	**90**	0.3147
13	1.202	**39**	0.6654	**65**	0.4335	**91**	0.3111
14	1.169	**40**	0.6529	**66**	0.4273	**92**	0.3076
15	1.139	**41**	0.6408	**67**	0.4213	**93**	0.3042
16	1.109	**42**	0.6291	**68**	0.4155	**94**	0.3008
17	1.081	**43**	0.6178	**69**	0.4098	**95**	0.2975
18	1.053	**44**	0.6067	**70**	0.4042	**96**	0.2942
19	1.057	**45**	0.5960	**71**	0.3987	**97**	0.2911
20	1.002	**46**	0.5856	**72**	0.3934	**98**	0.2879
21	0.9779	**47**	0.5755	**73**	0.3882	**99**	0.2848
22	0.9548	**48**	0.5656	**74**	0.3831	**100**	0.2818
23	0.9325	**49**	0.5561	**75**	0.3781		
24	0.9111	**50**	0.5468	**76**	0.3732		
25	0.8904	**51**	0.5378	**77**	0.3684		

○ 공탑속도

$$V = \frac{Q}{A} = \frac{320\ m^3/\min \times 1\ \min/60\sec}{3.5\ m^2} = \underline{1.42\ m/\sec}$$

○ **충전층 높이 산정(Z)**
= 총괄전달 단위높이(HOG) × 총괄전달 단위수(NOG)

[총괄전달 단위높이(HOG) 계산]

$$HOG = H_G + m\left(\frac{V'}{L'}\right) \times H_L$$

- H_G : 기상전달단위높이(HTU)
- m : 평형곡선의 기울기 = 0.35
- V' : (가스유량) = 23,040 kg/hr
- L' : (세정액유량) = 38,400 kg/hr
- H_L : 액상전달단위높이(H.T.U)

$$* H_G = \frac{\alpha G}{L} \times \left(\frac{\mu_G}{\rho_G D_G}\right)^{0.5}$$

$$= \frac{1.237 \times (6,583)^{0.41}}{(10,971)^{0.45}} \times (1.693)^{0.5} = \underline{0.9\ m}$$

- $\alpha, \beta, \gamma, \varphi, n$: 충진재 계수 (HI-REX는 RASCHIG RING에 준해서 대입한다.)
- G : 가스의 공탑 질량속도(kg/㎡·hr)

  $\frac{23,040\ \text{kg/hr}(V')}{3.5\ \text{㎡}(A)} = 6,583\ \text{kg/㎡·hr}$
- L : 액체의 공탑 질량속도(kg/㎡·hr)

  $\frac{38,400\ \text{kg/hr}(L')}{3.5\ \text{㎡}(A)} = 10,971\ \text{kg/㎡·hr}$
- $\frac{\mu_G}{\rho_G D_G}$: 가스상의 schmidt number(hydrogen sulfide기준) = 1.693

$$* \; H_L = \Phi\left(\frac{L}{\mu_L}\right)^n \times \left(\frac{\mu_L}{\rho_L D_L}\right)^{0.5}$$

$$= 0.0125 \times \left(\frac{10,971}{1}\right)^{0.22} \times (580)^{0.5} \times 0.3048 = \underline{0.7\ m}$$

$\alpha, \beta, \gamma, \varphi, \eta$: 충진재 계수
(HI-REX는 RASCHIG RING에 준해서 대입한다.)

L : 액체의 공탑 질량속도(㎏/㎡·hr)

$\frac{38,400\ \text{kg/hr(L')}}{3.5\ \text{m}^2\text{(A)}} = 10,971$ ㎏/㎡·hr

$\frac{\mu_L}{\rho_L D_L}$: 액체상의 schmidt number(H_2SO_4기준) = 580

[표 6.11] 정수 $\alpha, \beta, \gamma, \varphi, \eta$의 값

		HG추산식(식Ⅶ-4)의 정수					HL추산식(식Ⅶ-5)의 정수		
	호칭치수 [in]	α	β	γ	적 용 범 위 G	적 용 범 위 L	φ	η	적용범위 L
raschig rings	3/8	0.730	0.45	0.47	1,000~2,500	2,500~7,500	0.00182	0.46	2,000 ~ 75,000
	1	2.90 2.64	0.39 0.32	0.58 0.51	1,000~4,000 1,000~3,000	2,000~2,500 2,500~22,500	0.0100	0.22	
	1 1/2	8.24 0.812	0.38 0.38	0.66 0.40	1,000~3,500 1,000~3,500	2,500~7,500 7,500~22,500	0.0111	0.22	
	2	1.237	0.41	0.45	1,000~4,000	2,500~22,500	0.0125	0.22	
berl saddles	1/2	19.85 0.225	0.30 0.30	0.74 0.24	1,000~3,500 1,000~3,500	2,500~7,500 7,500~22,500	0.00666	0.28	
	1	0.638	0.36	0.40	1,000~4,000	2,000~22,500	0.00588	0.28	
	1 1/2	1.90	0.32	0.45	1,000~5,000	2,000~22,500	0.00625	0.28	

주1) pall ring에 대해서는 raschig ring에 준하여 사용한다.

주2) α, φ값은 미터단위일 경우 0.3048을 곱하여 준 값을 사용한다.

$$\therefore HOG = 0.9 + 0.35 \times \frac{23,040}{38,400} \times 0.7 = \underline{1.05}$$

[총괄전달 단위수(NOG) 계산]

$$\therefore NOG = \ln \frac{1}{1-\eta(\text{집진효율})} = \ln \frac{1}{1-0.1} = \underline{0.105}$$

◎ 충전층 높이 산정(Z)

$= HOG \times NOG = 1.05 \times 0.105 = \underline{0.11\ m}$

수평인 경우, $* Z = 0.11m \div 0.7 = \underline{0.16\ m}$

(Horizontal Cross-Flow Type으로 Counter-Flow Type과 비교하여 약 70% 효율을 적용)

<u>∴ 여유율을 고려하여 180 mm로 설계한다.</u>

※ 충진재

: Kimre Pad(Structural Packing), style 37/97

1700 m × 180 m = 0.31 ㎡

압력손실과 효율은 첨부된 곡선표 참조.

※ 충전탑(Wet Scrubber)의 구성

- 1차(Cooling Stage) : Scrubber로 유입된 고온의 Gas를 세정수를 이용하여 냉각시켜 60℃로 감온 시킨다.
- 2차(Scrubbing Stage) : 냉각된 가스중의 비교적 큰 Oil 입자를 Kimre KON-TANE Media를 이용하여 제거한다.

B-GON™ STYLE	PRESSURE DROP mm WATER COLUMN	80% OF FLOODING VELOCITY, m/s
2/96	$P = 0.602 \times V^2 \times N$	1.3
4/96,8/96	$P = 0.612 \times V^2 \times N$	1.8(4/96), 2.5(8/96)
16/96,16/97	$P = 0.468 \times V^2 \times N$	3.6
37/97,37/94	$P = 0.440 \times V^2 \times N$	4.3

where V = gas velocity, m/s and N = Number of layers.

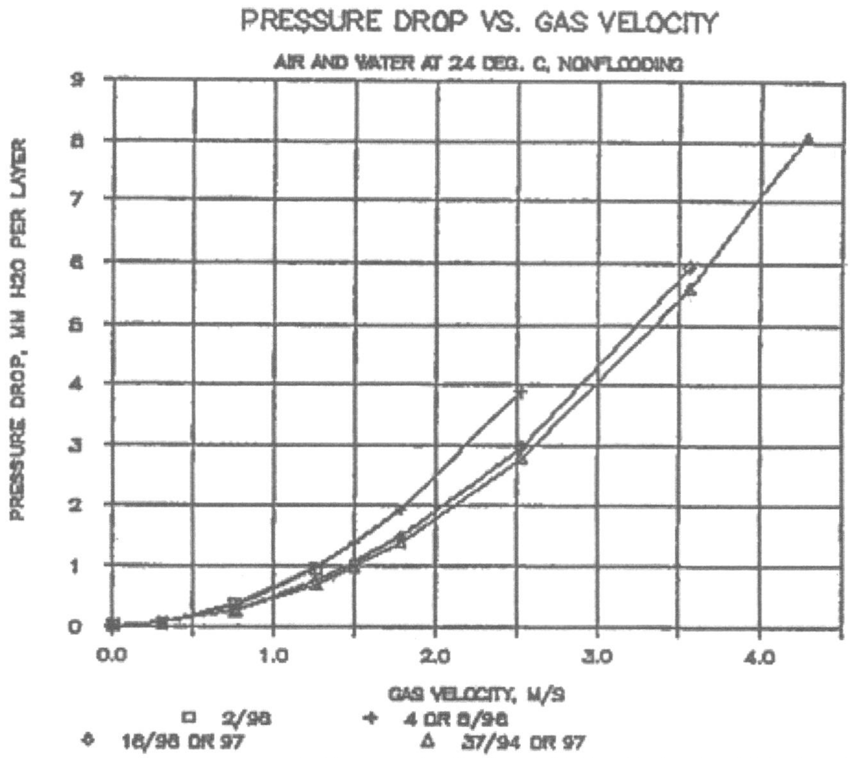

◑ 부대시설

○ 세정펌프 사양

- 형식 : 원심력 수평형
- 재질 : SS400
- 구경 : 80 A
- 토출수두 : 15 mH

○ 물분무량 : 320 ㎥/min× 2 ℓ/㎥× 10-3 ㎥/ℓ = 0.64 ㎥/min

○ 동력

$$= \frac{r \times Q \times H}{102 \times \eta} \times \alpha = \frac{1,000 \times 0.013 \times 15}{102 \times 0.65} \times 1.2 = 3.5\ kW \text{ (약 5.5 kW)}$$

- r : 물의 비중(1,000 kg/㎥)
- H : 양정(15 m)
- Q : 유량(0.75 ㎥/분=0.013 ㎥/sec)
- η : 효율(65%)
- α : 여유율(1.2)

∴ 0.64 ㎥/min × 5.5 kW(7.5 HP) × 2대

○ Spray nozzle

- 유량 : 54.9 ℓ/min · EA
- 분사각 : 90°
- NOZZLE 의 갯수(N) : 세정수량/1EA 당 분무량 × (여유율)
- 세정수량 : 0.64 ㎥/min(= 640 ℓ/min)
- 재질 : SUS 304 or SUS 316 L

$$N = \frac{640 \text{ l/min}}{54.9 \text{ l/min·EA}} = 11.6 \text{ EA}, \quad \therefore \mathbf{N = 12\ EA}$$

○ 세정수 산정

- 물분무량 : 0.64 ㎥/min
- 세정수 산정 : 0.64 ㎥/min×60 min/hr = 38.4 ㎥/hr
- 세정수 처리방법 : TANK(1900 L×1700 W×1000 H)의 80% 용수를 채워 사용하며 세정수는 세정탑에서 계속 순환하여 사용하고, 교체시 전량 배출시킴.
- 폐수량 산정 : 3.23 ㎥×0.8(80%) = 2.58 ㎥/day

3) 멀티스크러버 후단부(오일필터) 설계 : Oil-Filter

(1) 명칭 : 오일필터(Oil Filter)

(2) 형식 : Single-L형

(3) 설계 및 근거

- 외형규격 : 2,532 W × 3,362 L × 4,400 H
- 본체 재질 : SS400
- Packing Media : P.P+F/Glass Mat, Pre-Filter : P.P

(4) 본체 설계계산 및 사양

◑ 설계조건

○ 설계용량(Q) : 320 ㎥/min

○ 여과속도(V) : 7 m/min~7.8 m/min

○ 여과면적(A) :

$$A = \frac{Q}{V} = \frac{320\ m^3/\text{min}}{7\ m/\text{min} \sim 7.8\ m/\text{min}} = 45.7\ m^2 \sim 41.0\ m^2$$

◑ 필터의 소요수량 설계사양

○ Oil-Filter의 규격

- ∅600×2,400 L
- 단위여과 면적(S) : $\pi DL = 3.14 \times 0.6 \times 2.4 = 4.52\ m^2$

○ Oil-Filter의 수량계산

$$N = \frac{여과면적(A)}{단위여과면적(S)} = \frac{45.7\ m^2 \sim 41.0\ m^2}{4.52\ m^2/EA} = 10.1 \sim 9\ EA$$

※ Oil-Filter의 설치배열 : Oil 특성치를 고려하여 여유분을 충분하게 함.

(4열 × 3EA/열 = 12EA 설치)

4) 멀티스크러버 압력손실 산정 : △P

【압력손실 산정】

: $Sc(P_V) + Coalescing\,Filter(P_0) + 직관(P_i) + 곡관(P_c)$

(1) Sc 압력손실(Pv=50 mmAq)

$P_V = 0.44 \times V^2 \times N = 0.44 \times 4.3^2 \times 6 = 48.81,\ \therefore P_V = \underline{50\ mmAq}$

(2) Coalescing Filter 압력손실(Po=177 mmAq)

$P_o = \Delta PO + \Delta Pb = 11 + 166 = \underline{177\ mmAq}$

$-\Delta PO =$ 여포저항계수 × 점성계수× 여과속도 ÷ 중력가속도

- 여포저항계수 : 5×107(ℓ/m)
- 점성계수 : 1.8×10-5(㎏/m·sec)
- 여과속도 : 0.12 m/sec
- 중력가속도 : 9.8 m/sec2

$\therefore \Delta PO = 5 \times 10^7 \times 1.8 \times 10^{-5} \times 0.12 \div 9.8 = \underline{11\ mmAq}$

$$-\Delta Pb = 180 \times \frac{U \times V_f \times L}{dP^2} \times \frac{(1-\epsilon)^2}{\epsilon^3}$$

- U : 점성계수(1.8×10-5 ㎏/m·sec)
- V_f : 여과속도(0.12 m/sec)
- L : 퇴적층의 높이(5×10-3 m)
- dP : 입자경(1.2×10-5 m)
- ϵ : 공극률(0.74)

$$\therefore \Delta Pb = 180 \times \frac{1.8 \times 10^{-5} \times 0.12 \times 0.0005}{(1.2 \times 10^{-5})^2} \times \frac{(1-0.74)^2}{0.74^3} = \underline{166\ \mathrm{mmAq}}$$

(3) 직관에 의한 압력손실 (Pi=9.44 mmAq≒10 mmAq)

$$P_i = f \times \frac{L}{D} \times \frac{r V^2}{2g} \Rightarrow 2.6 + 1.6 + 5.24 = \underline{9.44\ \mathrm{mmAq}}$$

- f : 마찰계수(0.019)
- L : 관의 길이(m)
- D : 관의 직경(m)
- g : 중력가속도(9.8 m/sec2)
- r : 공기의 밀도(1.2 ㎏/㎥)
- V : 유속(15 m/sec)

$$-\ \Phi 300, 3\ m = 0.019 \times \frac{3}{0.3} \times \frac{1.2 \times 15^2}{2 \times 9.8} = \underline{2.6\ \mathrm{mmAq}}$$

$$-\ \Phi 500, 3\ m = 0.019 \times \frac{15}{0.5} \times \frac{1.2 \times 15^2}{2 \times 9.8} = \underline{1.6\ mmAq}$$

$$-\ \Phi 750, 3\ m = 0.019 \times \frac{10}{0.75} \times \frac{1.2 \times 15^2}{2 \times 9.8} = \underline{5.24\ \mathrm{mmAq}}$$

(4) 곡관에 의한 압력손실 (Pc=26 mmAq)

$$\Delta P2-2 = \mathfrak{J} \times \frac{r V^2}{2g} \times N$$

(R/D=2, $\mathfrak{J}$=0.27, N=7 EA)

$$\Delta P2-2 = 0.27 \times \frac{1.2 \times 15^2}{2 \times 9.8} \times 7 \fallingdotseq \underline{26\ \mathrm{mmAq}}$$

(5) 총 압력손실

∴ $\triangle Pt$ = 50 mmAq+177 mmAq+10 mmAq+26 mmAq=263 mmAq

(※ 설계조건시 손실율 및 향후 Oil-Filter(반영구적)의 압력증가에 따른 손실을 고려하여, 350 mmAq로 설계함)

5) 송풍기 선정

① 형식 : TURBO FAN

② 용량 : 320 ㎥/min

③ 압력손실(△P) : 350 mmAq

④ 효율(η) : 80%

⑤ 여유율(α) : 20%

⑥ 소요 동력산정

$$kW = \frac{Q \times \Delta P}{102 \times 60 \times \eta} \times \alpha \qquad HP = \frac{Q \times \Delta P}{75 \times 60 \times \eta} \times \alpha$$

where, Q : 풍량(㎥/min)

$\triangle P$: 압력손실(mmAq)

η : 송풍기 효율 (70%)

α : 안전인자(여유율) (20%)

(1 kW=102 kgf·m/sec)

$$kW = \frac{Q \times \Delta P}{102 \times 60 \times \eta} \times \alpha = \frac{320 \times 350}{102 \times 60 \times 0.8} \times 1.2 = 27.45$$

$$HP = \frac{Q \times \Delta P}{75 \times 60 \times \eta} \times \alpha = \frac{320 \times 350}{75 \times 60 \times 0.8} \times 1.2 = 37.33$$

∴여유율을 고려하여 30 kw(40 HP)으로 선정한다.

∴ 송풍기는 320 ㎥/min × 350 mmAq × 30 kW × 1SET으로 가동.

6.2.6 방지시설 도면

1) 배출시설 및 방지시설 배치도

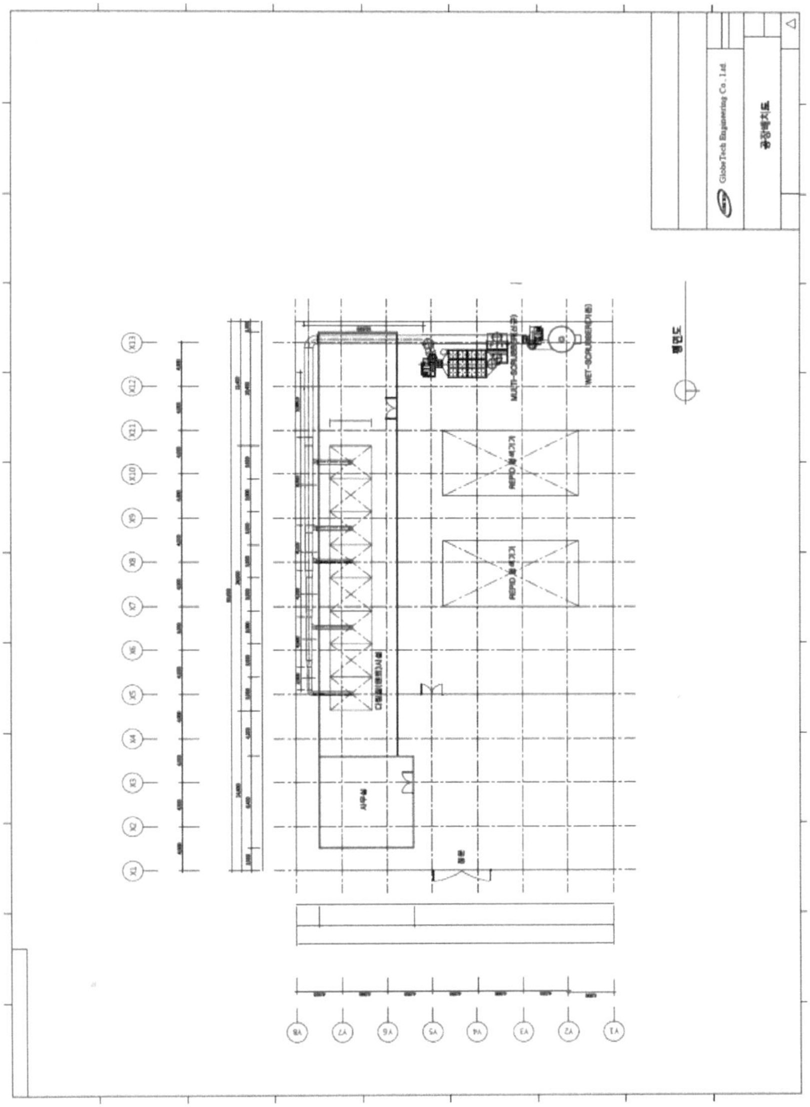

2) 방지시설 레이아웃

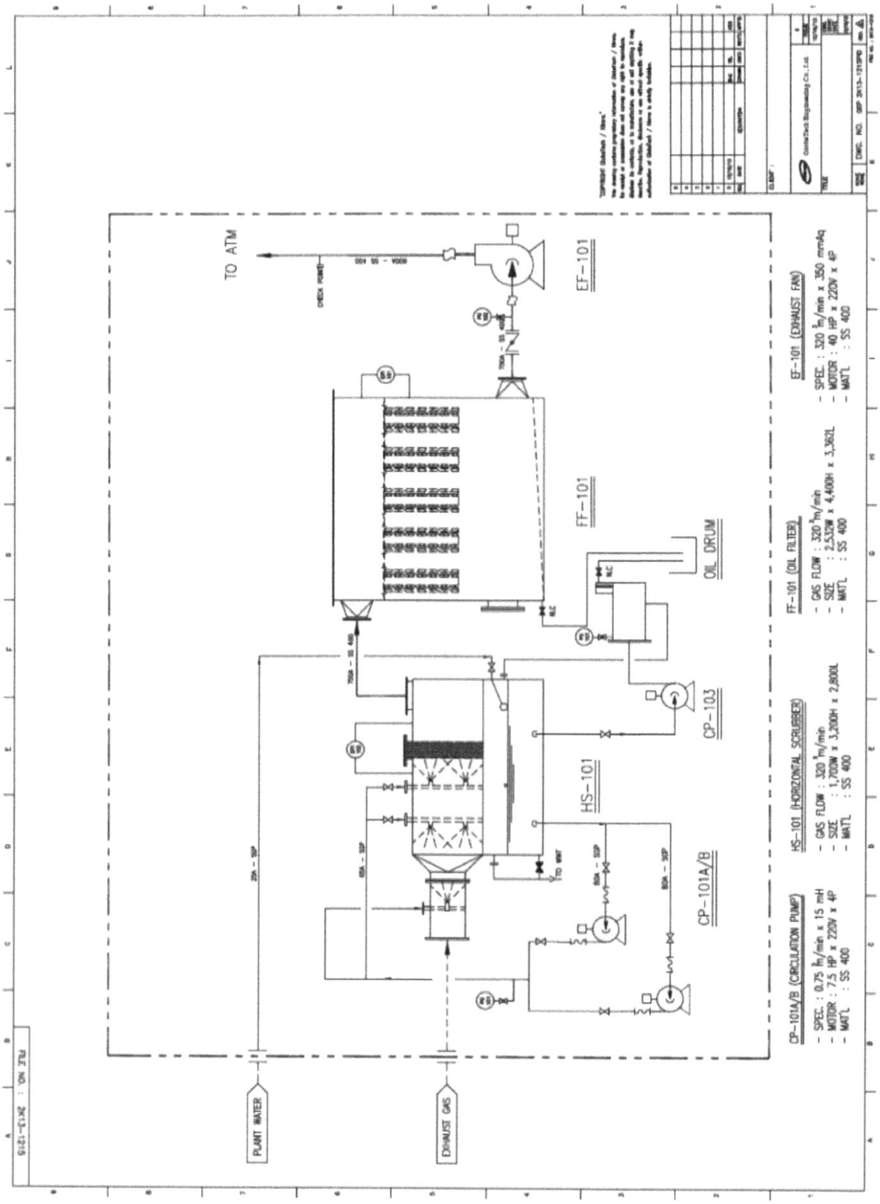
TO ATM
EF-101
FF-101
OIL DRUM
HS-101
CP-103
CP-101A/B
PLANT WATER
EXHAUST GAS

3) 방지시설 : 방지시설 배치도

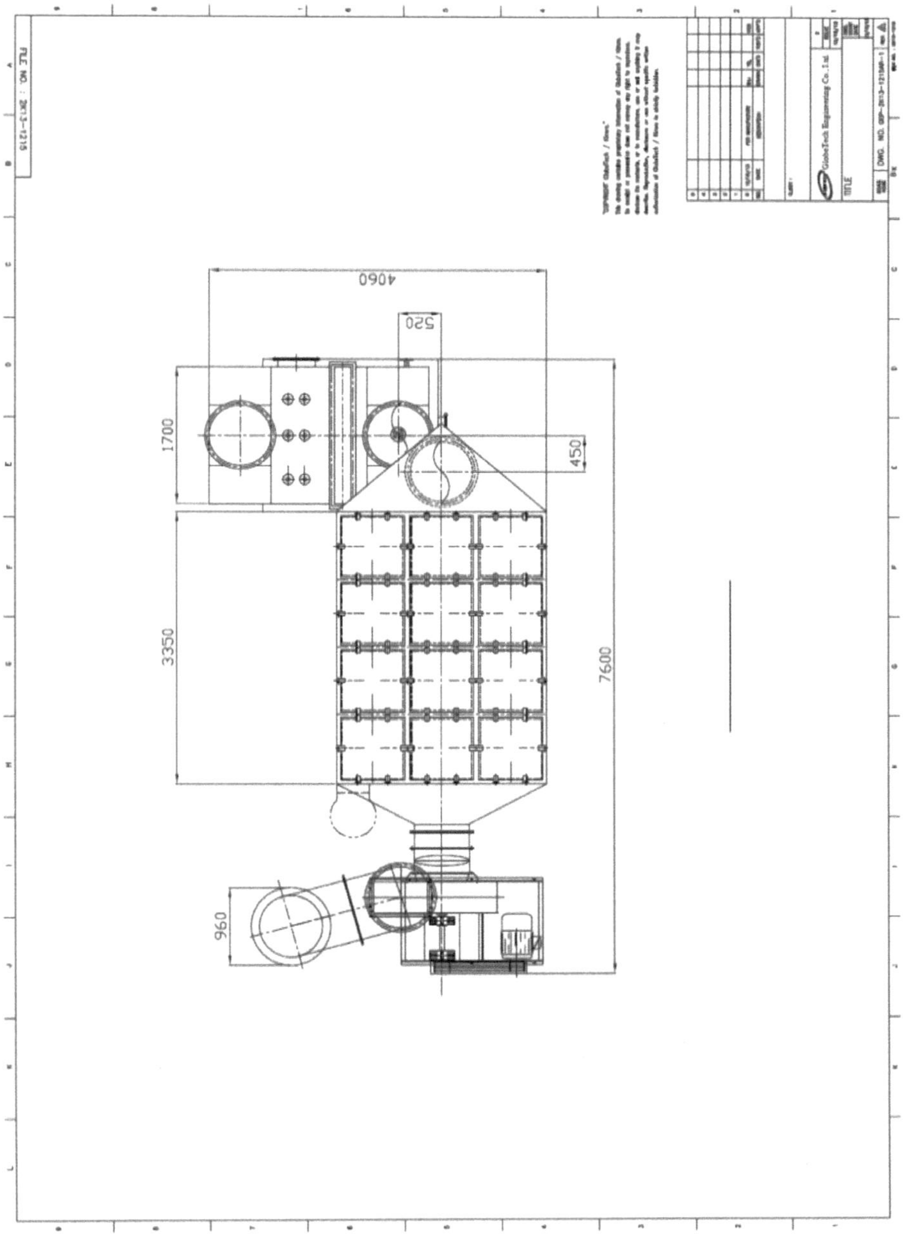

4) 방지시설 : 수평형스크러버

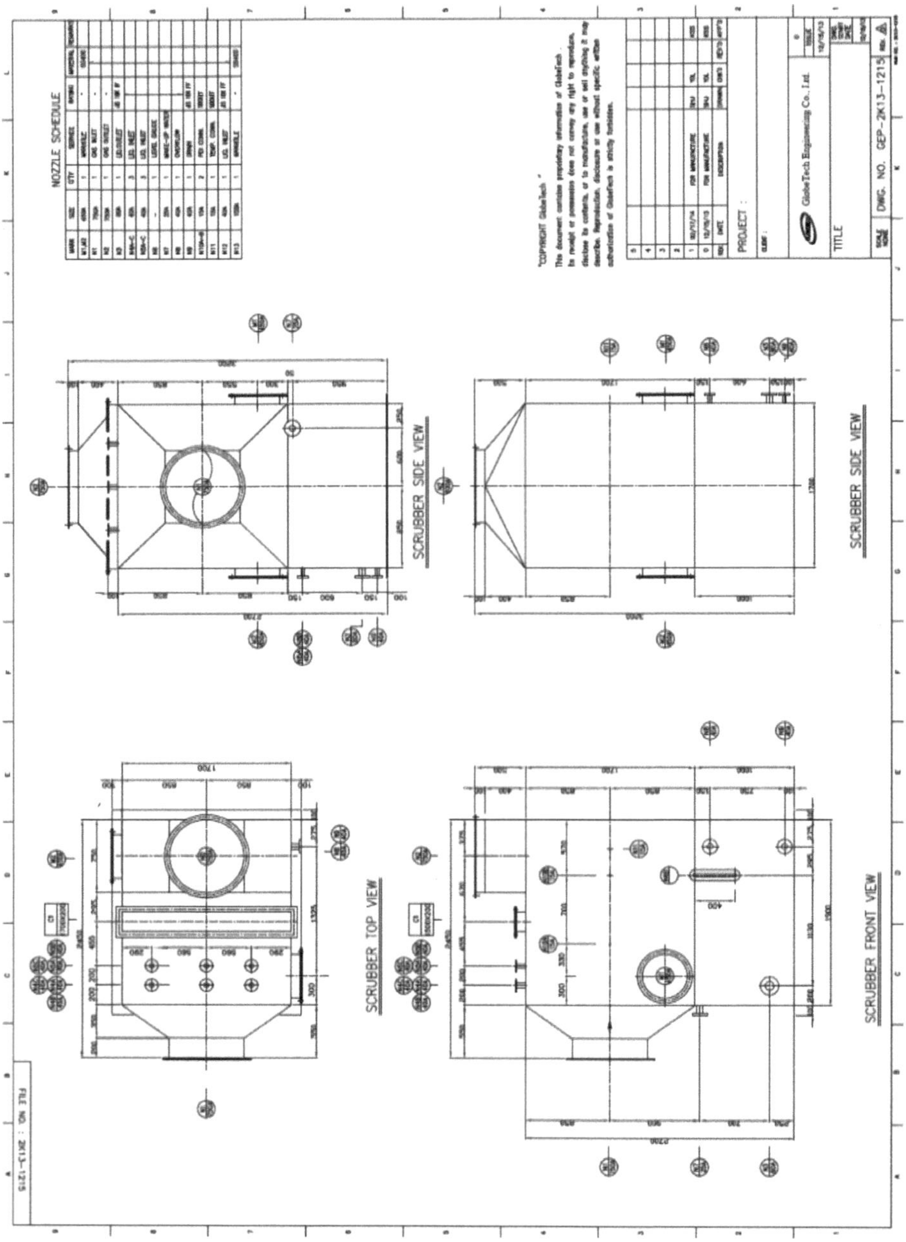

5) 방지시설 : 오일필터

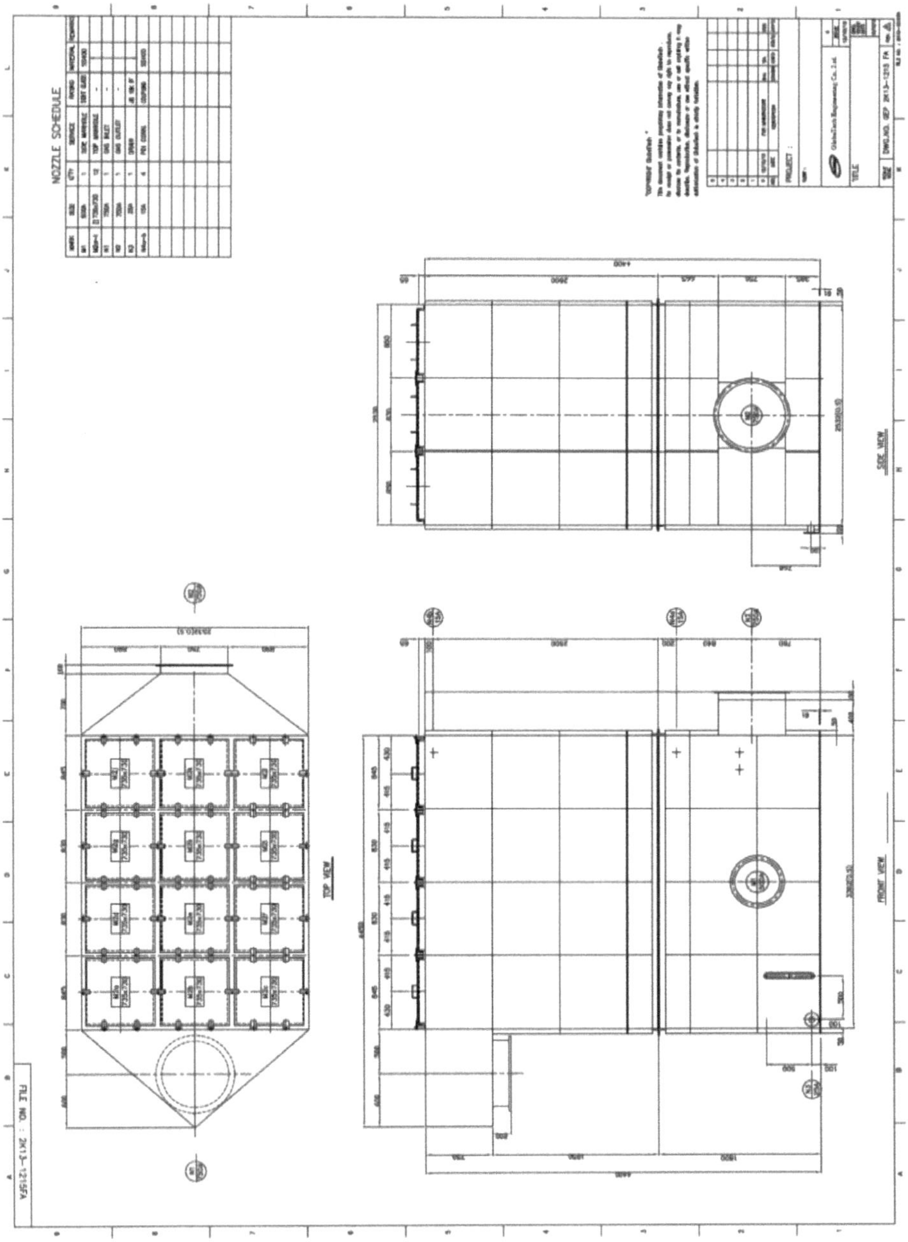
NOZZLE SCHEDULE
SIDE VIEW
FRONT VIEW
TOP VIEW
FILE NO. : 2K13-1215FA

6) 방지시설 : 설치도

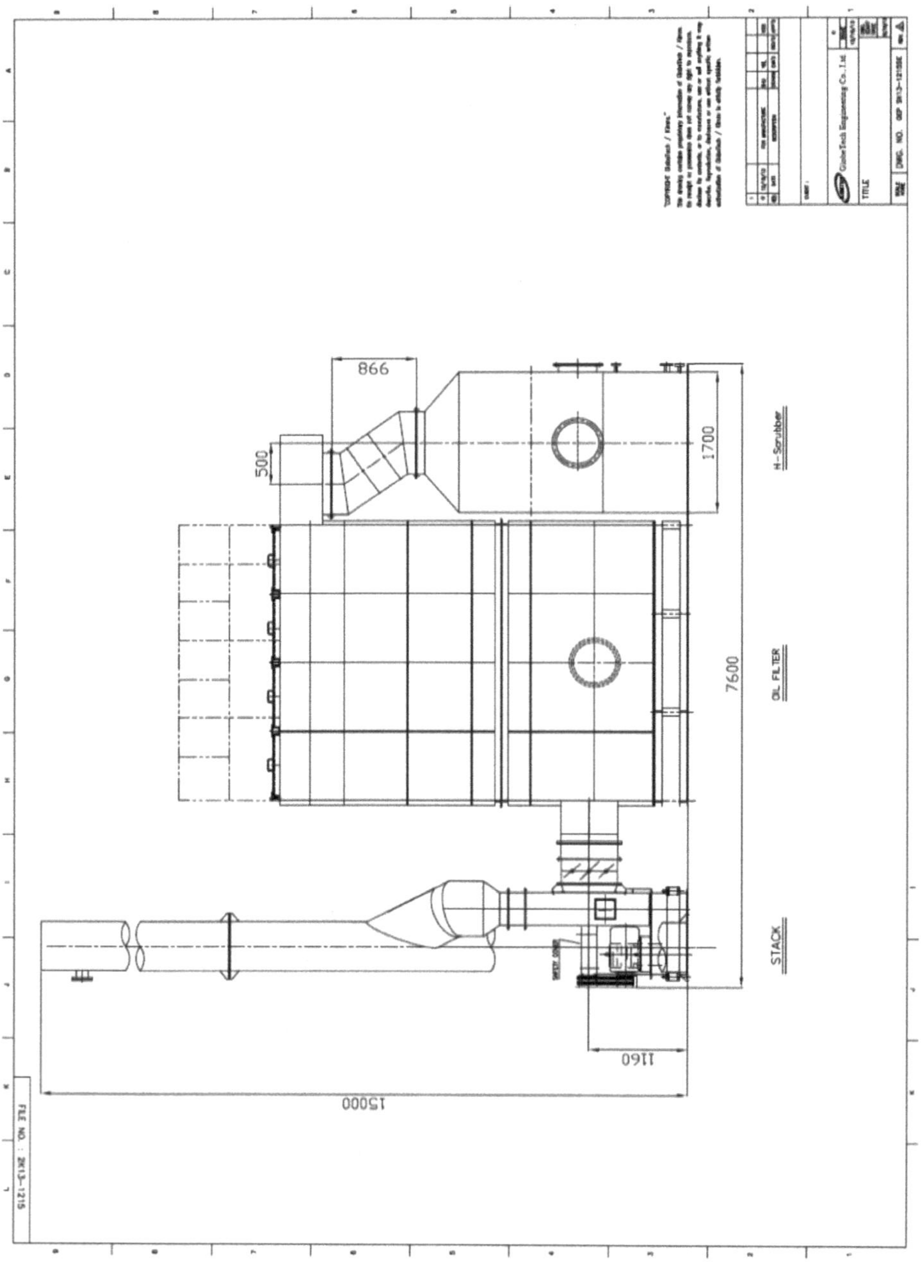
866
500
1700
H-Scrubber
7600
OIL FILTER
STACK
1160
15000
FILE NO. : 2K13-1215

6.2.7 방지시설 연간 유지관리계획서

1) 방지시설 운영비

구 분		내역	금액 (원/년)	산출근거
흡수에의한시설 (멀티스크러버)	전단부 수평형 스크러버	유지관리비용	4,747,240	① 전력비 - (7.5 HP)x(75/102) kWx16시간/일x300일/년x60원/kW : 1,588,240원/년 ② 용수사용량 - 1 ㎥/일x300일/년x 530원 : 159,000원/년 ③ 세정수 폐수 처리비용 - 1 ㎥/일x300일/년x 10,000원: 3,000,000원/년
	후단부 오일필터	유지관리비용	10,870,590	① 오일필터교체비(반영구적):10년이상사용 ② Liner교체비 - 12EAx100,000원/EAx2회/년: 2,400,000원/년 ③ 전력비(배기휀) - (40 HPx1)x(75/102) kWx16시간/일x300일/년x60원/kW : 8,470,590원/년
합계			15,617,830	

2) 유지관리계획서

【공통적으로 고려하여야 할 사항】

(1) 연간 유지관리계획

분진이나 배출가스의 성상은 그 오염물질 배출시설의 종류, 구조, 원재료 및 연료의 종류와 혼합화, 또는 연소방법이나 기타 조업조건 등에 따라 현저하게 변화하기 때문에 일정한 기능을 보유한 방지시설도 Input 조건에 따라 소정의 성능을 발휘하지 못하는 경우가 발생한다. 또한 설계상으로는 완전한 방지시설을 설치했어도 장치의 결함이나 운전의 미흡, 유지관리 등의 잘못으로 기대만큼의 효과를 내지 못하는 경우도 있다. 따라서 방지시설의 효율적인 운영과 유지관리를 위해서는 체계적인 점검과 유지관리 지침을 마련하여 이를 시행해나가야 한다.

일반적으로 대기오염방지시설은 장치의 본체, 송풍기, 회분처리 및 수송장치, CO 가스 산화장치 및 방재장치, 가스냉각장치, 가스의 조습 또는 조절장치, 집연설비, 각

종 계측기, 제어장치 등으로 구성된다. 방지시설을 운전함에 있어서 최우선적으로 고려해야할 사항은 안전대책과 방재대책으로 안전과 방재가 확인되고 난 다음에 방지시설의 조작을 시작해야 한다.

(2) 악취방지계획 관리 매뉴얼

- 후드, 닥트, 방지시설등의 외관의 이상유무를 확인한다.
- Main 전원의 Voltage 를 확인한다.
- 송풍기의 결선 및 회전방향을 확인한다.
- 송풍기, 전동기, 계전장치들의 회전부 주유상태와 기밀상태를 점검한다.
- 전동기는 처리배기량으로 설계되었으므로 시동시에 배기비중이 크므로 전동기에 과부하가 걸릴 때가 많으므로 각 부분의 댐퍼를 조절하면서 풍량을 조절한다.
- 순환수 저장탱크의 순환수량을 확인한다.
- 펌프의 흡입 및 토출밸브의 열림상태를 점검한다.

항 목	점 검 사 항
(1) Control Panel	(가) Main 전원 Lamp가 점등되어 있는가? (나) 전압에 맞추어 Trans의 단자결속은 맞는가? (다) Fuse에 이상은 없는가?
(2) Packed Tower	(가) 순환펌프는 작동하는가? (나) Spray Nozzle의 폐색은 없는가? (다) 순환수조의 물량은 적당한가? (라) 본체에 누수부위는 없는가?
(3) 송 풍 기	(가) 전원결선 상태는 알맞은가? (나) 송풍기 회전상태는 양호한가?
(4) 기계적인 사항	(가) 각 주유부의 주유상태는 적절한가? (나) 각 닥트의 댐퍼는 Open되어 있는가? (다) 각 구동부주위에 위험물의 적재 혹은 협착물이 끼어있지 않은가?
(5) 기타사항	(가) 각 시설의 외관상 이상이 없는가?

【운전시】

(1) 무부하 운전 및 정지

: 각 기기별 점검 및 조치가 완료되었으면 닥트의 댐퍼가 닫혔는가를 확인하고 설비 전체를 무부하 운전한다.

- 순환펌프를 가동(ON)시킨다.
- 배기 송풍기를 가동(ON)시킨다.
- 댐퍼를 서서히 열어서 배기가스를 흡입시킨다.
- 후렉시블 닥트등 진동에 의한 누출이 없는지 점검한다.
- 30~60분 정도 무부하 시운전을 한다.
  이상 발생시 즉시 가동을 중지하고 책임자에게 보고 및 보완조치토록 한다.
- 이상이 없으면 다음 순서로 시운전을 마친다.
  · 배기 송풍기의 전원을 차단(OFF)한다.
  · 배기 송풍기의 입구 댐퍼를 닫는다.

(2) 부하운전

- 배기 송풍기를 가동(ON)한다.
- Main Damper를 서서히 Open 한다.
- 전체상태를 확인 후 2 ~3시간 정상가동한다.

【정지시】

- 배기 송풍기의 전원을 차단(OFF)한다.
- 댐퍼를 닫는다.
- 배기가스 중에는 부식가스가 공존할 때가 많으므로 정지할 때에는 적어도 신선한 공기로 10~15분 이상 가동하여 배기가스를 완전히 치환시킨다.
- 송풍기 등 각종 전동기의 정지 및 접지를 확인하고 본체, 연도 등의 분진 고착이나 폐쇄여부를 점검하며 장기간 정지할 경우에는 분진 및 순환수를 청소해 놓는다. 맨홀 등의 Packing도 교체하는 것이 바람직하다.

【Control Panel 조작】

(1) 송풍기(Fan)조작

송풍기를 가동시키고자 할 때에는 Push Button Switch를 누르기만 하면 가동된다.

(2) 펌프(Pump)조작

펌프를 가동시키고자 할 때에는 Push Button Switch를 누르기만 하면 가동된다.

(3) 과부하시 판넬조작

- 가동중인 모타가 과부하 발생으로 Motor Trip이 발생할 경우에는 다음 조치를 취한다.
- 과부하로 모타가 Trip되면, 판넬의 Overload Lamp(노랑)가 점등된다.
- 과부하 발생 원인을 확인하여 제거시키고, 판넬내면의 Eocr을 Reset시키면 Overload Lamp가 소등된다.
- 정상운전을 한다.

【유지 및 관리】

성능유지를 위한 일반적인 사항은 다음과 같다.

(1) 점검

- 전류계의 지침위치를 확인한다.
- 송풍기의 전동모타의 벨트전장 및 마모상태를 확인한다.
- 송풍기를 손으로 돌려보아 쉽게 돌아가는지 및 내부에 이물질이 들어가지 않았는지 확인한다.
- 송풍기 관로내에 댐퍼가 설치되어 있을 때는 조정위치가 변경되지 않았는지 확인한다.
- 송풍기의 전압 변동유무를 확인한다.
- 흡인관단의 상태를 계속 확인하여 이물질이 들어가지 않았는지 확인한다.
- 닥트 연결부의 Flange 부분의 기밀상태를 점검한다.

- 점검구의 Packing 상태를 점검한다.
- Casing의 제장치 및 외관을 점검한다.
- 닥트 내부의 부식 및 전체상태를 점검한다.
- 각 구동부 Bearing의 급유상태를 점검한다.

(2) 정비사항

항 목	정비주기	정 비 내 용
(가) Fan Bearing	3개월	- Bearing 소손여부 및 Oil 주입
(나) Fan Belt	매월	- Belt 마모여부 및 Tension 조정
(다) 충진물/DEMISTER	1년	- 충진물 점검, DEMISTER 상태 확인

(3) 성능저하시의 대책 및 조치사항

고 장 상 태	원 인	정 비 내 용
① 가스흡입 불량	。송풍기 정지 。송풍기 벨트 이완 。댐퍼궤도 불량 。닥트의 막힘 。외기 흡입	- 휴즈, 마그네트 점검 및 교체 - 장력점검 및 교체 - 점검 조절 - 청소하여 이물질 제거 - 후드 및 닥트의 누설부 보완
② 이상전류	。V-벨트가 늘어났을 때 。임펠라 내부에 이물질이 있을 때 。송풍기자체의 이상 。송풍기 흡입구기류의 배관상태가 나빠 난류가 될 때	- V-벨트 점검 및 교체 - 이물질 제거 - 송풍기 점검 조치 - 배관상태 조정
③ 진동발생	。임펠라의 불균형 。기초가 약하거나 기초 Bolt가 풀렸을 때 。임펠라에 이물질이 끼었을 때 。Casing에 물이 들어 갔을 경우 。송풍기 Surging 현상 。Bearing에 이상이 있거나 축심이 불일치	- Balance를 점검 및 조절 - 기초를 강화 또는 Bolt 조정 - 청소하여 이물질 제거 - 청소하여 물기 제거 - Bearing 및 축심점검 - Bearing 및 축심점검
④ Beaing의 파열	。V-벨트의 장력이 과다 。윤활유가 초과하거나 적을 때 。Bering Housing과 Bearing과의 압박 。Bearing의 이상 。Oil Seal을 잘못 조립 하였을 경우 。Bearing의 축심 불일치	- V-벨트 장력조절 또는 교체 - 윤활유 조절 - Bearing Housing 조절 - Bearing 의 점검 및 교체 - Oil Seal 재조립 - 축심조정

⑤ 본체의 변형 및 파손	。제작상태 불량 。흡입가스량 과대흡입 。열변형 및 압손 과대 。기타 노후화	- 보완·교체 - 적정량 흡입 - 보완·교체·적정압손 - 교체
⑥ FILTER-BAG의 파손	。DUST에 의한 마모 。인접한 배그와의 마찰 。CASING과의 마찰 。DUST의 과잉투과 。기타 배그의 부식등	- 교체 - 교체 - 교체 - 교체 - 교체
⑦ DUST 고장	。ROTARY DAMPER의 불량 。HOPPER 하부의 DUST 막힘 。DUST의 절착에 의한 부착 。반출 슈트의 폐쇄 。DUST BOX의 불량	- 수리.교체 - 수리 (DUST 제거) - 수리 (DUST 제거) - 수리 - 수리
⑧ 차압의 이상원인	。변환댐퍼의 작동불량 。FILTER-BAG의 막힘 。풍량과대 。누수에 의한 배그의 적음 。HOPPER내 DUST의 과량 유착	- 수리.교체 - 교환 - 댐퍼의 조정 - 수리.교환 - 수리 (DUST 제거)

참고문헌

1. 법제처, 대기환경보전법, 시행령, 시행규칙
2. 환경부, 사물인터넷 측정기기 설치·운영 가이드라인
3. 경기도 광역환경관리사업소, 방지시설 운영관리 매뉴얼
4. 우종수, 환경·산업환기기술, 성문기술
5. 김태형, 산업환기, 신광출판사
6. 신은상, 산업환기기술, 동화기술
7. 최태열, 산업환기기술, 지우북스
8. 한국산업안전보건공단, 산업환기설비에 관한 기술지침
9. 서영민, 산업위생관리기사, 성안당
10. 한국산업안전보건공단, Sheet형자료, 2009-S-076~709
11. 고용노동부, 산업안전보건기준에 관한 규칙(안전보건규칙)
12. 대기오염공정시험기준, 배출가스 중 굴뚝 배출 시료채취방법, ES 01114.a
13. 환경부, 자가측정 기준 등에 관한 가이드라인
14. 한국산업안전보건공단, 국소배기장치 구입 및 사용 시 안전보건 기술지침
15. 통계청, 통계분류포털 한국표준산업분류(KSIC) 10차
16. Karl B. Schnelle, Air Pollution Control Technology handbook, CRC Press
17. Kenneth C. Schifftner, Air Pollution Control Equipment Selection Guide, CRC Press

대기환경 인허가 실무

인쇄 발행 2023년 5월 31일 발행
저자 고재철 · 김서희
발행인 송기수
발행처 도서출판 GS인터비전
편집인 이선경
편집처 도서출판 GS인터비전
인쇄처 트윈벨 미디어
등록번호 제 25100-2016-000050 호

주소 서울 은평구 증산로 15길 69, 2층
전화 02-976-7898
팩스 02-6468-7898
이메일 gsinter7@gmail.com
홈페이지 gsintervision.kr

ISBN 979-11-5576-434-3(93400)

정가 27,000원

도서출판 GS인터비전